農民組合の思い出

インド農民との出会い

किसान सभा के संस्मरण

लेखक

स्वामी सहजानन्द सरस्वती

●

スワーミー・サハジャーナンド・サラスワティー
［著］

桑島昭
［訳］

嵯峨野書院

九七七年）を載せた。インド農民運動史研究があまり見られなかった一九六〇年代半ばに、訳者がインド、あるいはインドのビハール州で描いたサハジャーナンド像を記録にとどめて置くために、また、現段階で全面的に書き換えることも難しいために、今回は誤りの訂正、若干の事実の追加など最小限の書き換えにとどめた。
この書物との「出会い」の記憶が、その後の私から何故消えることがなかったかについても、あとがきで記した。

桑島　昭

著者序文

私がこの農民組合の思い出を綴ったのはハザーリーバーグ監獄の中においてである。一九四〇年からの長い獄中生活の以前から、友人や同志たちは、いつも、こうした思い出を必ず書くようにと私に勧めていた。私が過去二〇年という長期にわたり引き続いて農民組合に関わってきたので、これについて書くのにふさわしいと考えられたのである。農民組合についてのいろいろな経験を私がもっとも多く味わったというのは事実である。この経験が興味深いものであることは以下の叙述からも明らかである。このため、思い出を書き留めるのはしばしば楽しかった。獄外では時間がないために、友人たちの希望は獄中で叶えなければならなかった。

ザミーンダール（地主）たちの新聞は、ときどき、私を諭して、政治はサンニャーシー（修道僧）の仕事ではないと長々と講釈する。こうした議論をすることで彼らはいくたびとなく過ちを犯している。農民組合活動の過程で私が行った連日の嵐のような旅を皮肉って、彼らはこれを「遊覧旅行」と命名した。そして、驚いたことにこの旅の大金を誰が払っているのかと尋ねたのである。私の旅を切実に必要としている者、この旅を心待ちにしている者が費用を出していることを彼らは知らないのだ。この人たちこそ新聞の所有者たちの大邸宅をも作っているのだ。この本を読めば、この旅が「遊覧旅行」であったか、厳しい試練の旅であったかがわかるだろう。

この思い出を書いたのは獄中にあった一九四一年であるが、様々な事情で出版がたいへん遅れてしまった。にもかかわらず、思い出の持つ意義は失われていない。もしも農民組合と関わった者の思い出が加わらなければ、農民組合の歴史は不完全なものとなると考える。読者はこの思い出を読んでも、完全な満足は得られず、興味が湧かないかもしれない。このため、序文の形で（この訳書では本文の後に）農民組合略史と若干の詳細な説明をこの思い出に加えて補うことにした。

所々で文章の末尾に数字が書かれているが、それはいつどこの部分を獄中で書いたかを表わしている。

スワーミー・サハジャーナンド・サラスワティー

ビター（パトナー県）

一九四七年二月一〇日

目次

独立前夜のインド亜大陸

1937～47年のビハール州

農民組合の思い出

1　西パトナー農民組合の結成へ

農民組合、農民組織についての考えが、初めて自分たち、そして何人かの仲間の頭に浮かんだとき、それはまだ漠然としたものであった。その輪郭は少しもはっきりとしていなかった。それは突然に始まった活動であり、方向や着くべき岸もわからないなかで深海に船を走らせるようなものであった。手元には正確な方向を伝える羅針盤もなかった。時も過ぎて、何が我々をこの方向に進めたのか思い起こせない。疑いもなく、ある目標を持って始めた。しかし、目標ははっきりとしていなかった。それでも、何が我々をその方向に仕向けたかは一つの謎であり、これからも謎であろう。突如、我々がその方向に流されたようにも見える。しかし、この問題を少しはっきりとさせておくことが必要であろう。

初めて、農民組合の設立を考えたのは、一九二七年の末であった。当時、私は会議派のこの地域での政策に、別の言葉で言えば、ビハールの何人かの有名な指導者たちの行動に嫌気がさしていた。その行動は一九二六年の議会選挙によく表わされていた。このために、私はスワラージ（自治）党の候補者を支持せず、ラーラー・ラージパト・ラーイ(1)とパンディット・マダンモーハン・マーラヴィーヤ(2)の指導する独立党の支持者となっていた。ビハールの独立党の候補者はラージパト・ラーイとマーラヴィーヤから激励を得ていた。同時に、私は完全なガンディー主義者でもあった。このため、私はある意味で会議派に嫌気がさすと同時に、ガンディー主義への傾倒も徹底していた。ガンディー主義的な農民組合を作る考えがなかったわけではない。しかし、当時としてはそのような問題が生じる余地はまったくなかった。農民組合の話すらそれ以前にはなかったのに、ガンディー主義的農民組合などと誰が言えようか。それでも、農民組合は発足した。

ちょうど同じようなことが一九三二〜三三年にも起こった。当時も私は、一九三〇年の闘争の後で会議派に嫌気を起こしていた。政治からは離れていた。農民組合との関係もなかった。このような嫌気の原因も奇妙なものであった。私は、一九二二年と一九三〇年に監獄に入ったとき、ガンディージー（人名の後の「ジー」は、「〜さん」の意）の名で監獄に行った者がガンディージーのすべての発言を一つずつ踏みにじり、誰の言うことも聞かないことを知った。このことを、私は途方もなく苦々しく感じ、秩序も規律もない組織は非常に危険だと悟った。このため、私は厭世的となり、一九三二年の独立闘争から離れていた。しかし、ちょうどそのとき、嫌々ながらも、力ずくで農民組合に引き込まれた。一九二七年は農民組合誕生の年であり、一九三三年はその再生の年である。というのも、その間の二、三年、農民組合は活動していなかったからである。

このように見ると、政治嫌いのときに私は農民組合に引き込まれたようだ。政治嫌いから農民組合嫌いとはならなかったのも奇妙に見える。二度の嫌気の背後にはほぼ同じ事実があった。すなわち、会議派とガンディージーを欺き、だますことのできる人たちは人民に対して何ができようかという疑問であった。それ故、私が彼らに協力することはありえなくなった。それでも、彼らは農民組合のなかに入ってきた。しかし、当時、私は彼らが入ってこないようには努めなかった。私が何故そうしなかったのか、いま考えると奇妙に思える。このことからも、いかなる理由で私が農民組合に引き入れられたのかが明らかでないと言えよう。この嫌気は将来にたいする無知から出ていたが、このような人たちは農民のためにならない、だから、いつの日か彼らとは訣別しなければならないということを暗示していた。このことについては少し吟味する必要があろう。

当時、同じように無秩序を思わせるもう一つのことがあった。結局のところ、農民組合も政治的な存在であることが明白となった。すべての人が現在そう考えている。また、政治の本質はパンの問題であり、この問題を農民組合は解決しなければならない。さらに、私の政治にたいする嫌気のなかには、少なくとも一九三二〜三三年には農民組合にたいする無関心も含まれていた。その後、会議派に入るのは思いとどまっても、何故農民組合にふたたび跳びこんだのかはわからない。農民組合の政治は独自の性格を持ち、経済政策（パン）を基礎としたものになることをおそらく知ったからであろう。政治が我々の手段だとすれば、目的はパンにあるという視点が、おそらく、ひそかに、公然とではないが働いていたことがのちに明瞭になった。しかし、それだけで、当時の状況の外面的な複雑さを解きほぐせないことも明らかである。それでも、私の気持ちが農民の色に染まっていたことだけははっきりしている。

しかし、ガンディー主義の階級協調が農民組合とどのような関係にあったかという問題が残る。当時、私は完全なガンディー主義者であった。政治を宗教として見ていた。一方、何年もの経験から、政治に宗教の色をつけることは可能でなく、無駄であり、危険であることをいくたびとなく教えられており、嫌気もさしていたが、それでも基調は変わらず、宗教のなかに階級調和を見ていた。そこに階級闘争の余地があったろうか。その結果、農民組合もこの視点で作られた。しかし、そのなかにも、将来を暗示する兆候があり、あたかも農民組合の方向を指示しているかのようであった。

実際、一九二七年末に、初めて農民組合を準備・誕生させ、それに関連する多くの会合を開き、一九二八年三月四日に正式に農民組合が発足したときに、その規約に一条が加えられた。「公然たると、ひそかであるとを問わず農民の利益の敵となった者はこの組合のメンバーになることはできない」と。一方に、融和と協調の考え、他方で、農民のなかでも真に農民の利益の敵とならない者が組合のメンバーになるという固い誓約、奇妙な混沌であった。一体、こういう人たちは農民組合に入って何をするのか。ザミーンダールと闘わないのに、この慎重さは何を意味するのか。ザミーンダールのスパイ、「第五列」が農民組合に入って破壊するというのか。注目されるのは、初期の農民組合で定められたことが、ビハール州農民組合だけでなく、全インド農民組合の規約にも入ったことである。この考えが私の頭のなかにすでに入っており、そのために、いたる所で私はこの規約の必要性を提案していた。このように、我々は、知らず知らずのうちに、強く望んでいなかったにもかかわらず、階級闘争の準備を最初からしていたか、あるいは、その方向へ少なくとも洞察力を働かせていたように思われる。

最初に作った農民組合は、州全体はおろか、パトナー県すらもカバーしていなかった。この農民組合はビターのアーシュラムで誕生し、このビターはパトナー県のほとんど端にあった。そこから三マイル西に行くともうシャーハーバード県が始まる。当時、州議会には二人の議員が選ばれていた。一人は東部から、もう一人は西部からである。この選挙の目的のためにパトナー県は二つの部分に分かれていた。農民組合は西部に生まれた。そこで、西パトナー農民組合と呼ばれた。革命的精神が働いていたわけではない。合法的な働きかけをして、農民の生活を少しでも良くし、彼らの苦しみを取り除こうという考えが背後にあった。さもなければ、階級調和の考えは入らなかっただろう。もしも候補者が選挙の票が欲しいと言って来たならば、農民のために何かをするとはっきりとした約束をさせようと考えていた。

西パトナーには、バラトプラー、ダルハラーなどの古いザミーンダールの土地がある。当時、彼らの農民にたいする圧制はビハール州の他の地域ではおそらく見られないほどのひどさであった。農民は家畜以下のみじめな状態を強いられ、「高カースト」、「低カースト」、いずれの農民も同じ棍棒で指図されていた。この点では、そこには完全な「共産主義」が存在していた。彼らの圧制についての十分な知識を当時の私は持っておらず、のちになって知った。

当時はとくに知ろうとする気持ちもなかった。それでも、圧制は厳しく、際立っており、明白なものだったので、少しずつあれこれと情報が我々のもとに届いていた。我々は、一九二一年の非協力運動期にパトナーの有名な指導者が彼らのザミーンダーリー領で一度の集会も成功させることができなかったことを知った。ザミーンダールの指図で彼に牛糞などの汚物すら投げつけられた。棍棒を使って農民が集会に来るのを阻止した。農民は非常に意気消沈し、ザミーンダールの名を聞くだけでうろたえていた。

我々は、この圧制はいつか両者のあいだの争いを起こし、内輪もめで独立闘争を弱めるだろうと考えた。そのため、運動によって圧力をかけ、圧制を緩めさせ、内輪もめをやめさせようと思った。ダルハラーのザミーンダールは議会に選出されたばかりであった。彼には圧倒的な影響力もある。しかし、我々が結集して行動すれば、彼は票のことを考えて自制するだろうと期待した。少しばかりはそうなった。このザミーンダールは農民組合の成立にとてつもなく驚き、これに反対する宣伝活動もした。搾取する者は南京虫のごとくずる賢い。それ以上に警戒心が強い。彼がどうしてこれほどまでの厳しい敵となったのか、我々は憤激した。しかし、事実はたしかであった。実際、当時、我々はザミーンダーリー制を後になって考えるような形では考えてもいなかった。にもかかわらず、この腹立たしさである。彼は、一九三〇年に自分の潔白を示すためにハザーリーバーグ監獄の我々の所にやって来た。かなり不安げで、怖れていることがわかった。しかし、ついに彼の怖れは真実となった。ずっとのちになってからではあるが。というのは、農民組合は、一九三六~三七年の選挙で、最初は州議会選挙で、のちには県会選挙で彼を惨敗させたからである。金持ちは将来を見通していた。その結果、彼らはいつかは争いが起きる危険を前から嗅ぎつけていた。

県全体すらカバーしない農民組合を作った理由は、一歩ずつ慎重に前進するためであった。農民組合を十分に運営できるようにするために、力量に応じて責任を取るという認識がつねに性急な行動を防いでいた。この考えから、全インド農民組合の結成についても行きつ戻りつした。同じ理由で、ビハール州農民組合についても、その責任を取るという視点からかなりの躊躇をした。このため、県全体の責任を引き受ける気持ちはなかった。しかし、約二年後にビハール州農民組合が結成され、その設立のために我々が率先しただけでなく、その全責任を担うようになるとは誰も想像しなかった。結局、一九二九年一一月、ソーンプルのメーラー（市）[3]のときに州農民組合は成立した。

2　パテールのビハール州旅行

一九二九年一二月のことである。会議派ラーホール大会の前、そして、我がビハール州農民組合が結成された後で、サルダール・ヴァッラブバーイー・パテール[4]がビハール州を旅行した。州の主な場所すべてに出かけた。成立まもない農民組合がこの機会を利用してはという意見も出された。パテールは、最近の農民運動とその闘いを指導したことで「サルダール」となっていた。つまり、バルドーリーの農民の闘いの「指導者」の地位を得たことで、彼はサルダールと呼ばれるようになっていた。ビハール州の農民運動も彼から刺激を得たいと考え、事実、そうなった。彼の旅行計画のある所に前以て農民組合を作り、のちに、そこの集会でパテールは演説した。ときには、彼は、我々や我が農民組合の名を挙げて、農民組合を支援すると言っていた。我々は、集会を準備し、人の集まる機会に農民のメッセージを聞かせることを非常に効果的だと考えていた。

ムザッファルプル県のシーターマリー町でも大きな集会が開かれた。我々は自分たちの仕事を果たした。パテールが発言に立ち、ザミーンダーリー制についても大いに論じ、その必要はないと明言した。彼は、ザミーンダールが農民を大いに圧迫していると聞いていると語った。彼らは貧しい農民を苦しめている。この紳士どもは自分を強いと考え、人もそう考えている。そのために彼らを恐れている。しかし、ザミーンダールは非常に弱い人たちだ。もしも一度彼らの頭を締めつければ、脳味噌が外に出る。それならば、彼らを恐れる必要があるか。ザミーンダールの必要があろうか。この連中は何もしていないのだと。ああ、ザミーンダールの存在はいまも障害となっている。今日、パテールが変わったのか。世界が変わったのか。それとも、ザミーンダールが別人となったのか。いまでは、パテールはこのような発言をしないだけでなく、ザミーンダールの支持者になったと言われているからである。ときに変化は起きる。指導者もその例外ではない。おそらく、パテールは、以前はただの煽動者であったが、いまは慎重派で遠くを見通せるようになったのだろう。しかし、無礼をお許し願いたい。我々が欲しいのは、慎重派ではなく、「煽動者」だ。いまや、立場を異にする理解、そして、必要が起こったのである。

ともあれ、我々は夜にその集会からトラックでムザッファルプルに向かった。我々は真夜中の汽車をつかまえてチャプラーに行かなければならなかった。バーブー・ラームダヤール・シン（「バーブー」は尊称）、パンディット・ヤムナー・カールジーと私の三人がそのトラックに座っていた。私はビハール州農民組合の議長、カールジーは地方書記であった。バーブー・ラームダヤール・シンは州農民組合の設立に非常に大きな役割を果たした。彼は農民組合の前進にかかわっていた。このように、我々三人が農民組合を担っていた。農民組合のすべてであった。我々三人が農民組合を作り、もしも我々が駄目になれば、すべてが終わりというのも事実であった。

トラックの旅だった。夜の一〇時だったろう。バーブー・ラームダヤール・シンが運転手の隣の前列のシートに、我々は中にいた。車はなんとか三分の一の距離を過ぎてルニーサイドプルにさしかかった。運転手は車を降りてどこかに行き、しばらくして戻って来た。我々は出発した。やがて、運転手はうつらうつらし始めた。そのために、車もよろけ始めた。ときにこちら側にスリップし、ときにあちら側にスリップした。運転手はまともな運転ができなくなっていた。道路は、これまでたくさんの事故があり、多くの車がひっくり返り、多数の死者が出るほど危険であった。それも夜の時刻に。危険はいつにでも起こりえた。

バーブー・ラームダヤール・シンが事態を知った。彼は運転手のうたたねに気付いて、最初の二、三回は運転手の正気を戻させた。しかし、彼は決して眠っているのではなかった。彼を襲っていたのは眠気ではなく、酒酔いであった。ルニーサイドプルで彼は酒を飲んでいたのである。いまや、ラームダヤールジーはあわてた。一二月の厳しい寒さというのに、恐怖のために汗ぐっしょりである。まして、この地域の寒さは一層こたえるものがあった。バーブー・ラームダヤール・シンは何度も運転手を起こした。しかし、酔いは頭に上って仕事を不可能にする。結局、どうにもならなくなり、彼は車を力ずくで止めさせた。その瞬間、我々はただならぬことを知った。そのときまで我々は何も知らなかったのである。

我々は皆降りた。バーブー・ラームダヤール・シンは、この男は途中で酒を飲んで、我々を殺そうとしているところだと言った。見ての通り、この厳しい寒さのなか車の中では風も吹いていて、震えなくてはならないのに、私は汗ぐっしょりだ。我々皆の生命がずっと危険にさらされているのを知って、恐怖でおののいた。いまや、ほかに手立てがないと知って、車を止めさせた。もしも事故が起き、車がひっくり返り、あるいは下に落ちていたならば、ビハール州農民組合は万事休すだ。我々は皆ここに座っているが、明日、我々の敵の家では、我々の死を祝うためにランプの油で灯をともすところだった。それ故、私はこの男の名前・住所を控えて県の治安官に報告書を出すことにした。それによって、将来、この運転手がこのように恐ろしいことをして、理由もなく人の生命を危険にさらすことのないように。

ラームダヤール・シンが運転手の名前を書いたことはたしかで、運転手は怖れをなした。こうして、我々は皆なんとかしてムザッファルプル駅に着いた。我々は汽車に乗った。治安官のもとに報告書が届いたかどうかはわからない。しかし、「全ビハール州農民組合は消滅」になりかねなかったこの出来事を私は忘れない。その思い出もいまとなっては心地よい。

3　会議派と農民組合

自分は決して過ちを犯さなかったし、自分たちの考えは変わることがなかったと思っている人たちがいる。彼らの考えは、いわば最初からでき上がっているのである。このため、彼らは思想に発展のある人たちを、事あるごとに、そして、必要があればからかっている。一方で、この人たちは、自分たちのお墨付きのない進歩的な活動は役立たず、無駄だとする言い方も身に付けている。彼らは、ビハール州農民組合を結成したのは会議派である、いや、農民組合の設立者は正統派の会議派メンバーだとぬけぬけと言う。正統派とは、ガンディー主義者といわれる会議派メンバーのことである。こうした声がいま聞かれ始めている。このような考えの背後にどんな謎があるか、誰にわかろうか。

しかし、真相はこうである。私とパンディット・ヤムナー・カールジー、バーブー・ラームダヤール・シンが農民組合の基礎を築いた、つまり、三人が農民組合を計画し、どのように設立するかを考え、ソーンプルの市というまたとない機会をとらえ、人々のもとに走り、通知を印刷して配布し、市のときに農民組合の完全なお膳立てをした。第四の人間がいたなどとは誰も言えないのである。これは動かしがたい事実である。そして、これら三人のうちでラームダヤール・バーブーだけがガンディー主義者と言うことができよう。このような状況の下で、根も葉もないことを言える余地はない。

たしかに、名前だけのために、有力な会議派メンバーも農民組合にいた、いや、農民組合のメンバーであった。しかし、その資格は公式の規約によるものではなかった。農民組合の目的を記した文書に署名し、組合費を払ったメンバーがどれだけいたろうか。彼らのうち誰一人としてそのようなメンバーになる用意はなかったろう。メンバーになるずっと前に、彼らのなかの有力な人たちは、反対を始め、州会議派委員会の名で農民組合に参加することに反対する通知を配布した。それだけではない。ソーンプルの会議の後で彼らの同意が求められたとき、当時、会議派の中心人物と見られたブラジャキショール・プラサード[5]は、農民組合にはげしく反対し、これは危険なものになる、それ故、私は農民組合と行動を共にしないと明言した。他の人たちが当時拒否しなかったことはたしかだが、事実は、彼らにはこのような機会がなかっただけのことである。彼らは、農民組合がこのようなものになると理解できなかったのである。何故なら、のちにこのことがわかると、苛立ち、反対の宣伝を始めたからである。何人かの人たちが、他の者の名前を見て、何故自分の名を入れなかったのかと不満をのべたのも事実である。そこで、彼らの名前を後に加えることもあった。しかし、これによって事実はなにも変わらない。名前を出したから、農民組合の創立者と言うことはできない。万が一、農民組合の創設に加わった第四の人間がいると言うのならば、その人の名を何故言わないのか。そうすれば、彼に、農民組合についていつ何をしたかをはっきりと尋ねることができるからだ。彼はそれを語らなくてはならない。ただあいまいなことを言っても始まらない。名前と活動内容を語るべきだ。

しかし、誰が農民組合結成の仕事に携わったかについて議論の余地はない。それについて、我々は事実を言ったまでだ。それでも、誰かがそのような主張をするのなら、その人の一人よがりにくちばしをはさむつもりはない。誰が農民組合を作ろうがどうでもよい。しかし、農民組合創立時の性格、創立を導いた思想はもはや存在していない。農民組合は、徐々に経験を基礎として前進しており、いまや農民組合は完全にかつての組合ではなくなっている。農民組合は机上の知識を基礎に作られたものではなく、現在の形で誕生したわけでもない。このため、農民組合の基盤はきわめて堅固である。農民組合は闘争のなかで生まれ、闘争のなかで成長していった。だから、十分に強力なのである。搾取された人民の階級組織はこのように作られ、成長しなければならない。これが革命的な道である。レーニンは、我々は人民から、そして自分の経験から学んで人民を指導しなければならないと言っている。人民が自分の経験から学んで指導者の言うことを信頼し、それを守り始めれば、彼らは我々に協力すると、スターリンは、中国に関する説明のなかでのべている。

「大衆自身が、自分自身の経験から、前衛の指示、政策、スローガンの正しさを確信するようになるべきである。」

このため、経験を基礎として我々が成長し、その過程で農民の協力も得ることができたのは恥ずべきことではなく、喜ぶべきことである。

しかし、インドの著名で革命的な仲間の発言はわれわれにとって不可解である。それを思い出すと、奇妙な錯覚におちいる。その仲間たちは、自分たちが農民組合を革命的な路線に導くことができる。我々が革命的なプログラムを与えたなどと主張している。しかし、初期の、そして、今日の彼らの行動を考えに入れると、彼らの主張は理解できない。彼らの中の一人の主張は、—他の者は彼に口裏を合わせるだけだが—彼らがザミーンダーリー制廃止の決議を初めて農民組合に提出したというものである。おそらく、彼は、自分の党（会議派社会党）の誕生のはるか以前にU

P州でプルショッタムダース・タンダン氏(6)が中央農民組合を結成し、他の項目に混じってザミーンダーリー制廃止を承認したことを覚えていない。一九三四年の夏、タンダンジーが第二回ビハール州農民大会にやって来たとき、彼はこの決議を通過させたかった。しかし、我々は皆これに反対した。反対者のなかには社会党の指導者も加わっていた。その結果、決議案は否決された。決議の特徴は有償によるザミーンダーリー制廃止であった。

タンダンジーは、私が翌日に大会で演説するのを聞いていた。その席で、私は、ビハール州農民組合はザミーンダーリー制廃止決議を現在まで承認していない、何故なら、そうすることで害があるからだ、とはっきり言った。しかし、そのなかで、私個人としてはザミーンダーリー制廃止を完全に支持する、ただし、有償ではなく、無償没収である、これが我々の直面する最大の難関であるとも述べた。タンダンジーは、我々がザミーンダーリー制の廃止は支持するが、有償ではなかったことに驚いていた。

もう一つ。一九三四年の末、シラウト(マニヤーリー・ムザッファルプル)で農民大会が開かれ、一人の農民指導者がこの問題のメシアと称してザミーンダーリー制廃止の決議を提出したと言われている。決議には、農民と政府とのあいだにはいかなる搾取階級も置くべきでないとする原則を、州農民組合は承認するという個所があった。ここで、考えるべきことは、タンダンジーの決議とのあいだにどのような相違があったかということである。この決議は補償については沈黙している。このため、せいぜい、タンダンジーがはっきりと述べた所を、この決議はうやむやにしているといえるだろう。しかし、本当の所、この決議がザミーンダーリー制について言及していないことにこそ特徴がある。搾取者という言葉にザミーンダールも含めるのかもしれないが、その点は明らかではない。漠然としている。その結果、ガンディージーの「信託の理論」もこの決議のなかに入る余地がある。というのは、ザミーンダールがその地位を信託されたとなれば、搾取者ではなくなる。それならば、ザミーンダーリー制を廃止する問題は起きようか。

同じ理由で、政府が地主であるカース・マハール地では、ザミーンダーリー制廃止の問題はこの決議が通過しても生じないのである。それ故、ザミーンダーリー制下の土地をいたる所カース・マハールにしたいと思っている者にとっては、この決議は歓迎すべきものである。にもかかわらず、この決議をめぐっては友人たちのあいだに浮ついた気持ちがあった。

この大会にはザミーンダールの仲間がかなりいた。ある僧院の僧侶である狡猾なザミーンダールもいた。彼のお気に入りの者もいたし、おべっか使いもいた。彼はこの決議に大いに反対した。しかし、成功しないと見るや、彼は、スワーミージー（サハジャーナンド）がいるので彼にこの決議についての意見を聞こう、この決議を支持するのかどうか、この決議が州農民組合の原則に反しないのかどうかと問題を持ち出した。彼らは、私がこの決議に必ずや反対し、州農民組合が反対していることも語るだろうと期待していた。しかし、私は渦中に入ることは望んでいなかった。私が望んでいたのは、私や他の者の影響を受けることなく、人々が自由に自分の意見を持つことであった。私は農民、人民の心情をよく知らなければならなかった。私が何か言えば、それがわからなくなる。人々は賛成・反対で影響を受けるからである。

しかし、決議の反対者たちは私の発言を強く求めた。逆に、決議の支持者たちはおそらく私の「不適切な」発言を怖れていた。私は強い要望を知り、私が発言しないためにこの決議が撤回されるのは良くないと考えたとき、ついに意見を述べた。私は個人的にこの決議に反対しないし、決議は州農民組合の原則に反してもいない。何故なら、決議は農民組合にたいしこの内容を認めよと勧告しているからであると。すると、どうなったか。電光石火のごとく圧倒的多数でこの決議が採択されたのである。私は、はっきりと、この決議は世論を作るものであり、ザミーンダーリー制や搾取の除去にかんして明言していると述べた。このような条件の下で、我が農民組合はこの決議を歓迎する、我々は世論を知りたいからであると発言した。同時に、我々は世論を作ることも望んでいる、我々は、人々になんらかの原則を押しつけるのではなく、世論にしたがって原則を決めることを望んでいる。このために、これまで州農民組合はこの問題について沈黙してきたのである。農民組合はこれまで望ましい世論を手に入れることができなかったからである。

これに関連してもう一つのことが思い出される。我々の何人かの仲間はザミーンダーリー制廃止の先駆者を自認している。少なくとも、今日、彼らとその仲間たちはそう主張している。しかし、これに関していくつかのことを思い出す。一九二九年の一一月にソーンプルの市の機会にビハール州農民組合が設立されようとし、彼らの意見では、今日のガンディー主義者たちがその準備をしていたとき、彼らは大衆集会でそれに反対した。彼らの議論によると、農民組合の必要はなく、わざわざ農民組合を作らなくとも会議派がその仕事をするというものであった。彼らは、農民組合が結成されれば農民はそちらに引きつけられ、会議派は弱体化するだろうとも言った。当時、私は農民組合の議長であり、適切な反論をした。そのために、こうしたことをいまでも覚えているのだ。こうした議論を知った誰もが、ガンディー主義者は、今日では（一九四一年）、農民組合に反対していると言うだろう。しかし、将来の革命家たち（当時は、彼らが革命家であるかどうかはわからなかった）が、やがてザミーンダーリー制廃止の先駆者を主張するようになるとは誰も予測できなかった。

おそらく、彼らは当時十分な知識もなく、革命党ものちになって成立したと弁解するだろう。ああ、このように言う人たちは、救世主もかつては頑迷な保守主義者であったことを認めているのだ。というのは、彼らの眼に一見して保守的に見えた者が、農民組合に反対せずにこれを支持していたとき、救世主たちはこれに反対していたのだ。これは奇妙なことだ。

しかし、ラクナウの『サンガルシュ（闘争）』という名の週刊のヒンディー語紙は革命家の機関紙である。同紙は、一九三八年に、巻頭記事で我々は農民組合をも利用しなければならないと書いてのけた。やむを得ず、私はパトナーで編集長に不満をのべ、強い不快感を表わした。革命の先駆者を名乗る者が会議派と比べて農民組合のような階級組織を二次的な存在と考えるのは奇妙なことである。彼は繰り返し釈明したが、私は納得しなかった。

（一九四一年八月六日）

先に進もう。数ヵ月まえに一枚の回状（サーキュラー）を見る機会があった。そのなかに、他のことに混じって、「今日まで、農民組合の組織は、独立していながらも、政治的領域では会議派を補佐するものに過ぎず、その下にある」と書かれていた。ここでは、「補佐するものに過ぎず」の「過ぎず」という表現がとくに意味を持っていた。一九四一年の初めまで、政治的事柄では農民組合は会議派を補佐するものに過ぎず、その下にあると考えていた者が、農民組合でザミーンダーリー制廃止決議を初めて提出したのは自分たちだと主張しているのを見ると、驚くほかはない。ザミーンダーリー制廃止はまさに政治そのものである。会議派は今日まで公然とはこの問題を取り上げず、会議派の政策決定に関わっている者、および、会議派の領袖たちは、すべてザミーンダーリー制を支持している。ガンディージーは、一九三四年に、UP州のザミーンダールの代表団にはっきりとこう言った。

「地主と小作人の良好な関係は、両者の心の変化によってもたらすことができる。私は、決してタールケダーリー制あるいはザミーンダーリー制の廃止を支持しない。」（『マラータ』一九三四年八月一二日）

このような状態の下で、一方で、農民組合は会議派の下でそれを補佐するに過ぎないと考え、他方で、農民組合を通じてザミーンダーリー制廃止の主張をするのは不可解である。その謎を理解するのは通常の頭のなせる業ではない。当初の農民組合設立への反対と今日までこれら革命家の仲間が採ってきた政策とのあいだには一貫性があり、矛盾はない。もしも、ザミーンダーリー制廃止のような話を聞いて矛盾しているように見えても、それはうわべだけのことである。というのは、政治は複雑であり、我が仲間たちはその複雑さを熟知しているからだ。政治は技術であり、その手練手管がなければ、すべての人を喜ばせ、あるいは、いたる所で喝采を博することはあり得ない。

しかし、今日までの事態を考えると、どうして農民組合が会議派の下にあり、それを補佐するに過ぎないというのか、私には解せない。我々はこのように考えたことすらない。われわれの同志たちも、今日までいかなる機会にもこのようなことを言わなかった。私は、最近の回状で初めて彼らがそのように考えていることを知った。これを知って驚いた。結局の所、彼らはこういうことを我々の集会でのべたことがあるか。これほど重要なことを何故隠してきたのか。会議派政府の時期に我々はいくたびとなくバカーシュト闘争を展開し、二千人を超える農民あるいは農民奉仕家が監獄に入らなくてはならなかった(7)。

政府はこのために大いに困ってしまった。それ故、一九三九年六月にボンベイで開かれた会議派全国委員会はこのような闘争を規制し、それを守らない者は会議派から追放すると脅した。それでも、我々は守らなかった。その結果、どれだけの人が会議派を離れなければならなかったか。にもかかわらず、農民組合は会議派の下でそれを補佐するに過ぎないとする理解と勇気が賞賛されているのである。

以前には、このように考える余地はあったかもしれない。というのは、その成立期には、農民組合が独立した組織であるために強力な反対が起こらないように、決議によって、政治的問題では農民組合が会議派に反対しないと述べられていたほど、誰にも疑いを持たれないように意識的に農民組合の運営に工夫がこらされていたからである。しかし、それでも、農民組合は会議派の下にあるとか、会議派を補佐するものであるとは言わなかった。しかし、一九三五年末、ハージープルの集会でザミーンダーリー制廃止を決めたとき、その後で、農民組合は会議派の下にあると理解するのは奇妙なことである。ザミーンダーリー制廃止の方針は、農民組合と会議派が二つの独立した機関であり、その目標と路線も異なっていること―たとえ、機会があり、事情があって両者が団結するとしても―をはっきりと物語っている。我々は、ザミーンダーリー制に関しては、一九二二年二月一二日にバールドーリーで開かれた会議派運営委員会が非協力運動の延期に関わらせて言ったことが、今日までの会議派の確立した政策であることを知っている。

「運営委員会は、ザミーンダールへの小作料の支払いの中止は会議派の決議に反し、国の最良の利益を損なうものであることを農民に知らせるように、会議派の活動家と組織に助言する。

運営委員会は、会議派の運動が決してザミーンダールの合法的な権利を侵そうとするものでなく、農民に不満がある場合でも、委員会は互いの相談と仲裁による解決を望ましいと考えていることを、ザミーンダールに保証する。」

ザミーンダーリー制とザミーンダールの他の法的な権利を、これ以上に会議派が支持していることを示すものがあろうか。

（一九四一年八月七日）

4　にせの「農民組合」

一九三二年末か一九三三年初めのことである。会議派の指導する民族運動、サティヤーグラハがはげしく進行していた。政府はこのたびは断固たる準備で弾圧した。弾圧の火が燃えさかっていた。政府は会議派を抑えつけるためにいかなる手段もいとわなかった。ウィリントン卿がインド総督の地位に就いた。彼は計算づくで事を始めた。表面的には、政府はジェシュトゥ月(＝ジェート月、インド暦三月、陽暦五〜六月)の正午の太陽のごとく周囲を焼き焦がしていた。このため、一見、運動は消えたかのように思われた。ムンゲール県会選挙が行われ、すべての指導者が獄中にあったため、私がその県に出かける必要が起こったとき、人々は、集会が開けないのではないかと怖れるほどであった。バルヒヤーで最初の集会、ラキーサラーイでもう一つの集会が用意されていた。そのとき、バルヒヤーには特別警察がキャンプを張っていた。私が集会に出かけたとき、警察の幹部連は驚いて部下を連れてやって来て、私の演説を一語一句書き留めた。私の話が選挙のことだけで終わり、罪にならないとわかると、どこかに行ってしまい、人々に冷静さが戻った。同じことは多かれ少なかれラキーサラーイでも見られた。

インド、そして、ビハールのすべての主要な指導者、活動家が獄中にあった。ほかに、厄介な人物はいなくなった。私だけが外にいた。すでにのべたように、一九三〇年に獄中で会議派指導者たちについて見たこと―彼らには一等、二等の監房があてがわれていた―から私の心は煮えくりかえり、会議派の政治に嫌気がさしていた。というのは、言うこととやることが違うからである。このことは一九二二年にも見ていた。一九二二年のときには初めての経験であり、赦すこともできた。しかし、八〜一〇年後に改められるのではなく、事態は一層悪くなっていたのである。嫌気がさすのは当然である。話は上っ面だけ、あらゆる状況の下にあって厳しくメンバーが規則を守る手立てもない。そのような組織にどうしている必要があるかと考えた。このような組織は欺瞞的で、長持ちしない。我々は自分の正直さに逆らい、かつ、誇りに思って奉仕している人民をも欺くことになろう。このため、一九三二年には、古い仲間や同志が何回となく説得しても、私は闘いに加わらなかった。その結果、外にいて傍観していたのである。

ビハールは、当時、会議派のほかにいかなる大衆組織も根をおろすことのできない州であった。ムスリム連盟、ヒンドゥー・サバー、自由主義連合すらもここでは耳にすることがなかった。農民組合は、このように他の組織が存在しない所で成立した。人々は、農民組合はひとりでに消滅すると思っていた。何故なら、特定の目的から結成され、その目的はまもなく達成されると理解されたのである。そして、農民組合は、なんとしても会議派には反対しないことを望んでいた。このため、最初の五〜六年間、我々は注意深く進まなければならなかった。一九三〇年の初めには農民組合も活動を先延ばししており、当時まで再生される試みも行われなかった。

このため、政府、ザミーンダール、商人、その仲間たちはいまが会議派に対抗する組織を作る絶好の機会だと考えた。一つには、すべての有力な指導者、活動家が獄中にいた。他方、獄外にいる者も、会議派の闘争の準備に忙しく、他のことをする余裕もなく、新しい組織に反対する暇もなかった。大衆闘争の鉄則は、力のないときにはひそかに展開し、外から見えないようにすることであり、会議派の闘争についても同じことが言える。会議派も、内部では焔を上げて燃えていた。このため、この火の使い方が難しかった。警察は、これを消し止めるべく影のようにまとわりついて情報を得ようと脅していた。このように、知らず知らずに、自分の意志に反して民衆にたいし秘密裡に運動を展開するよう促していただけでなく、そのような活動を教え、強化していた。いざとなれば、人は何でもできる。かくして、インドの運動は真に革命的な路線を採るようになっていった。ガンディーが一九三四年の初めに運動を停止したのもそのためである。彼はそのことを察知していた。もしも、運動を止めなければ、運動は彼と中間層の手から離れてしまうだろう。そして、真に大衆的な運動が生まれて、それによって、既得権益者層は決定的な損害を蒙るだろうと。

話は前後するが、その仲間たちの奔走が始まった。ときに、パトナーで、ときに、ラーンチーで、知事の赴く所いずこでも、ダルバンガーのマハーラージャーなどの大ザミーンダールが、何度も出かけて話をしては、政府の好意を得ようと努めた。好意は容易に得られた。しかし、政府もまた、彼らが自分たちの役に立つ器かどうか判断しなければならなかった。政府側でも、会議派に対抗する組織を作る必要があった。このために、大いに奔走して、何ヵ月もの相談ののち、私の記憶する限り、ラーンチーで統一党（United Party）の名でこのような組織を作ることを決めた。もちろん、ザミーンダールの内部でも、誰をその指導者とするかをめぐって、二つのグループのあいだに主導権を求める対立があった。しかし、指導者の地位は最大のザミーンダールであり、資本家であるダルバンガーのマハーラージャーが手に入れた。実際には、彼の顧問、身近な顧問に誰がなるかも決まらなかった。最終的には、スールヤプラーのラージャー（シャーハーバード）が彼の身近な顧問（書記）となった。内部に意見の対立があっても、派閥抗争によってザミーンダールの大仕事、大陰謀が妨げられることがあろうか。かくして、統一党が誕生した。

これに関連してもう一つの出来事がある。我々の州農民組合が初めて結成されたとき、パトナーの弁護士、バーブー・グルサハーイ・ラールもその副書記の一人であった。もっとも、彼は何も仕事をしなかった。実際、古い議会で農民の名で二、三度涙を流したり、一、二度はげしく演説したり、せいぜい、農民の利益の視点から小作法改正のためにいくつかのありきたりの法案を提案したりというときには、彼は農民の指導者として認められていた。持ち主のいない品物同然に、誰も農民のことは気にしていなかった。このため、「神の名において」―たとえ、自分の利益のためだとしても―農民に少しでも眼を向ける人が農民の代弁者として認められていた。このような代弁者はほとんど皆、ザミーンダールと結託していて、一、二度は激烈な言葉を吐いて自分の目的を達成していた。このような連中が、一九二九年に農民の名で小作法修正のための法案を提出し、このために、ザミーンダールは対立する法案を攻撃した。その結果、両法案を棚上げして、政府は自分の側から第三の法案を提出した。この法案への反対を当面の契機として、州農民組合は結成されたのである。

政府はつねにこう言っていた。小作法の修正には二つの方法がある。農民とザミーンダール、あるいは両者の代表が相談して草案（法案）を提出して、これを通過させるか、もしもそれが可能でなければ、政府が提出して両者がこれを認めるかである。まさに、二匹の猫の争いに猿が仲裁に入るというものであった。一九二九年にもこのようなことが起こった。両者の意見が合わないために、政府が仲裁に入ったのである。しかし、農民の名において農民組合がこれに強力に反対すると、政府は、農民組合がこれに反対している以上、政府が法案に力を入れる必要があるかと言ってこれを撤回した。このように、農民組合は団結して二つの役割を果たした。一つは、この法案を廃棄させて農民を救ったことである。第二に、政府は、望んでいなかったにもかかわらず、農民組合を農民の組織として認めざるをえなかったことである。

したがって、政府とザミーンダールは、統一党を強化するために、何よりもまず、統一党に小作法を修正させて、農民にわずかばかりの権利を与え、同時に、ザミーンダールの目的も実現することに関心を抱いた。しかし、現在までのやり方では、農民とザミーンダールの双方の合意によって提出されたのではない法案を、政府は認めることはできない。それ故、結成する統一党に農民の名で発言できる人物を入れる必要があった。そうでなければ、すべてが水の泡となる。統一党の意義は、すべての集団と宗教コミュニティーの人たちがそれに参加することにある。ビハール州の名において発言するために、すべての宗教、集団、利益の人たちがそれに加わっていることがわかるような人物のリストが作成された。

いまや、その指導者たちは、どのような人物を農民の代表として統一党に入れるかに関心を持った。幸いにして、シヴァシャンカル・アーワキール氏を見つけた。彼は、すでに述べたような類の「農民指導者」である。たしかに、バーブー・グルサハーイ・ラールもこの党と行動を共にした。しかし、ずる賢くも、もしも公然とグルサハーイ・ラールの名を最初に発表すれば、大混乱が起き、演技も台無しになると考えた。おそらく、彼も同じことを怖れていた。このため、まず、彼がビハール州農民組合を結成することが決まった。のちに、小作法修正の段階に至ったとき、彼が、こうした協定についてザミーンダールと農民のあいだで合意を得たと言って、自分の組合を認めさせる。その後で法律が成立したとき、彼とジャー氏（シヴァシャンカル・ジャー——訳注）が農民に大幅な権利を与えたと言って、大々的な宣伝をする。このようにして、統一党は農民のあいだに圧倒的な影響力を持つようになる。何故なら、党の側から法の修正をするからである。同時に、グルサハーイ・バーブーも花輪を身につけて公然と入党する。

実際、彼はこのように行動した。農民組合の書記でありながら、もう一つの組合を結成する「勇気」を持っていた。のちに、パトナーのグラーブ・バーグの会合で、にせの「農民組合」にはザミーンダールの指図があっただけでなく、彼らの金も使われていたことが明らかになった。当時、この農民への裏切り行為には、彼と共に何人かの社会党のメンバーを名乗るザミーンダールも陰謀に加わっていた。特筆すべきことは、これらすべての活動が内密に行われ、外部世界が知るすべもなかったことである。私がパトナー市からわずか一五〜二〇マイルのビターにいたにもかかわらず、すべてが私から隠され、私に情報を提供することも、私の意見を求めることもないほどであった。真の農民組合の妖怪が彼らを大いに悩ませていた。彼らは、もしもこのスワーミーが知れば、隠遁者であっても古い農民組合を再生させ、結束して政府・ザミーンダールと闘い、たちどころに彼らを打ちのめすことをよく知っていた。そうなれば、すべての願いは水の泡となることを。この連中は貧しい者に奉仕し、農民の幸せを願うと言っている。神がこのような輩から農民を守られることを祈りたい。

しかし、結局、陰謀は暴露され、哀れな者どもは「唖然として、魅入られる」[8]ほどの屈辱を味わったのである。私が彼らの農民組合をいかに苦境に追いやり、つぶしたのかはともかくとして、ザミーンダールやザミーンダール協会の指導者たちを見たとき、これは何たる農民組合かとあきれた。しかし、農民の名を騙る指導者が、ザミーンダールの指導者たちに金銭的な援助を受けたことに感謝の意を表わしたがったとき、「猫が袋の外に出た」。結局、悪いことは隠すことができない。心の中で、恐るべき農民組合だと叫んだ。それ故、「農民組合」が葬られ、古い農民組合が再生したのは結構なことである。このようにして、そのときまで農民組合に無関心となっていた私は、ふたたび全力で組合の活動に身を投じるようになった。彼ら「農民指導者」たちは、その後しばらくして自分の正体を表わし、隠すことなくザミーンダールに合流した。彼らの努力は水泡に帰して、統一党が消滅するだけでなく、ザミーンダールの願望にも水がかけられた。彼らが提出した法案には農民の利益となる多くの条項が加えられ、有害な条項を取り除いて、法律の形を整えざるを得なかった。そのときから、ザミーンダールは自分のジラート（「自耕地」）を増やそうとする古い主張を永久に放棄した。

このように、当時まで農民の指導者を装った古い連中も、新しい連中も正体を暴露され、姿を見せることもなくなった。人々は、このいざこざで私が敗れれば損をすると怖れていた。当時までの「農民指導者」とザミーンダールの結合集団が農民組合に反対していたからである。しかし、私は勝利を確信し、事実そうなった。同時に、警戒する必要もあった。これは、「農民指導者」たちの最初の秘密暴露であった。将来、何度このような暴露が行われるかはわからない。

（一九四一年八月八日）

5 「ダルマの擁護者」たる大地主

一九三三年、農民組合再生の後のことである。私は、いかにして統一党、その黒幕、そして、ザミーンダールたちを懲らしめるか、彼らが提案した小作法の修正を地獄に突き落とすか日夜心を砕いていた。このため、毎日、ビハール州各地を旅行した。その一環としてダルバンガー県のマドバニー地方にも行った。マドバニーの高等英語学校の庭で集会が開かれた。農民、それから、都市の住民も大勢集まった。私は、ダルバンガーのマハーラージャーや他のザミーンダールたちが持っている農民の喉元を狙う鋭い剣について熱烈な演説をした。農民たちの心情を代弁したかのように、彼らの表情が輝くのを見た。

しかし、農民の指導者にはなっても、一体、彼らの本当の苦難がわかったのだろうか。私は、単純に、噂に聞いた事柄をも真実と一緒くたにしていた。実際、農民と労働者の指導者にそれほど簡単になれるものではない。彼らのために真に闘う者は、第一に、彼らの間を巡り、彼らの話す悲しみ、苦しみを聞かなくてはならない。それが大事なことである。関心をもって彼らの話に耳を傾け、自分が彼らの心の中に入っているか否か、彼らとの深い結びつきがただちにできるか否か、これが指導者のための条件である。

ところで、びゃくだんのティーカー（額につける印）をつけた一人の者が、農民を代表して集会後に立ち上がって、自分たちの、すなわち、農民の苦難の物語を話したときには、私の驚きははかり知れなかった。そのときまで、農民の大部分は虐げられた農民、そして、いわゆる後進カーストの農民と理解していた。少なくとも、マイティリー地方のブラーフマンの絶大な指導者と考えられているダルバンガーのマハーラージャーは、ブラーフマンの農民にたいしては寛大であろう、他の農民たちを抑えつけるために作ったラーティー（棍棒）で殴られることはなかろうと考えていた。そうでなければ、マイティリーの人たちは彼をどうして指導者として認めようか。自分の搾取者で敵である者を誰が指導者と考えようか。

しかし、その農民は、自分はマイティリー・ブラーフマンで、マハーラージャーに苦しめられていると言った。「私の村、いや、このマドバニー地方では我々は雨期に苦しめられ、頼る所もない。このような状態はマハーラージャーの全ザミーンダーリー領についても言える。我々の所では大量の雨が降り、河川も多い。その結果、たえず洪水に見舞われ、収穫は被害を受け、家は水没し、倒壊する。水を止めるために各所に堰を作る。もしも急いで作れば、水は流れ去り、生命・家・家畜・農地すべてが救われるだろう。しかし、我々にはそれができない。マハーラージャーがこれを厳禁しているからである。」

何故かと私は尋ねた。彼は答えた。「水が流れ去ってしまえば、魚がどうして取れるか。水がたまって、魚は生まれる。水が溢れれば溢れるほど魚は繁殖し、マハーラージャーは『水利税』で収入を増すのである。植物のひしなどによる収入も生まれる。『水利税』は彼の法的な権利である。我々がこれを認めなければ、そして、命を救うために水をせき止めれば、苦難に遭う。様々な訴訟に巻き込まれて破滅する。彼の使用人たちによる悪口雑言は言うまでもない。マハーラージャーの怒りの眼が我々を突き刺す。」

この農民はこうも言った。「土地の査定が行われたとき、我々農民は何の知識も持っていなかった。我々は査定の正確な意義も理解できなかった。そこで、我々の無知を利用し、自分の金と影響力を用いて、マハーラージャーは、査定の書類に、土地については農民の保有権があるが、土地に植えた木についてはザミーンダールの側に半分ないしそれ以上の権利があり、残りが農民の権利であると記録させた。その結果、自分の祖父の植えた木から一本の歯ブラシを作り、一枚の葉を取る法的な権利も我々にはない。法の下で、歯磨き用の枝、そして葉を切る必要が起こるたびに、ザミーンダールの許可を得るというのは容易なことではない。そのために、彼の使用人に賄賂をやったり、彼らを祭り上げたりする余地ができる。彼らが満足している間は、まだいい。しかし、なんらかの理由で使用人たちが不満を持つようになると、息つく暇もなく訴訟をひっきりなしに起こし、我々は破滅させられる。さもなければ、大金を出して妥協することを余儀なくされる。しかし、そのために、自分の土地は売られてしまう。一体、我々がお金を持っているか。金がないからだ。」のちに、農民組合の活動家がどうしてマハーラージャーのザミーンダーリー領で敢えて集会を開く勇気を持てなかったのか、それを目の当りに見る数多くの機会があった。

この農民も言ったし、のちに、ダルバンガー、プールニヤー、バーガルプルの農民が血の涙をもって語ったことは、たとえ自分の家で死体が腐っても、それを燃やす木を倒したり、切ったりする許可は、土地査定の対象となった木については得られないということであった。それだけではない。査定のときの木が枯れ、その代わりに新しい木が植えられても、我々は、マハーラージャーの指示がなければ木を切ることもできないのである。古木が枯れ、新しい木が植えられたという証拠があるのか。政府やザミーンダールが確認したわけではない。農民の言うことを誰が信用できるか。彼らは嘘つきだ。正直さ・誠実さはもっぱら金持ちの特性だというのである。このため、今日、法改正が行われ、農民が自分の植えた木について完全な権利を獲得しても、実情は変わらない。古い木についての規定はそのまま生きているのである。

このように、一つの苦痛を伴った光景が我々の眼前に立ちはだかり、我々は愕然とした。ダルマ（人倫、宗教）、カルマ（業）、そしてカースト制の請負人であるこのザミーンダール、「王中の大王」たるダルバンガーのマハーラージャーは、「インド・ダルマ協会」の会長である。その彼は、自分に穀物を恵む人たちを魚よりも劣る存在と考えているのだ。ああ、何たるあほらしさか。これが法か。偽善のついたてか。それとも、貧しい者をつぶす機械か。カースト会議、ダルマ協会の謎が暴露され、我々は初めてその赤裸々な姿を見た。我々は、ザミーンダールと商人の宗教・神とは金と見せびらかし以外の何物でもないことがわかった。彼らのジャーティ（カースト）や宗教が人をだますための上っ面の事柄であることも知った。しかし、真のジャーティと宗教は別物である。農民は、たとえどんなジャーティに属していようとも皆団結し、一撃の下にすべてのザミーンダールを抑えつけられると信ずるようになった。それによって、彼らの地位向上の期待も垣間見られることがはっきりした。

6　地主の妨害と「農民指導者」

その頃、マドバニーの近く、そこの西方にあるバッチーという名の村で、一度、集会の準備が行われた。この集会の特徴は、他県の有力な活動家と農民組合の役員も招かれていたことである。我々は、大衆集会のほか、農民組合の独自の集会も開いて、いくつかの重要な問題について審議をしなければならなかった。その村にはバーブー・チャトゥラーナン・ダースが住んでいた。氏が亡くなって二、三年になる。ダルバンガー県、そして、マドバニー地方の偉大な指導者、会議派の活動家と見られていた。ガンディージーが貧しい者のための独立と呼び、会議派のすべての指導者が過去においても現在でも訴えている独立のための、有力な戦士の一人として彼は数えられていた。このように偉大な農民奉仕家の地において集会を開くことは光栄でもあった。そこでの集会は完全に成功すると確信した。

我々は、マドバニーから車に人を詰め込んで現地に着いた。何人かの同志はチャトゥラーナン・バーブーの家に泊まった。しかし、我々はマドバニーで食事をして、定刻に集会場に着いた。自分たちのほか、何人かの農民奉仕家もいた。そこに着いた我々は、周囲の落ち着かない雰囲気から、ダルバンガーのマハーラージャーが集会を妨害しようとしていることを嗅ぎつけた。次第に、彼の手先が何としても集会を開かせまいとしていることまでわかった。我々が動揺したこともたしかだが、結局、集会は開かねばならなかった。もしも、我々が集会も開かず退けば、彼らの勇気が湧く。そうなれば、ビハール州のすべてのザミーンダールの勇気が増大し、我々の活動は駄目になる。このため、我々は同志たちと共に集会場にとどまった。農民が来れば集会を開く心構えをしていた。バーブー・チャトゥラーナン・ダースも来ていなかった。彼の来るのを待っていた。

しかし、ザミーンダールが誰も集会に来られないようにあらゆる手を打っていることを知った。いたる所で脅しのほかいろいろな噂も広めた。集会では発砲事件が起きる、殴りこみが行われる、逮捕されるなどと。集会に出る者の名は記録され、のちに事情聴取が行われるとも言われた。このほか、集会場の四方に遠くからピケットを張り、来た者が帰らざるを得ないようにした。道路や要所にザミーンダールの手先が座っていて、来た者を止めようとしていた。要するに、集会を止めさせるためにあらゆる手段に訴えたのである。

我々はこうしたすべてのことに対抗した。最終的には、ザミーンダールの利益だけでなく、彼の威光も損なわれた。将来における彼の存在すら危うくなったと考えられた。しかし、最大の出来事は、インド最大のザミーンダール、ダルバンガーのマハーラージャーのザミーンダーリー領において我々が立ちはだかったことである。マハーラージャー以前の集会のときに見られたように、彼は、抑圧されてきた人たちが集会に結集するのを怖れていた。その結果、打ちひしがれた農民の眼が開かれると。それ故、彼の使用人、寄生者たちが命がけで我々の集会を阻止しようとしたとしても驚くべきことではない。

（一九四一年八月九日）

彼らはそのような行動をした。チャトゥラーナンジーの家そのものにも攻撃を加え、いろいろと脅した。結局の所、彼はマハーラージャーのザミーンダーリー領内に住んでいる。彼の家は皆に取り囲まれた。その結果、チャトゥラーナンジーは、集会の準備をし、その成功のために努力するどころか、自分で集会に来る勇気も持てなかった。こうして、我々は待つのにかなりの時間を費やし、いらいらして何度もメッセージを送ると、彼はやっとのことで来た。しかし、顔は青ざめていた。見るからに血の気が引いていた。指導者がこの状態なら、農民については言うまでもない。ようやくのことで、何人かが来ることができた。

しかし、ザミーンダールの手先や暴徒が我々の集会に来て、騒ぎ立てた。ときに、「マハーラージャー様に勝利を」と叫んだり、ときには、顔をしかめていた。彼らにとって幸運なことに、この集会の八～九年前、この地方では、また、バーガルプル県のピープルでも、また他のいくつかの場所で、ある人物が農民指導者となって農民をだましていた。彼の名は、ムンジー・ダルバランプラサードである。彼はサーラン県の人である。しかし、彼が有名なのはスワーミー・ヴィディヤーナンドの名によってである。一方で、彼は農民をだまして、州議会選挙で票を獲得し、他方で、彼らから金をだまし取っていた。のちに、各地でザミーンダールからもかなりの金を手に入れ、ムザッファルプルで出版社を経営していた。その後、彼の行方はわからなくなった。ボンベイに行ったとのちに聞いた。一度、パトナー市のグラーブ・バーグの集会で突然彼の姿を見かけたとき、頭にグジャラート人が使う高い帽子をかぶっていた。

実際、マハーラージャーの手先どもはいたる所、その集会でも、「一人のスワーミー（修道僧に与えられるタイトル）が以前に来た。我々をマハーラージャーと闘わせて、彼から金を巻き上げた。いま、もうひとりのスワーミーが同じようにやって来た。このスワーミーも、我々をマハーラージャーと闘わせて自分の利益を得、後では、我々が破滅させられる」などとわめいた。彼らは、私にもこのような質問をしていた。「我々に農民組合は要らない。行ってくれ。このままにさせてくれ」と言っていた。集会の聴衆は皆このように叫んでいた。我々が発言しようとすると、彼らは騒ぎ立てた。こうした光景を見るのは初めてであった。しかし、我々もまた、同じように頑固であった。その場から逃げずに何としても集会を終えたのちに退くことを決め、実際そのようにした。彼らは、ついに、しゃべり疲れてしまった。

このようにして、我々は集会を終わった。しかし、農民のために一心に活動することなく、彼らのために生死を賭けることもない指導者たちの正体を知る痛切な経験をした。このような人たちは、肝心なときに踏みとどまることなく避けてしまう。このような新鮮な事例をバッチーで体験することができた。この集会の後、我々がバーブー・チャトゥラーナン・ダースへの期待を失ったことはたしかである。このような人たちは、渦中にあって船を沈めてしまう。ザミーンダールの手先が我々の心構えを見て驚いたことも事実である。彼らの熱も少しは冷めた。もっとも、その後でも、マドバニー地方の集会を開かせまいとする彼らの策動はあった。しかし、以前のようなことはなかった。バヘーラー、マデープル地方でも多くの集会を彼らは妨害した。しかし、我々は前進し、彼らが退いた。たしかに、バッチーのような状況は他の集会では起こらなかった。

7　地主・農民・農民指導者

一九三九年の雨期のことである。ダルバンガー県のマドバニー地方のサクリー駅から二マイル離れた所にあるサーガルプル村で農民闘争が起こっていた。ダルバンガーのマハーラージャーのザミーンダーリー領である。サーガルプルの近く、パンドールに彼の事務所がある。そこでは、何千ビーガーもの彼の農地がトラクターの助けで耕作されている。また、そこには多くの砂糖工場があり、そのいくつかの工場ではマハーラージャーが大きな役割を果たしている。サクリーにも工場が一つある。何千ビーガーもの土地で砂糖きびの栽培をすることにより、ザミーンダールは大いに利益を上げている。他の作物の耕作も行われている。このため、ザミーンダールが望むのは、良い土地は農民から奪った方がよいということだ。農民がいつも小作料を払えるとは限らないからだ。そのために、土地を競売する。しかし、最初は、ザミーンダールは自己耕作への意欲はなかった。めぐりめぐって再び農民に貸す。実際、ずるいのは、現物か現金の形で受け取る小作料にはっきりとした受領書を出さず、うやむやにして、機会があっても、農民がその土地を耕作していると主張する証拠を提出できないことだ。というのは、証拠があれば、法にしたがって農民がその土地に小作権を持つからだ。このことは、サーガルプルの土地についても言える。

サーガルプルのバカーシュト地を耕作しているのは農民である。それ故、土地にたいする権利を主張するのは当然のことである。誰でも少しの分別があれば事実はこうだと語ることができる。三方の村はずれにある排水溝の近くまでの土地が競売に付されたと言われている。農民が外に出る道もない。もしも、土地が自分のものでないならば、農民は家の外に排水溝をどうして設けることができようか。ザミーンダールが自分の土地にそのようなものを許すはずがない。一体、農民の家畜はどこに行き、何を食べるのか。近くに住むグワーラー（牧畜カースト）の人たちの小屋は自分たちの敷地の中にあった。これ以上の証拠がほかに必要だろうか。

もう一つ。マハーラージャーの土地の耕作はトラクターで行う。そのためには広い土地が必要だ。狭い土地では無理だとのこと。しかし、現地を見た者は、今のところ、土地は細分化されていると語るだろう。農地のあいだの境界、あぜもはっきりと見ることができる。もちろん、このあいだの境を取り外そうとザミーンダールは必死の努力をし、土地をひとまとめにしてトラクターを走らせたがった。しかし、我々が行って見る限り、土地は細分化されたままだ。実際、二、三度、耕したところで、境界が取り除かれるわけではない。少なくとも、五回、一〇回と耕してこそ除かれるものである。しかし、ここでは、形の上だけ一度トラクターを動かしたに過ぎない。そんなことで人をだますことはできない。

ところで、サーガルプルのバカーシュト闘争のことで私は二度出かけた。二度とも、ザミーンダールが意気沮喪するほどの熱烈な集会が開かれた。一度は、人で埋まった集会にザミーンダールの手先が混乱を起こそうとした。騒ぎ立てたり、質問をしようとした。一万～二万人の農民のなかに立って敢えて叫ぼうとした。農民は、すさまじい熱気でいきり立ち、彼らを叩きのめしたかった。しかし、そのことで損をするのは我々だ。敵の連中はこうした暴力を望んでいたからである。彼らはそれによって二つの利益を見こしていた。一つは集会を駄目にすること、もう一つはあれこれと裁判に引き入れてすべての有力な指導者を困らせることである。このため、我々はそんなことが起こらないようにするために農民に冷静さを呼びかけた。ついに、ザミーンダールの手先どもは、農民が思い通りにならないのを知り、がっかりして立ち去った。集会の場にいた警官や他の役人たちに我々はこう言った。「一〇人、二〇人ほどが騒いでいるのに、あなた方は黙っている。一体、これはどうしたことか。」これを聞いて、彼らもザミーンダールの手先を叱りつけた。それで、連中はどうしたか。何もできなかった。

しかし、二回目には、連中は別の方法を考え出した。今度は前よりも用心深かった。我々が駅で降りて乗り物に乗って進むと、ザミーンダールの寄生者たちの大きな集団が現れた。サクリーには警察の一団がいた。バカーシュト闘争での逮捕を彼らは狙っていた。我々がサクリーを出てダークバンガロー（役人の宿泊施設）を過ぎると、騒々しい連中が出てきた。何をわめいていたか。「マハーラージャー・バハードゥルよ、永遠に」「農民組合はくたばれ」「スワーミージーは帰れ」「我々はだまされないぞ」「悶着を起こす者に気をつけろ」などのスローガンを叫んでいた。滑稽だったのは、我々が前に進むと、彼らが我々の後をつけて来て叫び続けたことである。奇妙な集団だった。一見に値する見世物だった。同じようなことは他では見たことがない。彼らはずっと我々の後をついて来た。村の近くまで来た。しかし、我々が村の中に入ると、彼らは他の方向にそれてしまった。近くにマハーラージャーの事務所があり、そこに行って、自分たちがずっと後をつけ、村に来るまで離れることがなかったことを証明するためだとわかった。彼らは十分な日当を手に入れたかったのである。ザミーンダールのお情けが必要であった。このとき、犬のように吠えて我々の後をつけてくる者のなかにティーカーを額につけたブラーフマンが多数いたことを知った。

我々は笑い、馬鹿さ加減に哀れみを覚えた。マドバニーのかのブラーフマンの農民の言葉が耳にしみついている。我々は考えた。結局、あの農民も同じように貧しく、抑圧されている。ただ、違うのは、彼は自分の土地がたとえ売られても、魂とイジャット（品位）を売らなかったことである。彼は自尊心を守ったのである。しかし、この人たちは自分のすべてをザミーンダールの差し出すはした金と引き換えに売ってしまったのである。それ故、あの連中には何の期待も持てないが、この農民、そして、このような人たちには農民の解放の期待を持つことができる。

サーガルプルで、当時、ダルバンガー県農民会議が開かれたことを言い忘れた。会議のために、農民のほか、県全域の活動家もかなり集まった。多くの決議が採択された。演説も熱烈なものであった。私の演説もかなり熱がこもり、かつ、非常に厳しいものであったと思われている。しかし、そこで私が一、二の責任ある農民組合指導者の演説を聞いたとき、唖然とした。彼の手中にすべての農民、すべての勢力があり、その結果、望んだことはすべて達成できる。ダルバンガーのマハーラージャーにはしばしば闘いを挑んでいる。マハーラージャーは強力な一撃で消えてなくなる存在であると。一〇年、一二年と活動し、農民運動がまさに農民の闘いに従事しているときに、このように無責任な言葉を聞くつもりはなかった。このため、私は、自分の発言のなかで、この演説内容をきびしく批判し、ダルバンガーのマハーラージャーはあなたが考えているほど弱くはないと明言した。

私のこの発言を受けて、ザミーンダールの新聞『インディアン・ネーション』紙がスワーミージーはこわがっているという批評記事を載せたとき、私は驚き、苦笑した。ザミーンダールが私の言うことを理解できないほど愚かとは思ってもみなかった。どんな理由で私がこわがっていると判断したのか、私はいまだに理解できない。

（一九四一年八月一二日）

8　地主の「商業独占権」

一九三六年の夏のことである。会議派ラクナウ大会から戻って、私は、ムンゲール県のシムリー・バクティヤールプルで集会を開くために出かけた。それ以前には、一度、一九三四年の地震の直後に行ったことがある。洪水がひどかった。ここの洪水はコーシー河のためである。この河は六月には荒れ狂うばかりに恐ろしい河となり、この地方を荒廃させる。最初の旅行のとき、洪水のすさまじさと人々の恐るべき貧しさを見て驚き、悲しんだ。この経験は私の胸に食い入った。この地方の人々や活動家の話を聞いて、もう一度来なければならないと心に決めた。そのときにこそ自分の眼で真の姿を確かめることができるだろうと。

このため、雨期が始まるずっと前、私の記憶では、一九三六年五月にそこに出かけた。今回、バクティヤールプルのほか、デーヌプラー、ケーブラーなどでも集会の準備をした。しかし、そうした場所には容易に行けなかった。猛烈な暑さで、いたる所、人々は飲み水を求めていた。この地方では小舟がなければ行き来が難しい。コーシー河のおかげで土地はすべて水面下に入ってしまっている。眼の届くところすべて水ばかりであった。村は海に浮かぶ小島のごとく見えた。村のはずれに少しばかりの土地が見え、そこでわずかの耕作が行われていた。ほかは水また水である。住民は、大部分、魚や水生の動物を食べて過ごしていた。穀類はほんのわずかときどき手に入れていた。それも、ザミーンダールの飼っている犬も食べるどころか、匂いを嗅ぐのもいやがる穀類であった。この地方では、しばらく牛車に乗ったほかは、すべて小舟か徒歩の旅であった。水のない所でも、膝まで泥につかるため牛車を使うことができなかった。

ところで、この地方で最大の狡猾なザミーンダールは、バクティヤールプルのチョウドゥリー氏である。彼のフルネームは、チョウドゥリー・ムハンマド・ナジールル・ハサン・ムタワリーである。この地方には非常に有名な廟があり、これに関わる特別なザミーンダールがおり、粗収入は全部合わせて当時七〜八万ルピーと言われていた。チョウドゥリー氏がその廟の関係者あるいは管理者である。このように、彼はムスリムの宗教的資産の所有者であり、それを享受していた。とても立派で豪華な邸宅も建てている。象・馬・自動車などあらゆる乗り物を持っている。狩猟の名手であり、機会があれば貧しい農民の名誉・生命・財産を奪い取ることも躊躇しないほどである。そして、残酷なザミーンダールはそのような機会をしばしば持つのである。彼のように残酷なザミーンダールはほかにあまり例を見ない。圧制なくしてはザミーンダールではないかのようである。私の考えでは、農民、農民の幸せを願う者、農民奉仕家は、泥で作られたザミーンダールの人形にさえ警戒しなくてはならない。これもまた危険極まりない。警戒しなければ、もしも身体の上にでも倒れれば、手足を切り落とされかねないからだ。

チョウドゥリーのザミーンダーリー領を私は何度も廻った。農民の住んでいるあばら家を訪ね、彼らの苦難を自分の眼で確かめ、ひっそりとした場所で彼らの苛酷で悲痛な物語を聞いた。心を震え上がらせる出来事を聞きながら、私の血が煮えたぎった。ザミーンダールは農民を抑えつけるためにいろいろな方法を編み出した。策謀のいわば権化であった。差別の手口を使って目的を達していた。多数の手先がスパイ活動をしていて、農民を痛めつけていた。彼らは、つねに、農民がひそかに何を話しているかの情報も得ていた。我々の背後にスパイが張りついていた。このため、我々は、注意深くひそかな場所で話をして彼らの状態を知る必要があった。にもかかわらず、貧しく抑圧された農民は恐怖心のために風の音にも耳をそばだてていた。皆打ちひしがれていた。少しでも不平を表わせば、どんな災いが頭上にのしかかり、チョウドゥリーの罠にはまって苦しむかわからなかった。

農民のあばら家は荒れはて、雨と日光が漏れて入り、身体を覆う布すらなく、かき集めたぼろ布で恥部を隠している。穀類は、おそらく半年間は手に入らない。その彼らから年に八万ルピーも取り立てるのはただ事ではない。砂から石油、石からミルクを取り出すことの方がまだ簡単である。どんな手段でこうした金を取り立てているか、もしもその詳細を書くならば分厚い本ができる。ここでは、いくつか例を挙げるにとどめる。

以前はチョウドゥリーのザミーンダーリー領で四つの品を彼が「独占」していたことを、私はこの地で初めて知った。すなわち、この四つの物には彼の独占権があり、彼の意向に反してこうした物を売ることはできないのであった。塩、燈油、なめし皮、干物の魚、この四つである。このうち、塩の独占だけが、私の行ったときになくなっていた。残りの三つは私の運動の結果廃止された。自分の広いザミーンダーリー領のなかで、彼はすべての者に「私の意向に反して誰も塩と燈油を売ることはできない」と言っていた。この結果、誰も敢えて売ろうとしなかった。そして、ザミーンダールは、一〜二人の屈強な小作人から二千から四千ルピーを受け取って、こうした品を売る権利を与えていた。このため、こうした請負人たちは二つの品を他の場所よりも高く売っていた。請負料を取り立てているうえに、独占のために値段をさらに吊り上げていた。尋ねてみると、燈油は他の場所では五パイサー(一ルピー＝百パイサー)で手に入るのに、このザミーンダーリー領では七〜八パイサーとなっていた。ああ、何たる収奪。

もしも誰かが外から油を持ち込めば、きびしく罰せられ、罰金を払わなくてはならない。このため、誰も外から持ち込まないように監視していた。何人かが苛酷な罰金を払わねばならないのを見ると、他の者の勇気も消えうせる。このように不法なことが公然と行われている。警察署は遠いどころか、そこにある。それでも、この強引なやり方を知らなかった。どうしてわかったか。結局の所、誰にも関心はあり、農民や貧しい者が関心を持つのは当然だ。しかし、誰が彼らの不満を聞くだろうか。金持ちは外から油の缶を手に入れる。しかし、ここでは金持ちは限られている。バニヤー商人も恐怖のために声も出ない。チョウドゥリーの農民は、金持ちであろうと、貧しかろうと彼の意向に反することがどうしてできようか。しかし、私が行くまで、政府がこの横暴を知らなかったというのは、たしかに驚くべきことである。

塩の販売は、もちろん、以前はチョウドゥリーの独占であった。しかし、一九三〇年の「塩のサティヤーグラハ」(政府の塩の専売にたいする抗議を象徴的に取り上げたガンディー指導下の不服従運動—訳注)のために、この慣行はなくなった。人が政府の言うことを聞くつもりがなくなり、法律を反故にするとき、誰がザミーンダールの言葉に構うだろうか。しかも、もしもザミーンダールがくちばしをはさむとなれば、逆に、彼の立場が不利になる状況であった。法に反する彼の悪行が暴露されるからだ。その結果、塩の独占はおろか、燈油などの独占までできなくなってしまう。このため、彼は狡猾にも「だんまり」を決め込んだ。人々は塩の売買の自由に満足してそれ以上には運動は進まなかった。ザミーンダールの腹黒い仕業を他の人たちは知ることができず、残る三つの品にたいする彼の独占はそのまま維持されたのである。

干物の魚についても同じことである。私は菜食者なので、この魚がどんなものか自分自身わからない。しかし、人々はおいしくて上等な魚だと語っている。市場ではたくさん売られている。ここは水の豊富な地域で魚が多い。干して、遠くまで送られる。このため、魚を取る者は利益を上げ、ザミーンダールも大いにもうける。彼の収入も増える。魚などによる収入を「水利税」と言っている。ところで、こうした魚を自分で取ることはできないが、何としても魚を取る契約を得ようとする者同士で争いが起きる。ザミーンダールはこうした争いから「漁夫の利」を得、限られた人たちと契約し、何千ルピーもの金をせしめる。ほかの魚についてはそれほどの需要もないので、規制もない。その結果、取る者が「水利税」を支払う。

「水利税」についても一つの決められた規則がある。このザミーンダーリー領においても、また、ダルバンガーのマハーラージャーや他のザミーンダールの所領にいたるまで「水利税」について語る必要のないほどの無法状態がまかり通っている。とくに、コーシー河の流れている地方ではこうした傾向がよく見られる。それは、農地に水が溢れ、収穫がなくとも農民は小作料を支払わなくてはならないということである。法律はたしかに存在する。しかし、水中の魚などのためには「水利税」を別に支払わなくてはならない。一つの土地に二つの税がある。「水利税」は耕作のできない土地にたまった水について適用されるべきである。しかし、ここでは、あり得ないことが起こっている。チョウドゥリーは自分のザミーンダーリー領でそれをしているのである。

残るのは、なめした皮の独占である。村で動物が死ぬと、一般的に、死んだ肉を食べる人たちが引き取って、その皮をなめして売っている。動物を扱っている者に与えるのはせいぜい靴数足か、所によって二〜四アンナー（一六アンナー＝一ルピー）と決まっている。いたる所、この方法が行われている。私も子供の頃から知っている。しかし、北ビハールの東部諸県では少し変わったことが行われている。チョウドゥリーのほか、ダルバンガーのマハーラージャーの所領、プールニヤーなどでも、大ザミーンダールが皮革について特別な取り決めをしているのを知った。それを「チャルサー・マハール」（「皮革税」、ザミーンダールによる不法な賦課）と呼んでいる。そこから上がる収入を「チャルサー・マハールの収入」と言う。そのやり方はこうである。動物から皮を剝いでも、剝いだ者はその皮を売ることはできない。ザミーンダールに一年に数千ルピーを支払ってこの皮を購入する請負人がすべての地域に一人、二人、あるいは四人と指定されており、この人たちは皮を購入することができる。もしも他の人たちが購入したり、皮をなめす人たちが皮を売れば罰せられる。かくして、買い付け人は一〜二ルピーの皮革を二〜四アンナーで手に入れる。売る者の心配は、ほかに買い付ける人がいなければ、見つけた人の言い値で何としても売らなければならないことである。こうして、何千人もの貧しい者を収奪して、何人かの請負人とザミーンダールが自分の財布を暖めている。この手口はチョウドゥリーのザミーンダーリー領でも同じであった。

このチャルサー・マハールに反対する我々の運動はすべてのザミーンダーリー領で起こった。しかし、チョウドゥリーの所領には三、四度出かけ、何回も集会を開いた。そこでは燈油や干物の問題も存在した。そのため、ここの運動は非常に激しかった。人々はきわめて虐げられていた。一方で、同じように、あるいはそれ以上に抑圧されている地域をビハールで見た。ダルバンガーのマハーラージャーのザミーンダーリー領であるダルバンガー県パンダリー・パルガナー地方である。そこもまた、同じように一年中水につかっており、そこに住んでいるのは、大部分、低カーストの人たちであった。このため、チョウドゥリーのザミーンダーリー領のように、我々の運動はここでもかなり激しかった。我々自身二、三度出かけた。その結果、貧しい者が立ち上がった。こうした状態はバクティヤールプルのザミーンダーリー領についても言える。運動の結果、燈油などすべての物の独占がなくなった。

チョウドゥリーの怒りは激しく、我々がそこに行くのも我慢がならなかった。我々は集会の場所も滞在する家も得られなかった。活動家たちが作ったアーシュラムも壊そうとした。しかし、こうした手を尽くしても、いつも不毛だった。我々はそこに行く執念を燃やした。あるとき、サルクワー村で集会を開こうとしていた。しかし、彼は策を弄し、不当にもその機会をとらえて刑法一四四条を適用させた。(9) それでも集会は開かれた。「お腹の中にらくだが入りこんだ」ように彼は困りはてた。ヒンドゥー・ムスリム問題をも自分の利益のために利用しようとした。ムスリムを抑えつけるとき、ヒンドゥーが彼らを助けないようにと望んだ。しかし、我々は、そのような過ちを犯さないようにヒンドゥーの人たちに警告した。

9 地主の車に乗った挙句の果て

一九三六年の雨期、記憶する限りでは、バードーン月（インド暦六月、陽暦八～九月）のことであった。しかし、雨は降らず、日光が照りつけていた。雲のかけらは空にあっても、日差しが強く、皮膚を焼くかのようであった。雨期の日差しは結構強いものであるが、バードーン月にはとくに強くなる。雨の少ないときには身体を焦がすものだ。ちょうどそのとき、サーラン（チャプラー）県のアルクプル村で農民の大集会が準備されていた。いつの日かは覚えていない。しかし、奇しくも、その日、集会を開いたのち夜の一〇時一五分の汽車に乗ってビターに向かう必要があった。実際、翌日、ビター・アーシュラムに一人の紳士が農民問題を携えて話しに来ることになっていた。そのことは前から決まっていた。とくに、彼のザミーンダーリー領の問題が関わっていた。その土地は決して大きくはなかったが、この紳士は私の古くからの知り合いであった。デヘリーの近くのダリハト村が彼の村である。そこで農民運動が激しくなっていた。そこには私も何度か行かなければならなかった。農民の問題を前にしてザミーンダールが知り合いか否かは問題にならなかった。彼はおそらく私を信頼していたのであろう。他の者を通して私に不満をのべた。しかし、私がどうしてそれを気にするだろうか。私は自分の仕事をしていた。それでも、彼が私の所に来て自分で話したいと望んだとき、私は喜んで会う日を決めた。

アルクプル村はベンガル北西鉄道（O・T・鉄道）のバーターポーカル駅から九マイル南にある。バーブー・ラージェーンドラ・プラサード(10)の生誕の地であるジーラーデーイーの近くを通って一つの道がアルクプルに通じている。アルクプルに行くのに早朝の汽車に乗って着いた。もう一人が私と一緒にいた。チャプラーから会議派の活動家ラクシュミーナーラーヤン・シン氏のほか、この地域に家のある二人の弁護士もいた。バーターポーカル駅から約一マイル南西部にある市場に我々は滞在したが、食事の準備も整っていた。我々はそこに行き、風呂を浴び、食事をし、昼前にアルクプルに向かった。象の乗り物であった。私は好きではなかったが、農民の集会であった。集会に行く乗り物があるだけでも幸運ではないか。集会を定刻に行って混乱のないようにと、どれだけの集会で遠くから徒歩で行かなくてはならなかったか数え切れない。金持ちのお方の親切で象が得られたのであれば、嫌う必要があるか。それで、皆と一緒に私も象の上に乗って出かけた。しかし、途中の日差しは身体を焦がすようだった。やっとのことで、ほぼ正午にアルクプルに着くことができた。私は、途中で、帰りは歩いて来ようと決めた。早めに出かけよう。そうすれば途中の混乱もあるまい。混乱は行き道ですでに経験済みであった。ランプを携行しよう。闇になっても迷わないために。このため、皆が衣類などの品を駅のそばの市場に預けて来た。帰りを身軽で歩くために。

アルクプルの集会は成功した。人々はとても苦しんでいた。母なるサルユー（ガーグラー）河は近くに見られる。雨期には河の水が溢れ、地域全体が水につかり、収穫は駄目になり、家財道具は使い物にならない。農民は悲嘆に暮れる。それでも、ザミーンダールは厳しく取り立てる。私が行ったことで農民は少しはほっとし、彼らのため息が外界に聞かれるようになった。そのためにこそ私は招かれたのである。このような状況の下、集会は成功を約束されていた。誰がこれを止めることができようか。アルクプルのザミーンダールは、ダルバンガーのマハーラージャーやバクティヤールプルのチョウドゥリーのように妨害するほどの権勢もなく、勇敢でもなかった。

集会には、県のこの地方の多くの会議派活動家もやって来た。彼らのなかに、私とは旧知のチャインプルの若いザミーンダールもいた。彼の父方の叔父とは大分前から面識がある。しかし、私はこれは何たることかと驚いた。農民の集会に大ザミーンダールが来るのはどうしてなのだろう。人々は、この人たちは会議派のメンバーであると言った。たしかに、会議派にはすべての者が入る余地がある。その関係でここにも来たのだ。私は、話は聞いたが、私の心と頭には農民組合と会議派とのこのような関わりはなじまなかった。私の眼前に当時、将来のインドのスワラージュヤ（自治）の姿が垣間見えてきていた。結局、ザミーンダールにとっても同じ「自治」があることを知った。彼らにとって「自治」は決して別物ではなかろう。しかし、どうして、その中味まで農民のものと同じものになるのか。奇怪なことである。虎の「自治」と羊の「自治」が同じであることはあり得ない。しかし、私の心の内のこの混乱・葛藤をザミーンダールたちは知る由もない。その上、私は、自分の仕事に没頭するあまり、このことを忘れてしまった。この若いザミーンダールは非常に立派な新品の自動車を持っており、彼はそれに乗ってやって来た。

集会が終わり、日没まで二時間を残しており、私が出かけようと言ったとき、その地の会議派の友人は、最初はいま行く、いま行くと言っていたが、あとでは、まだ時間が十分ある、少しここにいてから出かけようと言い出した。実際、彼らは徒歩で九マイルも行くつもりはない。それはそれで結構だ。私にとっての農民組合と彼らにとっての農民組合は同じものではない。彼らの「自治」への関心は我々より強いが、漠然としており、「自治」のなかで農民の地位がどうなるかについては、いまの所、わからない。ともかく、彼らは、「自治」を求める闘いにおいて農民の協力を得るためにやって来たのである。同時に、彼らの「自治」は、いますぐにも議会、県会などのメンバーとして登場することであり、そこでは農民の支援が不可欠である。それがなければ、彼らの「自治」は得られない。これが彼らの理解している「自治」の具体的な中味である。自動車を持っている旦那もまた会議派の信奉者であることを十分すぎるほど知ったのは、彼が、県会選挙に向けて会議派の候補であるムスリムの紳士に反対し、ヒンドゥーの政治結社を表わすハヌマーン神の旗を立てた車に居心地悪そうに座っているのを見たときである。

ついに、あまりに遅くなり、私があわてると、彼らは、「車を用意しました。あなたをこれで送ります」と言った。これを聞いた私は驚いた。「私がザミーンダールの車で行く？　それでも、農民組合の仕事をしていると言えるか？そんなことはできない。」彼らはしばらく黙り、私も困ってしまった。結局、準備をしたのは彼らだ。いまでは、時間も遅くなってしまった。ランプを持たずに出かけるのは不可能であり、私自身ランプを持っていない。そうでなければ、逃げ出したいところだった。ふたたび、私が尋ねると、彼らは自動車のことを繰り返すばかり。「これは我々が用意したのであり、あなたには関係のないこと、あなたが自動車を頼んだわけではない」と言った。私は反論したが、彼らは用意ができており、私はいまやどうしようもなくなった。日没まで多少の時間の余裕のあるとき、この問題が起きていれば、私は一人で逃げ出しただろう。しかし、もう夕方になっていた。彼らも私の性格をよく知っており、車の問題を持ち出さず、後になって私が一人で逃げ出せないとわかって、この問題で譲らなかった。ついに、私も弱気となり、自動車で出かけることが決まった。

夜の八時、我々皆を乗せて、自動車は出発した。旦那が車を運転した。近くに彼の父親の家があることがわかった。旦那をそこで降ろして、車が我々を駅に連れて行くというのであった。自動車で出かけたので、ランプは持って行かなかった。ともかく、自動車は彼の父の家に着いた。彼は降りた。運転手が前の席に座り、旦那は、十分気をつけて送るように、途中で粗相のないようにと運転手に指示した。車は駅の方向に向かった。しかし、道は日中に通ったときの道ではなく、まったく新しい道であった。夜の八時半、我々はどちらに向かっているのかわからなかった。突然、車が泥にはまった。雨期で、道は舗装されていなかった。運転手は躍起になったが、どうにもならなかった。かなり長い間、車は泥と闘った。我々は苛立った。徐々に落胆の度が増した。運転手が夜道を行くのを嫌がっていて、そのために誠意を以て仕事をしていないのではないかと疑った。しかし、どうすればよいか。話したところで、ことは複雑になるばかりだ。運転手が拒否すれば、駅への到着は不可能だ。結局、時計で八時半とわかったとき、車に嫌気がさして徒歩を考え始めた。

しかし、バードーン月の暗い夜、道はわからず、手にランプはない。いまや、「四つのヴェーダを習得した者が、六つも欲張ろうとして、二つのヴェーダしか習得できなかった」（欲張り過ぎては損をする）のことわざの通りとなった。(11) それでも、私は何としても駅に着かなくてはならない。翌日の予定があった。今日まで私は決まった予定が崩れないように努めてきた。あるいは、何らかの事情で行けないときには前以て知らせ、人々が余裕を持って知ることができるようにした。そうでなければ、私は行く。両方とも駄目なら、私の「抜け殻」が必ず到着する。その結果、私の予定に関しては、農民は、私が反故にすることはないと全幅の信頼をおいていた。

私の予定を守るためには、一〇時一五分の汽車をつかまえなければならない。しかし、道はざっと考えても七マイル以上あった。二マイルほど行くと車は動かなくなった。我々が昼に通った道がこの自動車道路の西にあり、しばらく行けばおそらくこの道がその道路にぶつかることまでは知っていた。何故なら、駅周辺の地図が眼に浮かんでいたからである。そして、まだ、一時間半の時間があった。この間に、荷物を預けておいた市場にも着くはずだ。その後、一マイルほど荷物を持って駅に向かう。もしも一〇時に市場に着けば、一五分で駅に歩いて着いて汽車をつかまえられる。

私が仲間に尋ねたとき、二人は明らかに気力をなくしていた。彼らもチャプラーに行く用があったのに。彼らは弁護士でオフィスの仕事があった。私は一層あせった。しかし、ラクシュミー・バーブーに聞くと、彼は「もちろん、行こう」と言った。すると、どうだろう。急に元気が出てきた。一人でも行くつもりだったのに、ラクシュミー・バーブーが行動を共にすると言ってくれた。その後、かの二人の紳士にも元気が出てきて、我々は「お車さん」に別れを告げて、北への道を進んだ。

道はわからなかった。その上、土はローム層で、軟らかだった。途中、そこここにぬかるみ、そして水があった。我々は腰をドーティーで巻いた。靴は手に持った。私の他方の手には杖を持っていた。我々の「早足行進」が始まった。走らなければ、苦労した後で汽車もつかまらない。だから、走った。途中どこに何がいるかなど構っていられない。蛇やさそりのことも考えなかった。ただ、途中で時々見える小さな家々のなかに人の声を聞けば、道を間違えていないか、ひょっとして別の方向に迷いこんでいないか尋ねようかと思っただけである。バーターポーカルがいまどのくらい遠いのか知りたいという強い欲求もあった。しかし、家々や村は静まりかえっていた。かなり進んだ所で何人かの村人に出会い、彼らが距離を教えてくれた。だが、多くの人たちは我々が道を走っているのを見るか、あるいは足音を聞くと逃げてしまった。この真っ暗闇に盗人、強盗でなくて誰が走って行くだろうかと怖れたのである。我々もそれを想像して、笑いながら走った。

途中、非常に面白い経験をした。『マハーバーラタ』で次のような話を読んだことがある。マヤダーナヴァは、ドゥルヨーダナが乾いた地面を水と間違い、水を乾いた地面と錯覚するような集会場を作った。そのことで、パーンダヴァの何人かはドゥルヨーダナを笑っていた。しかし、ドゥルヨーダナは後の戦いのときに復讐した。我々もこの錯覚の餌食となった。暗い夜に雲がなかったので星が輝いていた。そのために、道も光っていた。その結果、我々は何度も乾いた地面を水と錯覚し、ドーティーを上げた。しかし、足は乾いた地面についていた。逆に、水を乾いた地面と思って安心して進むと、膝まで水につかった。急いで走っている間は、水か、乾いた地面か考える暇もなかった。しかし、我々にはたいへん面白かった。もっとも、楽しさは心の中だけで、外向きには面白いどころではなかった。我々はぐしょぬれになった。身体中に泥をかぶった。しかし、何としても時間に間に合いたかった。それ故、すべての苦しみを忘れ、笑いながら前に進んだのである。

しばらくして、道にぶつかったとき、我々の判断が間違っていないことを確信した。しかし、あと四マイルほどある。息をつく暇もなかった。走りに走ってやっと一〇時前に市場に着いた。尋ねてみると、知り合いの人は荷物を預けた所の鍵を閉めて家に帰ってしまっていた。汽車の時間が近づくのを知り、もう来ないと思ったのである。彼の家までは距離があった。もう一つ厄介なことが増えた。ともかく、我々は彼の家にかけつけ、何とか彼を起こした。彼が戻って来て、我々は自分の荷物を出した。私の荷物は少し大きかった。この時間に駅まで荷物を届けてくれる者などいない。そのため、ろばのように、自分たちの荷物を頭にくくり付けた。仲間も私を助けてくれた。こうして、大きな荷物をぶら下げての「早足行進」がまた始まった。汽車を逃すわけにはいかない。自分の時計を信用してはいなかった。危機に際してはそんなものである。確信しても、その信頼は消えるものである。

しかし、駅に着き、そこの時計で一〇時になったばかりとわかったとき、ほっとした。また、とても嬉しかった。心配せずに手足を洗い、衣類を替え、身体をきれいにした。これほどの冒険をしたこと、これほどの長い道のり、八マイルを下らない距離を一時間半で走りきったこと、市場で一五分も過ごしたことを思い起こし、幸福感は無限に膨らんだ。不思議なことに、我々は少しも疲れを感ぜず、苦しさもなかった。苛酷な仕事、苦労の後でも成功すれば、すべての悩みは吹き飛んでしまう。しかし、もしも多少の苦労の後でも問題が残るならば、どんなに疲れるか。少なくとも、我々はそれを感じなかった。

10 ムスリム農民との出会い

一九三五年五月のことである。そのとき、プールニヤー県では雨が降っていた。会議派の古い活動家パンディット・プニャーナンド・ジャーが、同県のアルリヤー地区のジャハーンプルに住んでいた。彼の要請と手配でこの県を初めて旅行する機会を得た。カティハール駅からまずキシャンガンジに行く予定であった。カティハールではキショウリーラール・クンドゥー博士の所に滞在してキシャンガンジへの汽車をつかまえることになった。キシャンガンジはプールニヤー県の地区で、ビハール州のもっとも東の地方である。ともあれ、この県では七五%がムスリムの住民と考えられている。農民運動との関わりでこのような地方に出かける初めての機会が得られた。そのことを非常に喜んだ。

ジャーさんがカティハールで合流し、バルソーイーを経てキシャンガンジに着いた。その地の有名な会議派の活動家アナートカーント・バスさんの所に我々は滞在した。最初の集会は町で行う予定であった。集会は開かれたが、雨のために思っていたようにはいかなかった。皆がこのことを後悔した。しかし、キシャンガンジに二日間の滞在では致し方なかった。すると、アナート・バーブーが、私にもう一日滞在を延ばさせて町で再度集会を開き成功させることをひそかに決めた。彼は村に通知を出し、特別の宣伝もした。三日目に私が立ち去ろうとすると、何人かの代表が執拗に私を止めて、集会を成功させた。私はジャーさんと共に村にいて、彼の家（ジャハーンプル）に行かなくてはならなかった。このため、とくに予定がなかったので、一日の滞在延長にはとくに障害はなかった。もしも、どこかで決まった予定があれば、三日間の滞在は不可能であった。

ところで、キシャンガンジから六〜七マイル北の村に翌日行かなくてはならなかった。パーンジパーラーという名の市場で集会を開くことになっていた。キシャンガンジから北への道が走っていて、その道に沿ってパーンジパーラーの集落がある。キシャンガンジからは軽便鉄道がダージリンに通じている。風変わりな乗り物である。牛車も行くが、記憶している限り、我々は馬車でパーンジパーラーに行った。市の立つ日であった。人々が座って物の売買をしている場所の近くにわら小屋があった。この地域に住んでいる者の大部分の人たちがムスリムであることはすでに述べた。市場でもそれがわかる。その小屋のなかで彼らの特別な集まりがあり、そこに人々が行き来していることもわかった。この小屋はムスリムの礼拝堂であり、午後のお祈りが行われているのを知った。この奥深い地の村でこのような宗教的精神をまのあたりに見て、私は心を動かされた。このような光景を見るのは初めてであった。彼らの前で農民問題について演説をするのか、すべての努力が無に帰しはしないかと心配した。

しかし、事実は逆であった。彼らが皆注意深く私の話を聞いているのを知ったとき、私の驚きははかり知れなかった。話を進めるにつれて、彼らの顔は輝きを増した。私の発言への賛意を示すためにどれだけの人の頭が揺れたことか。多くの人が話を聞くのに夢中になり、身体を揺すっていた。一つには、私がムスリム農民の前で話すのを怖れていた。私の黄土色の衣を見て、ヒンドゥーの僧侶が自分の宗教の話に来たと怒りだすのではないかと。彼らが集まってお祈りをするのを見て、私のこの怖れは一層強まった。もう一つの心配は、ベンガル州との境に住んでいる人々の間ではベンガル語を話し、生活態度もベンガル人そっくりなので、私のヒンドゥスターニー語はこの場に合わないのではないかという心配であった。そして、私はベンガル語を読み、理解できても話すことはできない。第三に考えたのは、話をして彼らの注意を私の方に引きつけることができる彼ら自身の問題を私は知らない。このため、すべての農民が不満を持ち、すべての者が逃れたいと思っている問題についてのみ話した。例えば、ザミーンダールの抑圧、苛酷な小作料、取立ての行き過ぎ、負債の重荷、バカーシュト地の困難など。

しかし、私の怖れと心配は根拠がないことがわかった。彼らは、あたかも私が彼らの望んでいるテーマを話しているかのように、私の話を心から聞いた。私の言葉は彼らが容易に理解できるものであった。グジャラートから始まって東ベンガル、アッサムにいたるまで私は同じ言葉を話し、農民はこれを理解した。実際、彼らの心情は素直であり、彼らの気持ちに入りこむ言葉で話すならば、彼らは自然と半分ないし四分の三の中味を理解し、話の目的は達せられる。キシャンガンジの人たちは完全に理解していた。とくに、ムスリムは、どこに住んでいようとヒンドゥスターニー語を理解している。これは特筆すべきことである。

このため、私が集会を終えると、彼らは私を取り囲み、あなたはいい話をしてくれたと言った。「自分たちの仕事の話だ。我々はたくさんの話を今日までマウルヴィー（イスラーム学者）から聞いた。しかし、マウルヴィーはこのような話はしない。あなたはパンの問題を取り上げて話している。わしらにわかる自分のお腹を満たすこと、安らかに過ごすことについて話してくれる。我々に関心のあることだ。どうかわしらの村に来てください」と。我々はそのことをとても喜んだ。頭の働く人たちは、私に彼らの村に出かけ、こうしたことを皆に聞かせてくださいと言い張った。というのは、自分たちは遠くから来て、それぞれの村からせいぜい一人から四人しか来られなかった。残りの者は農耕や家の作業に追われているのでと言った。しかし、そのとき、私は、また後に来ます、いまは私の予定が他の場所に決まっているのでと言って許しを求めた。もっとも、私は現在までその約束を果たすことができず、たいへん残念に思っている。

このように、集会とムスリム農民の心情への大きな影響力をおみやげに、我々は夕方にはキシャンガンジに戻って来た。農民と労働者の毎日の経済的問題と彼らの日常的な困難を基礎として、すべての農民・労働者は、たとえ彼らの宗教が何であろうと、団結することができる。容易に一つの糸につなぐことができ、連携することができる。このことが我々の頭の中にその日からきっちりと入った。我々はこの地でその具体的な例を見ることができた。ムスリムの農民が我々のようなヒンドゥーの僧侶を自分のアードミー（仲間）と考え、親愛の情をこめて自分の家や村に案内したいと思っている。それは、我々の生涯にとっても、そして、おそらく彼らの生涯にとっても最初の機会だった。我々と彼らが出会ったのはその日が初めてで、わずか一〜二時間に過ぎなかったけれども。結局、経済的な問題を除いて、他のどんな魔術も彼らにこのような影響を与えることはできない。我々の話ほどにマウルヴィーの話に興味を持てなかった他の理由があるだろうか。

弦楽器のサーランギーやシタールの弦の音がどこか遠くから聞こえると、すべての人が、たとえどの宗教に属していようとも、否応なく魅了されてしまうと言われている。すべてのこと、すべての仕事を忘れて一心に聞くという。しかし、もしも彼らが内なる心の弦を奏でるならば、一層興をそそられ、うっとりとするだろう。実際、この世の苦しみは貧しい者に共通し、ヒンドゥーとムスリムをひとしく悩ませる。そのため、ある意味ですべての人の心に突き刺さる。このような状況の下、我々が彼らのことについて話すと、すべての者の心の弦が同時に奏でるのである。その結果、すべての者が調子を合わせ、「働く者は、食べるためにはどんなに苦しい闘いもすることができる」と合唱する。(12) この合唱のなかでヒンドゥーとムスリムの差異はおのずとなくなる。この神聖な流れのなかでヒンドゥー・ムスリム対立のわだかまりは一掃されざるをえないというのは、完全な事実である。それについてのもっとも新しい例を、その日、我々の眼前で、パーンジパーラーで見ることができた。そして、もしも我々が自分のこの路線、この活動を実行し続けるならば、貧しい者の悲しみが断ち切られる日が、必ず、そして、すみやかにやって来ると確信して、未来にたいする明るい希望を持つことができた。

ともあれ、キシャンガンジに戻った後に、前に触れたように、一日滞在して、この地区の村の生活を経験し、楽しむためにパンディット・プニャーナンドジーの村に行くことを決めた。彼の村ジャハーンプルは想像するに二五～三〇マイル離れた所にあった。雨が降っていた。村の道はまったく使い物にならない。加えて、この地域はもっとも遅れていた。道もなければ、乗り物は言うまでもない。やっとのことで牛車を手に入れることができた。しかし、道が台無しであれば、牛が車を引くのも難しい。一方で、このような状態では牛にくびきをつけるのは酷である。他方、我々がどんなに無慈悲になっても牛は動けない。実際、車や農具で牛にくびきをつけるとき、ザミーンダールが我々を扱うように、我々は牛を扱っているのである。もしも、ザミーンダールが農民を人間と思わず、所有者のいない動物と考えて、農民の飲食についていささかの心配もなく、農民のかせいだすべてを取り立てることだけ心配しているとすれば、農民は自分の牛にたいして同じような扱いをしている。しかし、農民はザミーンダールのように無慈悲ではない。牛に餌をやる努力もしている。もちろん、彼らが収穫した穀物は脇に置いて、農民にとってはほとんど役に立たないわらなどを食べさせるのだが。一方、ザミーンダールも、農民が取り入れた小麦、バースマティー米、ギー（バター）、マラーイー（クリーム）などは自分で食べて、農民のためには、きび、粟、豆、バターミルクなどを残しておく。しかし、くびきに関する限り、農民は牛を非常に無慈悲に扱っている。

しかし、私の以上の話は無駄となり、牛車が用意されることになった。アナート・バーブーも同行した。ジャハーンプルとキシャンガンジの間に、会議派の古い活動家シャラーファト・アリー・マスターンの村カトハル・バーリー・チャインプルがある。途中でそこに一泊して集会を開くことが前から決まっていた。マスターンもこのことは知っていたが、正確な日時はわかっていなかった。我々が嬉しかったことは、一九二一年から国のための奉仕に自分を捨て、土地財産などすべてを捨てて、それが競売に付されることも辞さなかった人物、しかも真の農民と会うことであった。自分自身と財産の破滅をも顧みないため、この人の名は本当に「マスターン」（向こう見ず）である。「シャラーファト・アリー」の名をおそらく誰も知らないだろう。マスターンの名前だけで、国のために活動するこの老奉仕家はよく知られている。会議派の運動が始まるや、彼は、農民は何故他の者に小作料を支払うのか、そして、何故自分は飢え死にするのかと執拗に答えを探し求めた。彼は人に言うだけでなく、自分自身これを実践した。そうすれば、土地財産がどうして自分の手に残ろうか。彼の土地はかなりあったが、こうして、すべてを無くしてしまい、かの名士は一軒一軒訪ね歩く乞食となった。彼の家族が飢え死にする番が来た。それでも、情熱は変わらず保たれている。今日でも、内にこめられている烈火がある。もしも、農民が自分たちにも食べる権利があり、飢え死にすることはできないという考えにしたがって、誰にも気兼ねすることなく自分のかせいだ物を食べ、飲み始めるならば、彼らのすべての苦しみは吹っ飛ぶだろう。

ともあれ、我々は早朝に食事をして牛車に座り、マスターンの村に向かって出かけた。途中、四方にはムスリムの村があるだけだった。おそらく、ヒンドゥーの集落を見ることはなかった。このような旅は私の生涯で初めてであった。実を言えば、いくたびとなく学び、聞き、納得しているにもかかわらず、私の心の中に、ムスリムの人たちは、ヒンドゥーよりもなんとなく厳しい性格の持ち主で、争い好きで、傲慢であるという考えが出来上がっていた。このため、道に沿った村々でいつかそのような現実にぶつかるのではないかと思っていた。彼らの家などでも何か特別なことを見たがっていた。ムスリムの人たちに会うと、彼らの方を非常に注意深く観察していた。村から村へ、どれだけの人、どれだけの人の集まりに途中で出会ったかわからない。我々は、いつも、彼らにマスターンの村への道を尋ね、彼らは答えてくれた。しかし、彼らに何ら特別のことはなかった。同じ素朴さ、素直さ、穏やかさ、そして、同じ生活。少しも相違はない。違いのわかるあごひげも皆が生やしているわけではない。衣類も同じである。家の形も何ら相違はない。鶏がいなければ、何ら村に変わりはない。もしも他の国の人が村を見たとしても、ヒンドゥーの村かムスリムの村かはわからない。たしかに、農民は、結局、農民である。その農民がどうしてヒンドゥーあるいはムスリムになり始めたのか。病、飢え、貧しさ、破滅などには苦しんでも、ムスリムの誓い・祈りもせず、ヴェーダの祈りも知らない。すべての農民がこうした苦難の餌食になっている。その刻印はすべての農民に及んでいる。たとえ、ヒンドゥーあるいはムスリムと呼ぼうとも。実際、彼らは飢え、貧しく、抑圧され、破滅を強いられているのである。

この旅行の間、こうしたことを見て、私の心に消しがたい陰影が残り、つねに新鮮なまま保たれている。パーンジパーラーの後すぐに、私の眼が永久に開かれる第二の経験をした。私の眼の前で、真実が踊り始めた。「大衆（ジャンター、アワーム）は一つ、宗教による相違はない。彼らは本当に健全である。」私はその光景を見た。このことは私の農民組合活動を大いに勇気づけた。今日、もっとも偉大で、革命家の中の革命家と言われている人たちがヒンドゥー・ムスリム対立にひどく動揺し、将来を悲観している。私は心配していない。私は彼らの話を笑っている。彼らはこの争いを癒す薬を知らない。その薬を、私は本だけでなく、キシャンガンジのこの旅で知った。

このようにして、しばらく進んだ後で牛車を離れなければならなかった。実際、牛は弱り、車だけでなくターンガー（牛車）全体が泥にとられないような道を探さなくてはならなかった。牛が動けなくなると、御者は鞭を打った。この光景は耐えがたかった。しかし、それほどまでしても、牛は前に進めなかった。前に進んだところでどうなるか。道は同じではないか。このため、車を捨てて歩こうと決めた。そうしなければ、前に進まず、マスターンの村に今日中には着けない。その結果、衣類を包みにして、一人の男の頭にくくり付け、靴を手に持って、我々は皆、北西方向へと徒歩で進んだ。ぬかるみに足を取られ、水たまりを越えて、前進し続けた。楽しい旅でもあった。何とすばらしい「観光旅行」、競歩であったか。泥水に浸かり、雨にも濡れながら、我々は、やっと夕方マスターンの村に着いた。

マスターンさんは知らせを受けて駆けつけ、我々と抱き合った。夕方であった。我々は疲れてもいた。夜、私は牛乳のほかは何も口にしない。突然ではミルクも手に入らなかった。前以て希望を知らせていたならば、おそらく準備もできていたろう。マスターンさんと彼の仲間が八方手を尽くしてくれたが、牛乳は手に入らなかった。他の人たちは食事をした。夜は疲れのために我々は皆ぐっすりと眠った。早朝に人を集め、集会を開くことが決まった。その日急いで集会を開き、食事をして、ジャハーンプルに着かなくてはならなかった。実際、マスターンさんが夕方から四方に知らせを出して、翌日早朝に集まるよう呼びかけた。彼が、我々について前以て人々の間に宣伝していたこともわかった。

翌日、風呂を浴びるなど朝の日課を済ませた後で、我々の集会が準備された。人が集まった。我々は彼らに何時間もかけて理解させようとした。我々は彼らの飢え、貧しさについて語ることを知っていたし、彼らもそうした話に興味を覚えた。マスターンさんは詩が好きだった。話の折々にふさわしい詩の数々を知っていた。我々についても、彼は同じ考えを持っていた。彼は我々にもこう言った。話のなかで心を打つ詩を聞かせると影響力が大きいと。出来る限り、我々は彼の意向を満たした。しかし、我々が嬉しかったのは、ヒンドゥーの聖地やメッカへの巡礼を徒歩でするように、奥深い農村地帯の真の大衆奉仕家の所にやっとのことでたどり着いたことである。真の、そして、情熱溢れる大衆奉仕家のいる所、そこが真の巡礼地である。古来、人はこう言っている。真実の人間、そして、大衆への奉仕者は自分の足のほこりで巡礼地までも聖なるものにする。「真実の人いるが故に聖地は作られる。(13)」巡礼地が生まれたのは、結局、真の人間が住んでいたためである。現代において、農民の巡礼地は一味違ったものとなろう。

ところで、ジャハーンプルに行くためにも牛車が用意された。前日の経験から我々は同じようになることを怖れた。にもかかわらず、一つには、前日の疲れと何人かの強い要請のために牛車が手配された。その牛車の上に人と荷物をぎっしり載せて、午前中に我々は出発した。ともかく夕方までにジャーさんの家に到着するつもりであったが、案の定、我々の怖れていた通りとなった。行く手の道もまた困難なものであった。川や溝も多かった。結局、行ける所まで行った。しかし、車がこれ以上進めなくなったとき、車を帰らせて、我々は前に進んだ。川を牛車で渡るのは難しい。そのため、徒歩で行くのがよいと判断した。そうしなければ、途中の障害に妨げられて、夕方までにジャハーンプルに着くことはできない。その日の旅は前日の旅より楽であった。我々はこのように奥深い農村地帯を経験することが必要であった。我々自身どこまで困難を乗り越えられるかも調べる必要があった。何故なら、こうしなければ、こうした困難に耐えなければ農民運動を行うことはできないからだ。労働組合の場合にはこのようなことはなく、都会で自動車を走らせ、鉄道で出かけて済ませることもできよう。このため、我々は何度もこのように苦しい旅を多少とも意識的に行ったのである。

ついに、翌日の旅も終わり、ジャハーンプルに着いた。パンディット・プンニャーナンド・ジャーはひたむきな人物である。村の中のもっとも高い土地に作られた小屋を彼はアーシュラムにした。チャルカー（手紡ぎ器）などの活動がそこでいつも行われている。何人かの子供が勉強してもいた。パンディットジーには一人息子がいたが、彼はこの子がよそに行って学ぶのを許さなかった。公立学校をボイコットし、それを最後まで守ったのである。我々が見てきたのは、ほとんどすべての指導者が、一九二一年のボイコット運動の後で、ふたたび自分の子供などを公立学校に入れたことである。しかし、ジャーさんはこれを罪と考え、自分の息子を家に置き、勉強する代わりに人々への奉仕を自分なりに村で行うことを期待した。彼のアーシュラムは非常に清潔で、きれいであった。あたかも自分の家に着いたかのような気分を楽しんだ。とくに、清潔なのが非常に良かった。少しでも不潔だと私は眠れない。心が落ち着かない。風呂を浴びたりした後でミルクを飲んで寝た。翌日に集会を行うことも決まった。

翌日の農民集会も非常に良かった。我々は心の内を吐き出した。彼らの問題を効果的に理解させた。眼前に彼らの状態をありのままに描き出しただけでなく、その理由も語った。彼らの無知と弱さのために苦しい生活があり、自分で心の準備をし、勇気を持ち、自分の権利を理解しない限り、その苦しみから逃れる道はないと気付かせた。彼らの最初の権利は、腹いっぱい食べ、医療の便宜が得られ、必要なだけの着物を着ることができ、健康のために必要な品物と家などを作ることである。もしも彼らが毅然としてこの権利を真に主張し始めるならば、世界のいかなる政府、いかなる勢力もこれを拒否することはできない。彼らが自分でかせぎ、自分で食べ、自分の家族、そして、他の人たちをも食べさせたいと望んでいるのであれば、一体、誰が、自分は飢え死にしても他の人たちを食べさせろと主張する勇気を持っているだろうか。結局の所、牛からミルクを取りたい者は、まず始めに牛に十分食べさせ、楽をさせる。

そうしなければ、牛は、ミルクを出すどころか、人を足蹴にするだろう。

いまや何とかしてアルリヤーに出て汽車をつかまえ、カティハールに着かなくてはならない。雨期で、途中には、大小の河川があった。それでも、同じ牛車が我々の役に立った。しかし、今度は二台用意された。上に覆いも付いていた。以前の車は普通のものであったが、今回は、少し注意して車と牛が用意された。一台の車に私が荷物と一緒に乗り、もう一台の車にジャーさんとアナート・バーブーが乗った。夜の旅であった。さもなければ、翌日どこかに泊まらなければならなかった。この時期に行く機会があった者ならば、どんな困難に遭遇しながらこの残りの旅を終えたかわかるだろう。我々がこの旅を嫌がったとか、この困難が心の中に残ったということではない。心に残ったところでどうなるか。我々は自分で意識してこの旅をした。このように困難な農村地域を経験しなければならなかった。我々自らこの厳しい試練にパスしなければならない。ともかく、首尾よくパスしたことを喜んだ。

アルリヤーに着いて真っ直ぐに駅に向かった。駅は町から遠かった。駅にいる間に風呂を浴び、少しばかり食事もした。我々は汽車に乗ってカティハールに着いた。

11　農民の苦しみと活動家の苦難

一九三五年のキシャンガンジへの旅のなかで、我々は、カティハールの後でクルサイラー駅に行き、そこで降りて近くのウメーシュプル、あるいは、マヘーシュプルで行われる大農民集会で演説することになっていた。そこからふたたびティーカーパッティー・アーシュラム（ティーカーパッティーはプールニヤーの地名、会議派プールニヤー県支部の名称—訳注）に行く予定であった。そこに夜は泊まることになっていた。我々は一団となって旅をした。駅には、楽器を鳴らし、旗を掲げてデモをする多数の群衆がいた。人々の熱狂が波打っていた。農民組合と農民のスローガン、独立への呼びかけが天にこだました。駅の近くに大ザミーンダールの邸宅があり、集会場に行く道も邸宅に接している。ザミーンダールが当時そこにいたのか、どこかに行っていたのかはわからない。もし、いたとしても、彼がどう感じたか誰が語れよう。彼は極めて厳しいザミーンダールであり、ジェート月の昼の太陽のごとく痛めつける。彼のザミーンダーリー領に住んでいる農民の生活のことなど知ったことではなかった。

しかし、このザミーンダールも会議派メンバーとして認められている。会議派メンバーの間で、彼は一目置かれた存在である。おそらく、ティーカーパッティー・アーシュラムと会議派の他の機関は年にかなりの穀物とお金を彼から貰っている。県の会議派指導者たちも彼に好意を寄せている。指導者たちは、結局、まず独立を獲得しなければならない。そして、ザミーンダールが協力しない限り、独立獲得の障害となる。もしも彼らの協力なしに独立が得られれば、おそらく、独立は不完全なものとなろう。しかし、もしも農民の苦しみを考慮に入れるならば、このザミーンダールは会議派に入ることはできない。それ故、さしあたりその面は考えず、すべての者を帯同して行くことが決まった。

ところで、このザミーンダール氏、そして、彼のような一人、二人がこのところ一年に多くの会議派メンバーを作り始めていると耳にした。事は簡単である。小作料を払いに来た農民から小作料のほかに四アンナー（会議派初級メンバー加入費）余計に徴収するのは大変なことではない。四アンナーよこさなければ残りの金の領収書も出さないとなれば、すべてが無駄になる。それ故、彼ら貧しい者は四アンナーを出している。ナズラーナー（地主が村を訪れたときの贈り物）、シュクラーナー（仕事の成功などに際して出す贈り物）、ラシーダーナー（小作料受領書の受領に際して村の会計人に出す「お礼」)、ファーラクあるいはファルカティー(小作料受領書手数料―訳注)などの名において多くの不法な取り立てを行っているとき、この四アンナーは取るに足らない。危惧されるのは、四アンナーを取り立てている間に、会議派の名も必要でなくなり、ザミーンダールがこのお金を永久にせしめてしまうことである。結局の所、新しいアブワーブ(不法な取り立て)はこのようにして作られることを、その歴史が教えている。しかし、それでどうなるか。誰が注意を払うか。スルサンド(ムザッファルプル)のザミーンダールは、まさにこのようにして、「アンニー」(一アンナーの税)の名でいつの日からか農民から不法な取り立てをしている。彼の兄弟は会議派メンバーで、いまは監獄にも入ってきている。このアンニーの制度もまた同じように維持されていくことだろう。

ともかく、我々は駅で降り、直接集会場へと向かった。牛車に乗って行ったか、象に乗って行ったか正確には覚えていない。多分、牛車だった。いろいろな理由から象に乗って行くのは好きではない。一つには、それは金持ちのすることだからだ。もう一つ、象はいかめしく、目立つ乗り物で、農民の集会にはあまり似合わない。それ故、強制でもされない限り、進んで乗ることはない。牛車は農民自身の乗り物であり、心底から好きだ。ときには、籠に乗って、人の肩に支えられて行かねばならないこともある。ほかに方法がなく、カハール(水運び、籠による運搬、食器洗いなどをするカースト)の食事や十分な労賃が完全に保証されているときには、私は乗ることにしている。私は、それとなく、カハールに得たものは十分満足かと聞く。もしも少しでも不足があれば、それを満たさせる。いたる所、私は、カハールの人たちが粗雑に、配慮を欠いて扱われているのを見てきた。このために、私は、自分で彼らに尋ねる。しばしば、彼らは、好意で否応なしに私を肩の上に載せてくれた。

このように、情熱、湧き上がる熱情を携えて我々は集会場に到着した。途中、雨期の厳しい日差しが我々を照りつけていた。昼時であった。雲がないため太陽の光の強さは格別で、ザミーンダールの農民にたいする扱いのごとく、人々を焼き焦がすようであった。木陰に入って安らぎを得た。身体を冷やし、水分を取りながら集会場に着いた。集会の行われた所はダルムプル・パルガナーと呼ばれている。そのなかにプールニヤー県の広い地域が入る。ここのザミーンダールはダルバンガーのマハーラージャーである。クルサイラーのザミーンダール、ビシュンプルのザミーンダールなどほかにも地主が一、二いる。しかし、このマハーラージャーを前にしてはいないも同然である。彼らは、マハーラージャーの土地の数千ビーガーを「農民として」持っている。とくに、ビシュンプルのザミーンダールは二万ビーガーほどの土地を「農民として」持ち、この土地を下級小作人あるいは刈分小作人に耕作させている。所によっては現金小作料を徴収している。しかし、欲しいときに土地を奪うためにあらゆる陰謀を企てる。この点では、ザミーンダールよりも、機会があれば自分を農民と名乗る商人の方が一層横暴で危険である。

マハーラージャーのザミーンダーリー領では、一般的にすべてのザミーンダーリー領で見られるような不法な行為が存在する。そのほか、「チャルサー・マハール」という特別な悪習については前に触れた。しかし、ダルムプルでは、土地査定に際して土地を農民の占有地として書いていることを知った。それでも、その土地に植えられている木は完全にザミーンダールのものとして記してある。実際、プールニヤー県を北にネパールのタラーイー地方に向けて進むにつれ、木の上に蜜蜂が大きな巣をぶら下げているのが見られる。そこで、蜜蜂の商売がかなり行われている。このため、ザミーンダールは狡猾にも木についての権利を査定のときに書かせたのである。農民はそんなことを知りもしなかった。農民がその意義を正確に理解できなかった査定の文書が、今日、彼らを苦しめているのである。そこでは、農民の土地にザミーンダールの木がどうして成長したのかといった常識や議論の余地はない。そしてもしも、農民が蜜を取る者に「注意しろ。わしらの土地に足を載せるな。さもなければ骨が折れるぞ。飛行機で高く飛んで木の上に下り、蜜を取るなら別だが」と言ったなら、どうなるか。結局、何かしなくてはならない。そうしなければ、事は進まない。彼らが耳を傾けなければ、しっぺ返しをしなくてはならない。

もう一つの不法行為として、そこではガート（河岸）という名の税がかけられていることがわかった。この税は他のザミーンダーリー領においても見られる。一度、我々は自分の仲間とファーヴィスガンジ地方の村に牛車で行く機会があった。途中で、突然誰かが来て、車を止めてガートを要求し始めた。後で、車に誰が座っているかがわかると、道を譲り、我々は前に進んだ。事実はといえば、しばらく前にはこの県にはいたるところ水の流れがあった。その結果、人が市に出かけたりするときなど大変困った。河を越えるのが難しく、命の危険があった。このため、ザミーンダールたちは、それぞれの所領内の河岸に船を用意し、人が困らないようにした。最初は無料だった。その後、徐々に舟などにかかる費用を河を渡る人たちから徴収し始めた。その後、請負人が決められ、彼らが自分の舟を置いて、渡河する人たちから乗船料を取っていた。その結果、ザミーンダールはガートの権利を競売に付し始め、競り落とした者がフェリーの料金徴収人、あるいは、ガートの請負人となった。彼らは自分の支出に利潤を加えて乗船料として徴収していた。このやり方がずっと続いていた。徐々にフェリーの徴収人は世襲的となった。その後、こうした河は干上がり、舟の必要もなくなった。しかし、フェリーの徴収人の制度は生き残った。彼らはザミーンダールに金を出し、人々から金を徴収していた。一体、これは収奪、そして、めちゃくちゃでなくて何だろうか。我々は、これに反対する嵐を巻き起こさなくてはならなかった。

ダルバンガーのマハーラージャーのザミーンダーリー領において、我々はまず、「タレース」という名目で貧しい者に負担が及び、ザミーンダールがすべての者を苦しめていることがわかった。最初、我々はこの「タレース」とはどんな負担なのか理解できなかった。しかし、話しているうちに、実は、「トレースパース」、つまり、他人の土地の強制占拠の意味であることがわかった。「パース」の部分が除かれ、「トレース」が「タレース」となったのである。

結局の所、知識を持たない農村の人たちが真の意味をどうして知ろうか。ここしばらくの間、とくに農民運動が始まると、ザミーンダールの手先は農民を苦しめるためにいろいろと新しい手管を考え始めた。かくして、一つには、マハーラージャーの収入が増大している。他方で、農民は意気沮喪していて頭を上げることができない。このような状況のなかで「トレースパース」という武器を探し出したのである。

実際、土地査定のとき、農民の宅地は土地台帳に記録される。しかし、彼らの家や小屋は遠くにあるので、その間に空き地が存在する。これはときには未耕共有地、あるいは、ときに私有地と記録される。ときに、少し広い土地に農民が家畜などをつなぐこともある。このようなことは査定のときにも行われていただろう。農民は一インチの土地も見逃さないカルカッタのような都市に住んでいるわけではない。査定に際してそれについての言及はない。二四時間、家畜は家にいるわけではない。外につながれることもある。農民がどこかでいくらかの土地を何とはなしに占拠するということもありえよう。土地はふんだんにあるのだから。しかし、ザミーンダールは農民を苦しめる機会を狙っていた。アムラー（ザミーンダールの使用人）は賄賂と推薦を欲しがっているが、いまや農民からこれを得ることは一般的に不可能である。このため、いやいやながら台帳にしたがって土地が測量される。測量する者はこのアムラーである。政府の監督者、すなわちアミーンは来ない。そして、もしも測量で少しでも多くの土地が出てくると、苦難が農民に及ぶ。アムラーは測量をごまかしてでも余分の土地を「証明」する。このようにして、農民にたいしてトレースパース（権利侵害）の訴訟が起こされる。もしも農民が怖れから前以て敬意を表し、贈り物でもやっておけば無事に収まる。そうでなければ、闘っても敗れるのは必至である。私は、この「タレース」のために農民の間にある種の恐慌状態があるのをそこで見た。のちに、バーガルプル、ダルバンガーなどでも同じことを見た。

このように、数多くの不法な取り立てがしばしば行われている。しかし、そのうちの一、二はその地域に独特のものである。家畜の売買でも農民からある種の税を取っていたし、おそらく現在も取っている。穀物の販売についても同様で、税は農民を苦しめていた。しかし、プナーヒーの費用の名で取り立てているものは極めて悪質である。コーシー河流域のジャングルで豚や鹿の狩猟のためにマハーラージャー、彼の友人、彼のマネージャーの一行が農村に行くときに、農民から山羊、ミルク、バター、鶏など多くの品物や動物が調達される。名目上は、これらの物の価格が勘定書には書かれている。しかし、貧しい農民は何も手に入らない。そして、もしもときに少し手に入るとしても名ばかりである。残りはアムラーのポケットに入る。二頭のところを四頭の山羊を注文し、その金の一部をキャンプ費用として記入しないということもある。その金をまずアムラーがピンはねするのである。とすれば、農民の手に山羊の対価がどうして手に入ろうか。クムハール（陶工カースト）に無料で器を提供させ、カハールに無償労働をさせるのは日常茶飯事である。他の貧しい人たちも同様の労働をしている。

プナーヒーについていえば、一年に一度マハーラージャーのすべてのサークル・オフィス（大ザミーンダールの所領内に設けられたいくつかの徴税区を担当する税務官の事務所—訳注）で盛大な祭りが行われ、護摩を焚き、祈りを捧げる。飲食物が出され、多くの人が集まる。この祭りはほぼダシャーラー（ドゥルガー・プージャー）の祭りのとき、あるいはその前後に行われる。ビハールの他の県ではタウジー（徴税開始）の儀式の慣行がある。それはまさにダシャーラーの日に行われている。このプナーヒーの祭りはタウジーを少し大きくしたものである。実際には、サンスクリット語のプンニャーフという言葉の意味は「神聖な日」である。この語がくずれてプナーフとなった。プナーヒーは、プナーフあるいはプンニャーフを表わしている。その意味は「聖なるもの」である。ザミーンダールは翌年の小作料の徴収をその日から始める。他の場所でタウジーの日が始まるように。インド暦もダシャーラーの後カールティク月（インド暦八月、陽暦一〇～一一月）から始まる。それ故、翌年の小作料の徴収の開始はその日が適当である。小作料の徴収を年が始まる前に行う、ザミーンダールにとってこれ以上に神聖な日がほかにあろうか。この日が農民にとって厄日だとしても、ザミーンダールにとっては黄金の日である。そのために、この祭りはプナーヒーの祭りと言われている。

ザミーンダールの費用、すなわち、予算は毎年作成される。それは、年によって多少の増減があっても毎年行われている。その後で、それぞれの徴税人にその額が割り振られ、誰がどれだけ農民から取り立てるかが決められる。いまや、徴税人はこの口実の下に自分のためにもいくらかの取り分を手に入れる機会が得られる。そのために、どれだけのお金、ギーなどを取り立てるかの権限をサークル・オフィスから与えられる。あるいは、その額を一・五倍、二倍にして自分の書記（パトワーリー）など部下の者に、誰がどれだけ取り立てるかの権限を割り振る。さらに、このパトワーリーなども自分の分け前を同様に一・五倍から二倍にして、自分の下の使用人に、少し水増ししてすべての農民から取り立てさせる。このように、実際の費用を何倍かにして取り立てるために、貧しい農民は破滅する。ギーやミルクなどの形で、あるいは現金で支払うものが税であることは言うまでもない。その代わりに農民が得るものは何もない。収奪されているのだ。多分、いくらかのお菓子は手に入るだろうが。

このような圧迫、圧制をどこまで数え上げたらよいのか。ここでは、例としていくつかを示したに過ぎない。実際、ザミーンダールが農民を人間と思っていない以上、農民の苦しみを数え上げることに意味があるか。数えてもわずかな一部に過ぎない。こうした苦しみの重さに押しつぶされた農民の集団がその集会には出席した。我々は、集会で、ザミーンダールやその使用人たちを糾弾した。傷は以前から存在した。農民の痛切な叫びがその傷に塩の役割を果たした。そうであれば、燃え上がるのは自然なことであった。我々は圧制に挑戦し、これを粉砕するほどであったので、一度死にかけた農民に生命が戻った。彼らは苦難を終わらせることができると悟った。以前は、トゥルシーダースの言っているように、「誰が王になろうと関わりはない。私は女奴隷だから。女王になれるわけではない」と考えていたのである。[14] しかし、彼らの血が再び熱くなった。

集会の後で、少し離れたティーカーパッティー・アーシュラムに出かけた。夜はそこに泊まった。早朝、散歩してアーシュラムを見た。アーシュラムはガンディー主義の拠点である。チャルカー、機織の仕事がかなり広まっていることが伺えた。以前は、この地の住民はときどきザミーンダールの圧迫に抵抗していた。村々を廻って集会も行っていた。しかし、徐々にこのようなことは少なくなった。いまや、ほとんどなくなっている。おそらく、初期にはそこにまず根を下ろさなくてはならなかった。このため、農民を支援することが必要であった。いまや、十分に定着した（？）ので、多分、そうした問題を荒立てる必要もなくなった（？）のだろう。しかし、農民組合の時代とてまだ初期である。人々は、農民組合がどこに向かうのか理解できなかった。階級意識が農民の間に生まれ、階級闘争にかなりの刺激を与えるだろうということも、人々の頭の中には入っていなかった。だからこそ、私もこのアーシュラムに招かれたのだ。駅のそばでの集会の準備も彼らがした。しかし、いまや人々は農民組合を怖れていた。階級闘争の話が大いに広まっていた。こうした状況のなかで、アーシュラムの側が我々を警戒したとしても驚くことはない。実際、農民の利益とザミーンダールの利益の間の広くて深い溝が明らかになるにつれて、両者の仲を取り持ち、両者の言い分をその折々に語る人たちにとって、そのような活動の余地は少なくなっていく。いまや、ガンディー主義者は、ひょっとして農民組合の指導者たちが彼らを糾弾するのではないかとして、我々と同席することをも怖れている。そのようにもなったし、それはそれで結構なことである。農民がもっともだまされやすかったのは、表面的には農民の擁護者を装いながら、内心は階級調和の支持者で、農民とザミーンダールの間に何らかの妥協が成立するのを望んでいるような人たちである。実際、そうしなければ、この人たちの居場所はなくなる。結局の所、穀物を提供するだけでなく、選挙で票を投ずる権限も農民の手中にあるからである。

ティーカーパッティーから我々はバンマンキーに行かなければならなかった。この鉄道の接続駅は、プールニヤーとバーガルプルの県境にあるムルリーガンジ駅とビハーリーガンジ駅の双方から来る路線の上にある。ここからプールニヤーを経てカティハールに線路は向かっている。我々はバルハラー駅で早朝の汽車に乗らなくてはならなかった。翌日に行くことが決まっていた。バルハラーはここからは遠い。道らしい道もない。乗り物も牛車のほかにありそうになかった。もしも午後に出発し、夜通し行けばおそらく時間に間に合うだろう。キシャンガンジからジャハーンプルに出る旅よりも難しかった。あのときは昼の旅だった。ここでは、ずっと夜だった。だが、それでどうなるか。ほかに方法はない。結局、我々のしているのは農民運動なのである。

予期した通りとなった。我が牛車は出発した。不運にも手に入った牛車は小さかった。日差しや雨をさえぎる幌もなかった。しばしば、上から覆いをかぶせた車にも出会ったが、それは荷物だけを載せた車であった。この牛車にはもう一つの欠点があった。そうした車の両側には竹の棒が付いていて、頑丈な紐で車体と結んである。端に付いているくいに竹棒を結わえて、誤っても下に落ちる危険がないようにしてあるものだ。荷物も守られている。しかし、我々の車ときたら棒は一本もない。このため、人間が下に落ちる心配があり、荷物が転がり出る心配もあった。御者のほか、我々三人が車に座っており、荷物もあった。

我々は日中も夜もあぐらをかいて座り、眠るどころではなかった。少しも横になったり、身体を傾けることもできなかった。この苦しみは我慢の限度を超えた。一六時間以上も牛車に座って夜通し過ごすのは、この人生で初めての経験であった。牛車の乗り心地もまったくひどいもので、進むごとに上下に揺れ、心臓が縮みあがるほどの衝撃である。尻が傷つき、その上、横になったり、眠ったりすることもできないとすれば死も同然である。しかし、牛車にはすべての荷物が載ったままである。私は、農民組合の活動は楽なものと思っている人たちがいることを心の中で笑った。私は、一日でも夜通し起きていれば翌日には必ず病気になることを知っているので、その夜の苦しみをいまでも想像することができる。それに、汽車が出発してしまわないかという不安があった。このため、御者を一晩中指図していた。このようにして、汽車が来る前にともかくバルハラー駅に着いた。

12 農民から出たザミーンダーリー制廃止の要求

プールニヤー県の出来事で、一九三五年のことである。一九三五年という年は農民組合の歴史においてきわめて重要である。この年、初めてビハール州農民組合はザミーンダーリー制廃止の決定（要求）を一一月末にハージープルで行った。州農民会議の第四回大会がそこで行われ、私が議長であった。この年の一一月、ハージープルの大会の前に、私の記憶では一一月一一〜一二日にダルムプル・パルガナーの政治集会と農民集会がバンマンキーで開かれた。前者の集会の議長はバーブー・アヌグラハ・ナーラーヤン・シンハ(15)、後者の集会の議長がシュリー・クリシュナ・シンハ(16)であった。二人とも、のちに、会議派政権の時期にビハール州の財務大臣と首相をそれぞれ務めた。このように、将来のお膳立てをするうえで多くの出来事があったが、この二つの会議もそのなかに挙げられよう。我々もまた会議の招待を受けた。もしも避けがたい事情で我々が来られないならば、農民組合の誰か知られた指導者を送ってほしいという要請もあった。

しかし、我々は意識してこの二つのいずれの要請にも応じなかった。自分でも行かなかったし、誰かを送ることもなかった。このため、やむを得ない事情を伝えてその地の同志たちの許しを求めた。実際、いまや農民組合は根を下ろし、その声は恐れを知らぬ雰囲気を持ち始めていた。農民組合は農民の独自の要求を掲げるだけでなく、その勇気をも持っていた。このために、会議派指導者たちの間に、農民組合にたいする内輪話が持ち上がり始めた。ひそかに反対も起こっていた。我々のようなごく少数の人間が騒ぎを起こしていると考えている人もいた。そうでなければ、農民自身が会議派以外の組織を好むはずがないと。大衆運動についてのこのような考えは何ら新しいことではない。これは古い考え方である。以前は、政府の役人や保守派の人たちは会議派をもこのように言っていたのである。

このため、我々と我々の同志たちは、もしもバンマンキーに行けば会議派の有力な指導者たちと直接に衝突しかねないと考えた。我々は、独立した農民組合を作り、ザミーンダーリー制を廃止する問題がそこで提起されるのを知っていた。とくに我々がそこにいれば。このような状態では衝突は不可避である。我々がいるときに、もしもこの問題が提起されなければ、政治集会と切り離して農民集会を開く意味がない。そうなれば、その地の虐げられた農民はどう思うだろうか。我々もまたザミーンダールを怖れている、ザミーンダールの手先であり、そのために農民組合を作ったと思わないか。それは、我々を屈辱にまみれさせることになる。それ故、あらゆる面を考慮に入れて、そこに行かないのが良いと決めた。

我々はこうも考えた。それでも、そこでザミーンダーリー制を廃止し、ビハール州農民組合の傘下においてプールニヤー県に農民組織を結成する問題が提起されるならば、これは我々の最大の勝利になると。そのときには、反対者たちは、農民組合の名において我々が無意味な介入をしている、農民はこのようなことを望んでいないのだと言う機会を失うだろう。その暁には、農民の必要が農民組合を生み出したのだとして、世界の眼が開かれるだろう。そして、もしもこの問題が提起され、我々の確固とした信念と同様に、多数の者がこれを支持する意見を述べれば、目標は達せられたと考えてよい。我々の二重の勝利と理解できる。我々がその地にいれば、おそらく、人々に押しつけがましく、お情けで目的を達することになる。しかし、我々がそこにいなければ、人々は邪魔されずに自分の考えで目的を達成するだろう。実際、ときには、指導者の思慮深さ、彼らが慎重さと呼んでいる民衆の我慢強さと寛容さは、民衆自身を大いに困らせている。そのために、民衆の心と頭は無用の規制を受け、彼らの考えのよどみない流れが止まる。我々はこうした大罪を犯してはならないと考えた。

記憶している限り、我々はパトナーでビハール州農民委員会の会議を開いていた。何故なら、ハージープル大会についてすべての準備をしなければならず、あらゆることを考えなければならなかったからである。この会議はバンマンキーの集会の直後に行われた。席上、バンマンキーから帰った人の口から、農民集会で、ビハール州農民組合の下に独立した農民組合を結成する決議が採択されただけでなく、ザミーンダーリー制廃止の決定もなされたと聞いたとき、我々は跳び上がって喜んだ。我々は、約一万五千人の農民が出席しただろうという話も聞いた。バンマンキーは辺鄙な村である。しかし、指導者たちのあらゆる不満、苦心の抵抗にもかかわらず、わずか三百~四百人足らずの人たちが反対したに過ぎなかった。他の者は「革命に勝利を」、「ザミーンダーリー制を廃止せよ」、「農民の支配を確立せよ」、「農民組合に勝利を」などのスローガンが叫ばれるなかでこれらの決議を支持した。反対した者の中には、プールニヤー県の会議派指導者だけでなく、外から来た者もいた。ある者は全力を尽くして公然と反対し、ある者はひそかに活動した。しかし、反対する点では変わりなかった。農民組合メンバーにたいしては厳しい非難が浴びせられた。それでも、何の影響もなかった。

このユニークな出来事、この種の初めてと言ってよい出来事は、たとえ会議派指導者たちの眼を開かせることはできなかったとしても、我々の多数の仲間の眼を開かせた。私の場合、これよりずっと以前に、農民、農民組合、その目標にたいする信頼、信念を完全なものにする出来事がいくつかあった。しかし、この出来事は他の同志たちにもそのように信じさせる機会を与えることになった。

13　農民の期待と農民活動家の対応

いつのことか正確な記憶はない。おそらく一九三六年の夏の日のことである。しかし、そのとき、コーシー河流域ではすでに雨期が始まっていた。コーシー河が四方を取り巻いているだけでなく、町を荒廃させているバーガルプル県のマデープラーで我々の集会の準備が行われていた。同県の北部にはスパウルとマデープラーという二つの郡がある。スパウルの南にマデープラーがある。しかし、マデープラー町はコーシー河の氾濫をまともに受けて荒廃し、破壊されている。現在、コーシー河はこの町から離れている。そのため、町はおそらく前のようによみがえるだろう。

ところで、我々は、その日、そこで農民集会を開かなくてはならなかった。その初日、覚えている限り、スパウルから牛車に乗って出発した。途中でもう一つの集会を開かなくてはならなかった。その場所の名はおそらくガムハリヤーである。そこには市場があり、バニヤー商人が多数住んでおり、かなりの活気がある。集会も成功した。マデープラーでの午後の集会に間に合うように、早朝に食事をしてガムハリヤーを出た。しかし、乗り物は牛車である。旅はなかなか終わりそうもないと思わざるをえなかった。午後の三、四時となり、我々はあせるばかりであった。牛車を捨てて走りたい。しかし、走ったところでどこへ行くのか。自分だけでは道もわからない。川や溝の多い場所だ。もう一つの厄介を背負い込むことになる。途中、とうもろこしや豆などの作物が立ちはだかり、その畑を通らなくてはならない。その茂みのなかに迷い込めば一層の難儀だ。我々と一緒にこの地の有力な活動家マフタープ・ラール・ヤーダブ氏がいたが、この旅では手を貸してはくれなかった。サーラン県のアルクプルの集会から帰るときには、勇気ある同志を共にすることができたが、今回はそのようなこともなかった。このため、御者に「少し早く行ってくれ」と叫び続ける以外に方法はなかった。

しかし、雨期の村道は曲がりくねっていた。御者にはなすすべもなかった。彼はやれるだけのことはやった。牛も大変だった。それでもマデープラーは遠かった。やっとのことで夕方になってコーシー河の岸に着いた。いまや、河が立ちはだかっていた。さもなければ集会に掛けて走っただろう。すぐさま河を渡ろうとし始めた。悪いことに、川幅は広く、流れは急だ。その場所で、我々は農民たちががっかりして集会場から帰ってくるのを見た。ある者は舟で河を渡って来た。ある者は河岸で舟を待って立っていた。遠くから来た人たちだ。暗くなり始めていた。家に帰らなければ誰が家畜の面倒を見るか、これは大問題である。食事を持って来てはいない。しかし、彼らは私がスワーミージーだとわかると、多くの者が私の姿を見るだけで満足して去った。だが、ある者は一緒にふたたび舟で戻った。河を渡る間にかなり暗くなった。それでも、集会を開こうという元気が湧いた。岸にいた者も一緒に連れて行った。私が先頭に立ち、後に農民の集団が続いた。我々は猛スピードで掛け出した。畑を通って行かなくてはならなかった。作物も生えていた。我々はマデープラーに向かって走ったが、集会場もかなり遠かった。人々は「スワーミージーに勝利を」、「戻ろう」などの声を上げて、別の道を通って家の方に帰ろうとしていた人たちも集会に戻って来るように呼びかけた。奇妙な集会であった。一時は、しばし呼びかけの声が四方にこだましていた。我々が走っている間も、呼びかけは続いた。人々は、呼びかけを聞いた地点から喜び勇んで戻って来た。干上がった作物が雨にぬれたときのようであった。がっかりしていた人たちの喜びはとどまるところがなかった。たとえお腹を空かしていようともスワーミージーの話を聞こう、そう考えて彼らの心は躍るのであった。

ともあれ、誰彼となく来て、あれこれとあった後で、我々は猛スピードで走った。人々も四方からの声を聞いて走った。声を聞いた者が今度は声を掛けた。その日、我々は集会を開いたり、運営したりするのでは後手に廻ったが、機会があれば走ることでは先手を取れることを示した。その日どこからそんな力が我々に生まれたのかわからない。私はすべてのことに我慢できるが、農民が一人でもがっかりして帰ってしまい、私が集会に間に合わなかったことには我慢できず、死んだ方がましなくらいであった。そのとき私の気持ちがどんなであったか、他人にはわからない。もしも我が活動家が私の心の苦しみを理解できるならば、将来このような過ちは犯さないだろう。そうした気持ちの結果、私には、失望ではなく、何としても集会場に到着したいという強い力が生まれるのだ。何故なら、もしも何人かの農民がその場で私を見ていれば、スワーミージーは何としても集会に間に合いたかったのだ、遅れの原因は乗り物にあったことが彼らを通して徐々にすべての者に情報として広がるだろう。

集会場は民族学校と会議派の事務所の近くの広場であった。多くの者がすでに去ってしまっていたが、私は到着し、人々も来た。私は彼らに助言し、到着の遅れについては詫びた。翌日ふたたび集会を開くことも決めた。夜の間にふたたび知らせが出された。翌日もかなりの人が集まった。どうして来ないでいられるか。コーシー河が彼らの生活を粉々にした。しかし、辛うじて残った血をザミーンダールが絞り取った。ただ骸骨が立っているだけだ。これがザミーンダーリー制下の我が農民の姿である。

14　コーシー河の怒りとザミーンダールの横暴

バーガルプル県北部のコーシー河とザミーンダールは結託して農民を無力にした。両者は無慈悲で、言う必要もないほど農民を無視した。もっとも、コーシー河には理性や知覚は備わっていない。それ故、災禍をもたらしたとしても理解はできる。河に分別はないのだ。しかし、人間、しかも、教養あると言われているザミーンダールについては何と言おうか。コーシー河を凌ぐこの紳士たちの行状を見るとき、驚くほかはない。この連中は暴君である。人道主義のひとかけらもない。彼らには法は存在しない。この特異な生物を自然が何故生み出したのかわからない。

農民組合運動の関係で、私は何度もコーシー河が荒廃させた地方に出かけた。その流れはとどまる所がない。悠然と流れているかと思えば、突如転回して、人の住む土地を何十年にわたって呑み込んでしまう。たしかに、人の捨てた土地は肥沃になる。しかし、茂った森ができるのは言うまでもない。この森に豚、鹿、その他の動物のすみかができる。すると、人は遠くまで移動を強いられる。農民の作物は救えない。彼らは助けを求めて廻る。木を切れるわけではない。農民に木を切る力があるか。何千、何十万ビーガーにわたる森、また森である。たとえ切ってもまた生える(17)。根こそぎ切らない限り、意味はない。その仕事は並々ならぬことだ。このために、農民は疲弊しているのだ。

コーシー河の流れの行くところ、何十万ビーガーもの土地が水に呑み込まれる。第二に、森林ができて厄介になる。第三に、マラリアの蔓延で皆の顔が黄色くなる。流れがいたるところに作られているというのではない。何十万、何千万ビーガーの土地が流れることのない水の中にあるのだ。それによって、森ができ、蚊の大群が発生する。この水中にある種の稲を植えることはできる。しかし、厄介なのは、稲に穂がつき実ると、夜、水鳥の群れが大挙して襲来して食い荒らしてしまうことである。この死神の大群がどこから来るのかわからないが、必ず襲来するのである。毎晩、作物を鳥から守るのは容易でないし、不可能である。舟がなければ事は運ばない。それも、多くの舟で何千人もの人が夜通し眠らずに声を出さなければならない。そうしてこそ小鳥はどこかに逃げるだろう。しかし、驚くべきことは、ザミーンダールがこのような自衛策を許していないことである。この地方のナウガチヤーのザミーンダールはバーブー・ブーペンドラ・ナーラーヤン・シン、別名ラール・サーハブである。彼は狩猟が大好きで、そのために自分で遠くから友人たちを招く。政府の役人もしばしば招待される。夜、水中に餌を投げ、小鳥の群れを誘う。もしも、どこかで農民が自分の作物を守るために小鳥を追い払えば、ザミーンダールとその仲間たちはどうして狩猟ができよう。彼らの楽しみが奪われてしまう。このため、たとえ稲に魅せられて小鳥が来なくても、鳥を誘惑するために特別に餌がまかれる。このようなわけで、農民は昼夜を問わず小鳥を追い払うのをきびしく禁じられている。何たる領主、何たる暴君。小鳥のために穀物がなくなり、農民の命が失われようとも小鳥を追い払うことはできない。幸いなことに、このザミーンダールは指導者たちの努力で前回の州議会選挙で会議派の候補者になろうとしていたが、これを何とか阻止できた。

この地方には、ダルバンガーのマハーラージャーの所領の二つの大きな村、町のような村がある。その名はマヒシーとバンガーンオである。二つの村は遠く隔たっているが、その間に第三の村はない。それでも二つの村は一緒に呼ばれている。そこにはマイティリー・ブラーフマン、つまりダルバンガーのマハーラージャーと同族の者が多く住んでいる。マデープラーに向けてサハルサー駅から小さな路線が走っていて、その近くにこれら二つの村はある。そこで降りて村に行かなくてはならなかった。バンガーンオの虐げられた農民が我々の集会の準備をしていた。しかし、マヒシーでも同じように集会があることを知った。そこにも行かなくてはならない。もちろん、行く。だが、途中コーシー河の水かさが障害となる。このため、かなりの所まで徒歩で行って舟に乗らねばならなかった。ほかに方法はない。ついに、バンガーンオの盛り上がった集会を終えた後で、我々はマヒシーに向かった。ともかく、いたるところ水が農地に広がり、バンガーンオの農地もほぼ壊滅状態であった。それでも、水が少ないために非常に小さな舟でも農地を行くのは難しかった。このため、しばらくは泥と水に浸かって進み、その後に小舟をつかまえて乗って行った。

途中で見た光景は決して忘れることができない。かつては一面の水田であった所が、いまや、はかり知れぬ水かさで覆われるか、ジャングルになっていた。かつて稲穂が波打ち、農民の心を幸せにした場所で、今日、コーシー河の流れが波打っている、そして、森が茂っている。舟に乗って行くうちにたいへん遅くなった。しかし、それでも旅は終わらない。このような土地に住む農民はどのように生きているのかと疑問が起こるのも当然だ。我々は知った。農民が血の涙を抑えて我々に悲痛な物語を聞かせてくれた。村の八分の七の土地が水面下にある。学識ある人物、そして名家のブラーフマンが村から走って来て膝まで水に浸かりながら盛大に我々を迎えた。彼らは今日を幸せへの機会と考え、農民組合に希望を抱いていた。それ故、私が自分の眼で彼らの苦しみを見てくれることを望んでいた。彼らは、農民の自然で、穢れなく、やさしい心情を我々の前に示してくれた。実を言えば、農民の恐るべき状態を見て私の血は煮え繰り返り、眼から火花が出た。この悪魔のようなザミーンダーリー制を何とかして地獄に送りたい、廃止したいと思った。私はそこの集会で心のありったけザミーンダーリー制を呪った。集会でその地のブラーフマンたちが忘れがたい挨拶をした。こうした挨拶は、ザミーンダーリー制を地獄に送ってこそ安らかになるという私の誓いをさらに強固にした。

そこで私は次のことを知った。何十年と土地が年中水に浸かっていて、農業ができない。でも、ザミーンダールに小作料を払わなくてはならない。何たる小作料、何たる法律。払わなければ、マハーラージャーは告訴して財産・家畜を持ち去る。いや、彼らは告訴の必要もない。取り立てが告訴なしで行われるように、サーティフィケート（証明書）の権利を得ている。政府は手に入る物を手当たり次第没収し、差し押さえる。証明書の威力でダルバンガーのマハーラージャーも同じことをする。ただ、税務省の役人に定期的に報告するだけで彼の目的は達成され、いち早く金をせしめる。さもなければ、二五パイサー、五〇パイサーの物を一ルピーで競売に付す。このため、農民は装身具や土地を売り、負債を抱え、娘さえも売って何とか金を支払わなくてはならない。

農地に何もできないのに、何故土地を競売に付すことを許さないのかという疑問が生じる。たしかにそうである。しかし、証明書の手続きでは、後で競売に付される。初めは他の物を奪い取るのだ。もう一つのことがある。おそらく、農民は、コーシー河の流れがここから去ればふたたび農地を耕すことができると期待をつなぐのだ。そのときには、何年かはかなりの生産額が見込めると。このため、農民は土地の競売を望まない。期待するだけで年は過ぎていく。農民は希望を失わない。実際、農民には聖仙・ヒンドゥーの聖者・預言者・ムスリムの聖者にもおそらく見られないような元気さがある。一、二年あるいは一、二回の赤字があれば、商人は破産宣告される。しかし、農民は、五年、七年、一〇年と作物がやられ、労働・種子その他の物が無駄となっても、機会が訪れればまた耕作する。特筆すべきことは、それでも、そして、これだけ収奪されても、政府、あるいは他の者を犯罪人視していないことである。ただ、自分の運命あるいは前世の業を呪って満足しているのである。

穀物を生産できる土地や場所から得た収入で、水をかぶっている土地の小作料を払っているという話も聞いた。そのような多くの農民の名も挙げられた。もしも農民が冠水した田んぼで魚を取って何とか生計を立てたいと思うと、ザミーンダールに別途「水利税」を支払わなければならない。何と見上げたことか。やけどに塩というべきか。生産物がなくても小作料。そのうえ、冠水した農地の水の中で生まれた魚を農民が取るか、水中に蓮が生えれば、そのために別に「水利税」が取り立てられる。この無法状態はどこまで続くのか。虐げられた者を心配してくれる者は一体いないのだろうか。穀物を恵む者を粗末にして暮らしていけると考えている者は、自分たちの罪が暴かれる日が遠くないことを忘れている。

我々は農民を可能な限り激励し、ふたたび舟に乗って旅立った。翌日はどこか他の場所で我々のプログラムが実施された。おそらく、バクティヤールプルのチョウドゥリーの所領で集会を開いたが、我々に刑法一四四条の規制が加えられた。パトナーに着いてから、我々は新聞にその地のすべての隠されていた事実を発表した。

15　農民奉仕家のための条件

バーガルプル県のもう一つの興味深い旅がある。これもコーシー河流域である。コーシー河の流れはつねに変化するために、広い土地がバーガルプル、プールニヤー両県にまたがる森に囲まれている。しかし、その間を縫うように耕作が行われている。その土地はコーシー河のディヤーラー（流域）といわれている。ラージャスターンのはてしない砂漠のような状態である。行けども行けども終わりがない。その流域にカドワーという名の村あるいは村の集まりがある。一〇軒、二〇軒あるいはそれ以上の小さな家々からなる多くの集落がある。何マイルか行くと同じような村にぶつかる。河の流れが引くと新たな土地ができる、それがディヤーラーである。このような土地に同じように住んでいる光景がいたる所に見られる。何マイルも続く村はおそらく決して見られないだろう。耕作しやすいだろうという考えから二、三の小屋が建ち、仕事が始まる。さらに少し遠くまで水が引くと、わらなどで葺いた家ができ、その周辺で耕作が始まる。このようにして村ができる。カドワーもそのような村の一つである。

バーガルプル県で活動するナーゲーシュワル・セーンは頑健な若者で、熱心な農民奉仕家である。当時、カドワーは彼の活動区域であった。彼はそこで集会の準備をしていた。彼の強い要請で我々はそこに行くのを認めた。しかし、我々はカドワーがどこにあるか、いかにしてどの道を通ってそこに着くのかわからなかった。コーシー河の流域のどこかにあるということだけを知っていた。カドワーに向けて旅立つまでは、ひょっとして牛車で道を進まなければならないことは覚悟していた。しかし、集会の前日ナオガチャーから出発する準備をし、舟で夜通し進まなければならないと聞かされたとき、しばらくして旅は必ず困難なものになると想像した。

夕方だった。空は雲に覆われていた。小雨も降っていた。しかし、ぽつりぽつりの雨だった。ナオガチャー駅の近くにコーシー河の流れがあり、そこに舟が用意されていた。その流れは普段は止まっていると言われている。しかし、雨期には恐ろしい様相に一変する。水が掛かっても衣類がぬれないように舟の上に覆いがかけられていた。せいぜい五人から一〇人が乗れる程度の小舟であった。それ以上乗れば、おそらく舟は沈んでしまう。この流れには鰐などの危険な動物が多数生息していると言われている。このため、舟の上でも人々は警戒を怠らず旅していた。舟がもたつきでもすれば、獰猛な動物の群れが襲うだろう。加えて、夜だった。雨期でもあった。小雨が危険をさらに増した。要するに、出かける気力を無くさせるすべての用件が揃っていた。

想像していた通りであった。ナーゲーシュワル・セーンは同行しなかった。彼はカドワーで集会の準備に携わっていた。しかし、共に出かける同志の一人を除いては、皆意気沮喪してしまった。自分の生命の危険を冒してまで誰が行くか。もしも夜に土砂降りの雨が降り、舟が沈んだらどうなるか。実際その通りとなり、夜、何度も舟を岸に着けて待たねばならなかった。同志の者は本当に鰐に食べられてしまうのではないかと考え始めていた。直接にはそう言わなかったが、あれこれ口実を述べ立てた。時間が悪い、気候が悪い、途中で何が起こるかわからない、雨でおそらく集会も開けないだろう、たとえ開いたとしても集まりは悪いだろうなどの意見が、舟が動けない状態のなかで出されるにつれ、私の血は煮え繰り返り、もしも彼らがこの結果として行かないことを決めれば、事は厄介になり、私のプログラムはもはや実施できないのではないかと怖れた。しかし、私はそう考える用意はなかった。このため、同志たちの意気地なしをひそかに悲しみ、哀れんだ。皆が皆、農民奉仕家、それも古い奉仕家である。しかし、まさに奉仕の試練に失敗したのである。

鉄道、自動車あるいは他の乗り物で鳴り物入りで到着し、花輪を掛けてもらい、指導者となって敬意を表され、熱烈な演説を振りまく者を農民奉仕家とは言わない。それでは、商売か奉仕かわからない。農民を欺くことになるだろう。一〇マイル、二〇マイルを徒歩で歩き、泥や水と格闘し、命を賭け、駆けずり回り、お腹が空いても自分のプログラムを達成し、農民の熱意を高め、彼らの闘争を展開し、農民に道を示したときに農民への奉仕という言葉が登場する。これが奉仕の火の試練である。この試練を何度も通過してこそ農民奉仕家となる権利がある。遠くの村から自分の仕事をやめて、農民が雨にぬれ、日差しに焼かれながら、あるいは寒さに震えながら集会に来るのは、自分の仕事の話を聞かせてくれるだろう、闇にあって自分の歩む道が見つかるだろうという期待からである。しかし、話を聞かせてくれる、そして道を示してくれる指導者が出て来なかったらどうなるか。指導者たちは、自分では、乗り物が手に入らなかったとか、気候が悪かったなどともっともな理由をつけている。しかし、それは農民の知ったことではない。天気が悪ければ集会は開かないとか、農民、すべての農民が指導者のために乗り物の手配をしなければならないと誰が言っただろう。このようなことは、農民にたいして敢えて言えることではない。ただ、穀物、水あるいはお金がこの活動のために求められ、貧しい者は喜んで提供する。たとえ自分たちがお腹を空かせようともである。このような状態の下で、農民を失望させ、定められた時刻に集会に到着しなくてもよいという権利が、いかなる農民指導者、農民奉仕家にあるだろうか。そのような行為は無責任であるだけでなく、農民の利益を軽く扱っている。このような状態では農民運動はたんなる商売である。

しかし、我々はこうした困難には直面しないで済み、最後には何とかして行くことに決めた。そのことでどんなに喜んだかは誰にもわかるまい。舟は進んだ。話をしたり、眠ったり起きたりしながら、石炭よりも黒い闇の中を河の恐るべき流れに舟を委ねて進んだ。途中、何度も河岸に舟をぶつけたことはすでに触れた。何マイル進んだかは誰にもわからない。しかし、朝になって、まだかなりあることがわかった。困ったのは、途中の流れがいくつもに分かれ、どれがカドワーに行くのか決めかねたことである。それでも、何とかして正確な方向に進んだ。動物にぶつかることはなかったが、途中、何度も水が極端に少ない場所があり、我々の小さな舟でも川底にぶつかった。そのとき、どのように前進したか。我々が降りて舟を軽くし、引き上げた。同時に、舟を押したり引いたりもした。このように、旅を味わいながら舟を適切な位置に戻した。

もう一つ困ったことは、途中に村がほとんど見当たらないことだった。とうもろこしなどの畑が四方にあるだけだった。たしかに、所々に作物を見張っている農民の小屋が立っていた。必要なときには、彼らから道の情報を得ていた。彼らも我々を見て、いい気になってふらついている我々は結局のところ何たるあほの集団かと驚いたことだろう。彼らのように厳しさに耐えている者だけが進むことができるのであり、我々は紛れもない「バーブー（旦那）」だと思っていた。そして、バーブーたちはそちらにどうして行くのかといぶかった。我々がバーブーたちを「正しい道」に導こうとしている者だとは彼らは知る由もない。バーブーが我々を憎しみ、怖れていることを彼らは知らなかった。

我々が大衆奉仕の名で行われている商売を一掃しようとしていることは、彼らは知らなかった。もしも彼らが我々がザミーンダーリー制を川の流れに沈めて、鰐に食わせるのだと知ったならば、どんなに喜んだことだろう。この惨めな人たちは皆が皆、ザミーンダールによってこっぴどく苦しめられて来たのだ。

このように、我々はぐるぐる廻りながら、舟を岸に着けて徒歩で行ける場所にまで到着した。ともかく着いたことを喜んだ。しかし、まだ何マイルかを徒歩で畑を通って進まなければならなかった。舟を降りた所で顔を洗ったりした後で、例の「早足行進」をした。走ることはなかったが急ぎ足だった。夜通し舟に乗っていたので疲れが出ていた。疲れを取り除きながら歩くという二つのことを同時にしなければならなかった。このため、少し急いで行くことが必要となった。途中、どちらの方向に向かうべきか決めるのが難しかった。いたる所とうもろこし畑である。この地方ではかなりの収穫があり、雨期が始まるとその準備も行われていた。他の農村地帯でとうもろこしの穂を見ることもできないときに、ここでは収穫の準備をしているのである。

かくして、九時から一〇時にかけて、ナーゲーシュワル・セーン氏が集会の準備をしていたアーシュラムに着いた。そこに、ミルクやダヒー（ヨーグルト）が用意されていた。多くの人のために飲食の準備をしていた。遠くから来る農民のためにも飲食を取らせる手配をしていた。このため、多くの品が置いてあった。農民は牛や水牛に餌をやっていた。朝食分のミルクを用意してくれたが、かなりの量であった。貧しく虐げられていても、農民がどんなに寛大であるか、私はしばしば経験している。しかし、そこに出かけた無知な人たちはこれを見て仰天したことだろう。金持ちの集まりの準備と思うか、あるいは農民の寛大さに満足しただろう。

午後にそこで大きな集会が開かれた。ザミーンダールによって農民がそこでどんなに苦しめられているか、彼らに特有の不満は何か、これらすべてのことを私は知った。私は彼らに対抗策を提案し、農民は喜んで聞いていた。このようにして集会を終わり、翌日籠を担ぐ人たちの肩の上に座ってナーラーヤンプル駅まで行った。そこで汽車に乗ってビターに帰った。一緒に、アーシュラムの子供たちのために一袋のとうもろこしを持ち帰った。

16　農村調査の旅の試練

一九三三年七月であった。記憶している限りでは七月一五日のことである。日付を覚えているのは、農民組合によるガヤーの農民の調査の仕事を我々がこの日に開始したからである。ちょうど雨期であった。その詳細な報告書の複数のコピーを用意するのに何ヵ月もかかった。実際、アマーワーン、テーカーリーのザミーンダール、ラージャー・ハリルプラサード・ナーラーヤン・シンの所領はガヤー県のいたる所に広がっている。このため、彼の六〇の村に出かけて詳細な内部情報を知ることが必要だった。県中の六〇の村から所領全体の実情が完全に暴かれた。その目的のためにこれだけ多くの村に行かねばならなかった。ラージャーが状況を知って何かできるようにと我々の報告書を求めたとき、我々はやむなく二部用意した。もちろん、この苦労、そしてのちに時間を取った会談などの成果は何も生まれなかった。最大の成果は、ザミーンダーリー制の廃止以外に農民を暴虐や苦しみから救い出す方法は何もないという消しがたい印象を受けたことである。それまで、私にはときどき、おそらくガンディージーの言うことが正しく、ザミーンダールは改めるだろうという考えが頭をもたげていたが、この調査の後ではこの考えは一掃され、私はザミーンダーリー制は不治の病であると心から悟った。『ガヤーの農民の悲惨な物語』の名で報告書の主要部分は本の形でのちに出版された。こうした理由から、また、のちに書く理由から、雨期の七月一五日という日をいままで決して忘れていない。

その日、私、パンディット・ヤムナー・カールジー、パンディット・ジャドゥナンダン・シャルマー[18]、ユガルキショール・シン博士は農民の状態を調査するために州農民組合を代表してジャハーナーバードに到着した。パンディット・ジャドゥナンダン・シャルマーがガヤー県における我々の日程を決めた。辺鄙な農村で雨期に調査の日程をこなすことは初めての経験であり、容易ではなかった。一〇～一五マイル、あるいはそれ以上の距離のある所に我々は定刻に到着しなければならなかった。さもなければ、調査は不可能である。もう一度農民を集めることは、一日でも失敗すれば不可能である。調査活動の後に農民の大集会で助言することも必要であった。このため、シャルマージーは、一日も我々の活動に支障のないようにすばらしい配慮をしてくれた。我々は村の道を通りながらいつも定刻にすべての場所に到着した。ある場所で我々の仕事が終わらないと、他の場所から乗り物が来た。乗り物が期待できない所では我々は徒歩で行った。土砂降りでは、一体、乗り物が手に入るだろうか。バーブー気取りの会議派の調査委員会が夏と冬にできなかったことを我々が雨期の最中にみごとに成し遂げたのは一体どうしてか、我々自身驚くほどである。他の人たちはこれを不可能だと考えていた。調査の最大の成果は、我々が農民の側の積極性、心の準備を信頼するようになったことである。パンディット・ジャドゥナンダン・シャルマーのような活動家を農民の側が得ることが前提となるけれども。我々は、地域の人々に行動の用意ができていることを知った。ただ、尊敬に値する農民奉仕家・指導者が必要なだけであると。当時の農民の予期しなかった積極性から生まれた我々のこの確信は、そのとき以来変わることなく強くなっていった。

農民組合に資金のないことは公認の事実である。いまや、農民組合は再生していた。そして、実を言えば、ときには農民組合の名において何千ルピーもの出費があったが、農民組合に資金はなかった。実際、大衆組織には恒常的な資金はあるべきでない。金を集めるのは中間層の組織である。彼らの仕事は金がなければ始まらない。しかし、これとは逆に、大衆組織の真の資金は、組織にたいする大衆の全面的な信頼と愛情である。そうなれば、食料やお金の不足はありえない。それらの物はその時々に必要なだけ得られる。多くもなければ少なくもない。活動を行うのに十分なだけは得られる。誠実な組織は自ら過度の取り立てはしない。もしもお金があり過ぎれば、自然とその善用は難しくなる。必要でないことに何かと支出する。その結果、こうした罪は公然となり、組織は腐敗する。金が集まると、奉仕の代わりにある種の僧坊主気分が生まれ、以前は豊かな者、労をいとわぬ人たちだけが入っていたのに、今度は怠惰な人たちが農民組合に入り始める。

我々のこの調査では、農民は乗り物や飲食などの準備をしただけでなく、調査のあらゆる地点で可能な限りお金の工面もした。それは、ひそかにシャルマージーの口利きで行われていた。我々はときどき鉄道で行く機会があった。パトナーから汽車で出かけた。都市に行くときには乗り物の費用が必要であった。このために彼らはお金の用意をしていた。調査を終えて出発しようとすると、お金をくれた。我々は、彼らがすべての農民から少しずつお金を徴収していることを知った。調査地点で我々の食事や乗り物の費用の用意をしたとき、残ったお金をくれた。それは我々の必要には十分であった。調査の最後の仕事はガヤー県の中心にある郡のファタハプル警察署管内で行った。ここは完全な森林・丘陵地帯である。アマーワーン、ガヤーの僧坊主などの所領がある。僧坊主は農民を疲弊させ、虐げていた。アマーワーンのザミーンダールの圧制もこれに劣らなかった。後進的な地域の圧制は自ずと厳しいものがあった。しかし、そこでも我々の費用のためにかなりのお金が集められているのを知って驚いた。実際、そこでは、農民がすべての場所で調査の後にシャルマージーにお金を出しているのを知った。いかなる調査地点の人々もそのことを忘れなかった。

外部の者はおそらく、農民組合の初期の段階にこのようなことがどうして可能だったのかをいぶかり、驚くだろう。しかし、私はビハール州農民組合について完全な真実を言うことができる。我々は辛うじて百～二百ルピーを今日までそれぞれの支援者たちから得ている。それも一度にではなく、一〇～二〇回に分けて。最大限五〇ルピーを一度、ある者がくれた。それは統一党の騒ぎのとき、一九三三年の初めである。しかし、今日までに我が農民組合は何十万ルピーも支出したことだろう。私の旅行だけでも、たしかに月に二五日はあり、時にはそれ以上となるが、一年に少なくとも五千～六千ルピーの費用がかかるだろう。この状態がほぼ一〇年続いている。事実はこうである。私を招待する側では私の旅費の用意が必要である。推定の費用をあらかじめ送ってくるか、行ったときに費用をもらう。招待者側は費用がどれだけ必要かと尋ねる。私も仕事に必要なだけの額を話す。ときには、彼らは尋ねることなくお金をくれ、二～三ルピー余計にもらうことがある。他の州を旅行するときにもこのやり方である。その結果、「井戸を掘って水を飲む」の原則が私にはあてはまる。[19] お金はたまらないが、仕事は停滞しない。たとえたまるとしても、年に一〇～二〇ルピーである。それも一～二ルピーずつたまってのことである。たしかに、「犬の食べる残り物もない」状況なのである。[20] いまや、すべての者が、私の旅費は農民が払わなければならないことを知っている。このために、前以てお金をためている。ザミーンダールと彼らの仲間たちはおそらくこのことを知らない。しかし、我々はそのことで何を意図しているか。ザミーンダールたちは私の費用にかんして誰が用意するのかと色々と想像している。ザミーンダールに、そしてこの世の人々にお金を出している農民は、私がこの人たちのために行くというのであれば、どうして私にお金を出さないだろうか。農民は、私が農民のために死ぬのか、農民の敵のために死ぬのか確信を持つべきだし、その確信を持っているものと思う。とすれば、ほかに望むことがあろうか。そして、もしも私が農民の期待を裏切り、他の者―大体は公然、非公然を問わず彼らの敵―にお金を頼るならば、これほどの詐欺師、罪人がいるだろうか。もしも農民組合がこのようなことをすれば、これは絶対に農民の組合ではありえないと思う。

ところで、ジャハーナーバードから、最初の日アルガーナーに、翌日にはダンガーンバーに向かった。二つの村はジャハーナーバードから北東と東の方向にある。かつては豊かであったが、いまは荒れている。これらの村で知ったことについてはここでは書かないし、他の村についても書かない。『悲惨な物語』にすべて書かれている。しかし、一、二の出来事についてはここに書いておきたい。「生ける物は他の生ける物を食べて生きる」(21)と言われている。アルガーナーでは我々はテーカーリーのザミーンダーリー領の会計責任者に会った。彼は農民からきびしく小作料を取り立てていたが、それを認めるつもりはなかった。ところが、ある日、話の中で彼はテーカーリーの所領となっている他の村に住んでいることをもらした。小作料を滞納したため土地は競売に付され、この村に仕事を求めて来た。尋ねると、彼は小作料が高いことも認めた。第二に、収穫はいつも不作で、小作料を払うことができず、畑は競売に付された。しかし、アルガーナーでは彼自身が他の者の土地を競売に付す仕事に携わり、それで生計を立てている。実際、この落ちぶれた農民はザミーンダーリー領という機構のための潤滑油の役割を果たしている。彼こそが機械を動かしているのだ。その明白な例をこの会計責任者に見ることができた。そのために、意識的に農民を破滅させているのだ。さもなければ、ザミーンダールの使用人の仕事を誰がするだろうか。それも月に五ルピー、一〇ルピーの金で。ザミーンダーリー領の木が生長し、実をつけるのは農民の血によってである。

ダンガーンバーでは、一つには、野菜畑を灌漑するために、古い時代にはザミーンダールが四つの大きな井戸を作らせたが、それが使えなくなり、その修理もしていないことを知った。第二に、選挙の時期にザミーンダールの徴税官すなわちサークル・オフィサーが候補者となり、無料で野菜を有権者に食べさせるために持ち去っていた。何故なら、ダンガーンバーはジャハーナーバードに近いからである。このため、損害を蒙ったコーイリー・カーストの人たちは野菜の栽培をやめてしまい、いまでは皆が稲作をしている。稲作はときには被害が大きく、ときには何とか持ち直している。川のダムがなくなり、水がなくては稲はやられてしまう。ザミーンダールはダムの修理をせず、五千～一万ルピーの費用を負担することは農民にはできない。

我々はマジャーワーンに行かなくてはならなかった。夜はマハマドプルに泊まった。このマハマドプルは、後になって、農民が自分の組織力と積極性によってザミーンダールを懲らしめ、最終的にはザミーンダールが全部で八〇ビーガーの競売地で農民の耕作を許した所である。というのは、競売後に起こった出来事でザミーンダールはもうけるどころか大きな損害を蒙ったからである。農民が自分たちの情熱を積極的にほとばしらせたとき、どうなるか。その十分な例証は私の『農民はいかに闘っているか』という書物で見られるだろう。夜に大雨があり、朝まで続いた。マジャーワーンは八～九マイルは離れており、そのうえ、雨期であった。村の人たちは近いと言っているが。乗り物の用意は不可能であった。雨ではどうなることか。そこの土は黒色で軟らかなローム層である。足は滑りやすく、非常に固いが、所によっては軟弱で、足が抜けない。膝まで土が巻きつく。途中に深い溝もある。しかし、我々は日程を何としてもこなさなくてはならない。それは、マジャーワーンが非常に抑圧された地域であるからだ。アマーワーンのラージャーはこの地を荒廃させてしまった。いまやっとバカーシュト闘争の後、いくらか生気を取り戻しつつある。この村がパンディット・ジャドゥナンダン・シャルマーを生んだ。当時、何十万ルピーもの小作料が滞っていると言われていた。

このような村にもし行かなければすべてが無になってしまう。そこには急いでは行けないように道ができている。このため、飛び跳ねたり、倒れたりしながら進んだ。疑いもなく旅は非常にすさまじいものであった。その日は我々にとって火の試練であった。もしも失敗すればすべてが終わりである。マジャーワーンは一九三九年の雨期に果敢なバカーシュト闘争を展開し、とくにこの地の女性が積極的に闘って勝利を収めることができたが、その種子は我々が一九三三年の雨期のこの調査旅行の過程で蒔いたものである。六年後にこれが実って勝利できたとすれば、その日失敗すれば事がうまく運ばなかったことは明らかである。このため、我々は意気揚々と歩いて行った。賞賛すべきことは、我々の中の誰も躊躇する気持ちがなかったことである。すべての者が熱烈に前に進むことを喜んでいた。さもなければ、すべての楽しみが奪われていただろう。このようなときに迷っていては活動できない。

その結果、我々は正午前にマジャーワーンのヴァイシュナワ派の寺院に着いた。人々は我々が来ないのでがっかりしていた。しかし、我々を見て農民の間を電流が走ったかのようであった。我々の千の講釈や説教も達成できないことを、その日の我々の勇気が成し遂げたのである。これこそ暗黙の、あるいは真の教えと言えよう。「言って聞かせるより、して見せる」とはこのことである。

マジャーワーンの農民の貧しさを我々は初めて見たが、決してこれを忘れないだろう。ザミーンダールは何と無慈悲で残酷な心の持ち主か。その姿も我々の眼の前で初めて見た。我々は各戸を廻って彼らの状態を見、血の涙を流し、ザミーンダーリー制をあらん限りの力で呪った。

17　過密の日程―UP州の旅

一九三八年の雨期も過ぎたときである。アーシュヴィン月（インド暦七月、陽暦九～一〇月）あるいはカールティク月の頃だったろう。そのときまでに村の道路はまだ修復できていなかった。農民は春作の種を蒔くのに忙しかった。

道にはぬかるみがたくさんあった。ちょうどそのとき、ヴィシュワナート・プラサード・マルダーナーが連合州バリヤー県の我々のプログラムを作成した。我々はUP州の多くの県に行かなくてはならなかった。ハルシュデーワ・マーラヴィーヤ（イラーハーバード）[22]がその手配をしてくれた。幸か不幸か、バリヤー県にはわずか一日しか割り当てられず、マルダーナーが同じ日に片方の端から他の端まで三回か四回の集会を準備していた。このため、自動車を使わなくてはならなかった。しかし、道は自動車の通れるものではなく、マルダーナー（勇ましさ）で済ませられるものでもなかった。こうした道に頼って四つの集会を組むのは危険を招くに等しかった。しかし、マルダーナーはやはりマルダーナーである。彼には情熱と勇気が十分にあった。年が若いので危険をあまり顧みなかった。なればなったと考えている。このため、危険との隣り合わせを楽しんでいる。一般的に、我々活動家は求められているほどには責任を感じていない。これは農民運動にとって非常に不幸なことである。農村での集会の準備にかんして、非常に偉大で責任があるといわれている人物が危険にたいして無責任なのを見て、私は驚いている。それもしばしばである。これは我々の活動の非常に重大な欠陥であり、私はいつもこのことがひどく気になっている。

ところで、我々はバリヤー駅に真夜中過ぎに降り、待合室に泊まった。早朝に食事をして旅に出る用意をした。車は一台であった。その車に乗れるだけの人が乗って出発した。レーオティー、サハトワール、バーンスディーハ、そしてマニヤル、この四つの場所で集会を開き、翌朝になる前、深夜のほぼ二時頃ベールタラー・ロード駅に着いてバスティーに向かう汽車をつかまえることになっていた。県の東端で最初の集会があり、北西の端に着いて汽車をつかまえるのだった。道路という道路は舗装されていなかった。わずかに最初だけ舗装らしきものがあった。雨が道を台無しにし、道中、車は跳び上がりながら進んだ。私がもっとも驚いたのは自動車の頑丈さであり、車は壊れもせずに最後まで動いていた。

ほぼ正午に我々はレーオティーに着いた。広場では集会が準備されていた。近くには副行政長官（デピュイティー・コミッショナー）のテントがあった。おそらく、前貸し金あるいはその種の貸付金を彼が貧しい農民に配分していたのだろう。しかし、彼のお陰で我々の集会への妨害はなかった。我々は自分たちの考えを農民に話し、バーンスディーハに向かった。途中サハトワール村に止まった。行くときにも止まった。村の人たちが我々を止めようとしたのである。帰るときも否応なしであった。村には立派な市があり、人が集まっていた。他の村の人たちもいた。木の下の高い、整った場所―おそらく寺院のものだったろう―で、我々は彼らに自分たちの任務を説き、農民のために何をすることが必要かを話した。それからすぐにバーンスディーハに向かった。

バーンスディーハでは十分に準備が行われていた。我々はバンガローに滞在した。多くの者がそこに集まり、我々は彼らと話した。すると、下にも多数の群集が集まった。やむなく、我々はバンガローの屋上の端から話をして、下にいる者も上の者もよく聞けるようにした。しかし、集会場に行くのが遅れ、すぐにマニヤルに出発しなければならなくなったが、マニヤルはここから遠かった。このため、バンガローの屋上から演説する準備が行われた。我々はそこでの仕事を急いで終わらせ、すぐにマニヤルに向かった。実際、マニヤルでは最大の、そしてよく準備された集会が行われた。幸いに、集会は夜に予定されていた。もしも日中に行われていたならば間に合わなかっただろう。途中で暗くなってきた。マルダーナーは、夜の集会を決めて判断力と責任感をたしかに披露してくれた。

疑いもなく、予期していなかったような集会がそこで行われた。我々は会場の準備を見るには見たが、とくにそのことで我々の心は惹かれなかった。ところが、多くの農民奉仕家が制服をまとい、手にラーティー（棍棒）を持って各所に配置され、群集の規制に当たっているのを見たとき、我々は大いに喜んだ。集会の準備、発言の方法などすべて賞賛すべきものだった。その場所で我々は何時間か話し、農民の問題を公然と皆の前に提示した。実際、その日の四つの集会のうち、最初の集会で我々は急いではいたがよく話すことができた。しかし、マニヤルでは何の心配もなく話した。聴衆は我々の話にあたかも酔ったかのように静かであった。会議派政権の時期になっても農民の苦しみが以前と変わらないのを知って、人々は大いに苛立っていた。いまや本当のことがわかり始めた。彼らは、言葉ではなく行動によって大臣をチェックしていて、大臣の言葉は嘘だったのだとはっきりと知った。このために、私からその謎を聞き、理解することに関心があった。

ともかく、集会が終わり、我々は宿泊所に来た。私はミルクを飲み、同志は食事をした。そうこうするうちに夜の一〇時~一一時となった。我々は急がなくてはならなかった。バスティー県のプログラムは非常に重要であった。事実、バリヤーには何度か来たことがあるが、バスティーに行くのは初めてであった。それも抑圧的なザミーンダーリー領の農民の集まりであった。このため、私は汽車を何とかつかまえる心配をしていた。しかし、同志たちは自動車のことを考えていて、少しも心配していなかった。その結果、食事をして出かけた。自動車は西に向かった。言い忘れていたが、サルユー河の洪水が家や作物に深刻な被害を与えていた。道も駄目にしてしまった。途中、破壊された村や家々を見ながら行った。人々が外に出てきて我々に挨拶をした。彼らは我々について情報を得ていたのである。ある者は集会から帰っていた。このようにして我々が進んでいると、先の道が崩れているという知らせが来た。自動車は通れない。もし脇の道が通れるのならそちらに行けと。しかし、安全な道を教えてくれる者は誰もいなかった。私は茫然として、何か困ったことが起きると直感した。心臓の鼓動が止まるほどだった。

自動車は道をあきらめて畑を通って進んだ。ドライバーは想像で運転した。一つには夜、第二に知らない道、第三に自動車で畑を突っ切っての運転。これは無謀なことだ。そのとき、我々は死と隣り合わせだった。畑を巡り、空き地を通って、やがて自動車がこの先で道に巡り合えば幸運といった具合に進んで行った。必要があると、我々の中の何人かが車を降りて、前方を見て来た。それでまた車が進む。そうこうするうちに、突然、「井戸だ。井戸だ」と言う声が一人から上がった。ドライバーはただちに車を止めた。本当の所、我々は非常にゆるい速度で進んでいたので助かった。さもなければ、車は井戸に落ちただろう。井戸は雨期には草に覆われている。ごく近くに来て気付く。我々は間一髪難を免れた。

ふたたび進んだ。しかし、道がなくなっていた。自分の考えでは我々は道の近くを通っているはずだったが、実際には、道路の方向に向かう道が見当たらなかった。いたる所ぬかるみにぶつかった。このように、前進し、旋回しながら進んだ。その結果、我々は道から遠ざかってしまったのだ。第二に、西の方向に向かっているつもりが東の方向に向かっていた。車がぐるぐる廻っているうちに、運転手も、そして、我々もどちらに向かっているのかわからなくなった。そうしているうちに我々は耕してある畑を通り始めた。まったく愚かなことだ。自動車に乗って真夜中に道を離れ、方向もわからずに想像だけで畑を通るなどということを仕出かす「勇気」が一体誰にあるだろうか。しかし、「苦しんでいる者は他の者のことを考えない」と言われる通りだ(23)。我々は翌日のプログラムをこなさなくてはならない。そして、マルダーナーは正確な道の情報を持たず、道は大丈夫と言ったことを後悔し、我々を何とか定時にベールタラーに到着させたかった。このために、そのとき我々は死をものともしなかった。さもなければ、井戸の一件が起こった後で、それとなく旅を止めてしまっただろう。

そのうちに、突然湖の近くに我々の車は着いた。耕してある畑を通りながら、我々には、どこに向かっているのかわからなかったが、水場の近くに着いた。この湖畔は長いと感じた。がっかりして時計を見ると二時を廻っていた。いままでは、汽笛が聞こえないか、汽車の音がしないかと耳をそばだてていた。聞こえれば駅が近いからだ。しかし、いまやがっくりときた。今日のプログラムが駄目になったそのときの苦しみは誰にわかるだろうか。もしわかる者がいたとしても、いまでは農民はどこへ行ってしまったろうか。「もう、ここにとどまろう」と考えた。どこに行ったらよいかわからなかったからである。眼前には水の障壁があった。夜中、眼を覚ましていた。最初の日に四つの集会で話して疲れ切ってもいた。寝具はなかった。心配がつきまとっていた。そのうちに時計が三時を廻ってしまったことを知った。

仕方がない。朝早く出よう。しかし、眠るどころではない。眠たくなるのは安楽で喜ばしいことがあるときだ。ただ眠くなるというものではない。やむを得ず何とか時間を過ごした。さらに、荷物を持っていかなければならないと気付いたが、そのためには牛車が必要だ。一人、二人の仲間が近くの村に行った。しかし、私にはもう一つの災難が見舞った。第一日の強行軍と苦しみの後でも夜は眠れなかった。このため、私の声がまったく出なくなってしまった。喉がつまったのには驚いた。私の生涯で喉がこんな状態になるのは初めての経験で、おそらく最後でもあったろう。少しも声が出なかった。私の声は非常に大きいと思われている。しかし、その声は突然どこへ、どうしてなくなってしまったのか。医者でなければわかるまい。熱も出た。

それでも、何とか牛車に乗ってベールタラー・ロードに着かねばならなかった。ともかく着いた。そのとき、UP州のモーハンラール・サクセーナー氏が州会議派政府の成果を吹聴するためにベールタラーに着いていた。彼の集会もあった。人々は、たとえサクセーナーが驚いても構わないから私に演説するようにと要請した。しかし、私の声は出なかった。このため、トラブルは避けられた。

駅でバスティーの人たちに行けないとの電報を打って納得しなければならなかった。他に方法はなかった。バナーラスに行って喉を直し、それから旅を続けようと決めた。すべての場所に知らせを送ってプログラムを延期し、我々はバナーラスでバーブー・ベーニープラサード・シンの家に着いた。ここに二、三日滞在して喉を直し、ふたたび旅を始めた。

18　農民への信頼と農民からの信頼

正確な年と日は覚えていない。ビハールでの出来事である。パトナー県のビターから南へ、マサオラー・パルガナーの悪名高い横暴なザミーンダールたちの所領での出来事である。バラトプル、ダルハラーのザミーンダールから無法とはどんなものか、どのように行われているかを学ぶことができた。特筆すべきことは政府と政府の法が機能しておらず、農民にたいする圧迫が赤裸々なことである。いまや、農民組合の力で時代は変わり、虐げられた農民がザミーンダールを懲らしめている。バーオリー制（現物小作）を現金小作料にすることをあらゆる手立てによって阻止していたザミーンダール—というのは、バーオリー（ダーナーバンディー）制によって存分な利益を得、農民を破滅させていた—が、今日ではやむなく現金小作料を受け入れようとしている。農民はわずかな勇気、理解力、そして展望によって目的を達成し、勝利した。農民の誠実さ、正直さを不当に利用して苦しめているザミーンダールにたいしてどのような態度をとるのが正しいかを、農民は理解するようになり、目的が達せられたのである。農民は、すべての者にたいしてユディシュティラ（『マハーバーラタ』に出てくるパーンドゥの五王子の一人で徳が高い）、ダルムラージ（有徳の王、ユディシュティラのこと）となることを期待するのは重大な過ちであることがわかった。それだけで運命は変わった。

実際、ダルハラーの一人のザミーンダールの屋敷は舗装道路に沿ったアチュワー村に建てられている。村はこの人のものである。そこの農民の大部分はコーイリーである。彼らは完全に農民のカーストに属している。コーイリーの人たちは素朴で、ほとんど字が読めないが非常に正直である。喧嘩をすることを知らないだけでなく、ザミーンダールや彼らの普通の使用人とも争わない。自分の経験から、このカーストの人たちは人間のなかの牛と言うことができる。いうまでもなく、非常に勤勉で、血を水に変えてまで苦しみに耐えて耕作する。ジェート月の太陽が照りつける昼の最中、この人たちは野菜畑に水をやっている。そうしてこそザミーンダールへの非常に苛酷な借金を返すことができる。稲作、春作の生産物ではやっていけない。このため、彼らは自分の身体を焦がしても働くのだ。それでもザミーンダールはいつも血に飢えているほど残忍である。ザミーンダールの空腹感は満たされることがない。ザミーンダールはクンバカルナ（『ラーマーヤナ』に出てくるラーヴァナの弟）だ。それならばどうしてお腹が満たされようか。手に入れば入るほど彼の要求は増大する。このため、男も女も、子供や老人までもが、身体を焦がしてもザミーンダールの要求に応えようとするのは無理もない。これによって、アチュワー村の貧しいコーイリー農民はザミーンダールの圧迫の餌食となった。

事実、アチュワーのザミーンダールは、すべての農民に、とくに後進カーストの者に一日中無償労働をさせている。早朝に農民はザミーンダールの屋敷に着かなければならない。夜になって自分の家に帰る。それで何が手に入るか。家から自分で食べるための野菜やはったいを持って行かなければ、一食たりとも食事にありつけない。もしも、ザミーンダールが飢えた野犬の残した切れ端のごとく、ときに二〜三パイサーあるいは四分の一〜二分の一セールの食べ物をくれるならば運の良いこと。それでも、抗議の声を上げ、二度と仕事はしないなどと言う勇気は農民にはなかった。どんなに仕事に差し支えがあろうとも、ザミーンダールの所に無償労働に行かなければならない。一度、ある農民がどうしても行くことができなかった。その結果、彼だけでなく村全体がひどい仕打ちを受けた。このため、アチュワーの人たちはおびえていた。ザミーンダールの名を聞くだけで彼らの心は震えた。

ザミーンダールは、すべての農民が順番に彼の所に来なくてはならないような工夫を編み出した。そのために、農民を怖れさせ、仕事も進むような独特の方法を作り出した。ザミーンダールの太く長いダンダー（棒）が農民の家の戸口に夕方届けられる。今日棒が届いた農民は、明日ザミーンダールの所に行かなくてはならない。さらに、その日の夕方、その家の者は隣人の家の戸口に黙って棒を置いてくる。翌日来いという知らせである。こうしたやり方が続いていた。「お棒さん」がお出でになると、万障差し繰って行かなくてはならない。あるとき突然、農民の家で誰か老人が「お棒さん」のご到来の後で夜に亡くなった。慣習に従ってその家のすべての者が死体をガンジス河の岸へ運んだ。その結果、誰もザミーンダールの所に行けなかった。このことをザミーンダールが知ると怒りに燃えた。農民が呼ばれた。手を合わせ、喉をつまらせてすべてを話し、来られなかったことを詫びた。しかし、誰が許すものか。ザミーンダールの怒号を浴びせられ、村人たちは荒涼とした気持ちに追いやられた。ザミーンダールがどれだけの策謀をこらし、農民をありとあらゆる裁判にかけ、暴行を加え、そして農民を悲嘆に暮れさせたかわからない。この事件は歴史的な出来事であり、この地方の子供たちも知っている。

州議会選挙のとき、ダルハラーの狡猾なザミーンダールは、―県会の議長であり、古い州議会の議員を長く務め、最後には議長にもなったが―大敗した。選挙のときすべての農民が公然と我々に協力した。それまでは、ザミーンダールに反対して誰も立候補する勇気はなく、立候補しても大敗していた。一度は、会議派の候補者がスワラージ党の時期（一九二〇年代）に供託金を没収されるほどであった。そのザミーンダールがいまや敗れ、彼の供託金は辛うじて没収を免れた。もしも農民が公然と我々に協力しなかったならば、このようなことはいつ起こっただろうか。このため、我々は農民の勇気の前に頭を下げた。ザミーンダールの残忍さと脅しをも気にかけず、農民は独特の勇気を披露したのである。ザミーンダールに反対して投票することは、鼠が猫の首に鈴をつけるようなものであったろう。しかし、農民は恐れずに行動して皆を驚かせた。農民は必要なときには協力しないだろうと言って農民闘争から逃げ出したいと思っている人たちに、ダルハラーの農民は鋭く抗議して、この非難がまったくの嘘であることを証明した。

私は、このビターの地方で何度も農民が期待をはるかに越えることをするのを見てきた。このため、私には農民にたいする揺るがぬ信頼がある。私は、彼らが我々に協力しないときがあるとすれば、欠陥は彼らにではなく我々にあると思う。我々に農民についての信頼がなければどうなるか。我々自身が闘いたくなくて躊躇しているとき、農民が何をするだろうか。ところが、農民がザミーンダールに反対して勝利させた当の指導者はやがて農民を信頼しなくなった。その証拠はその後の二つの機会にはっきりと得られた。後に、彼自身農民を信用していないことを認めた。私は農民への信頼を持ち続けていたが。このため、彼は私の考えを正しいと認めたがらなかった。注目されるのは、彼が農民の革命的指導者と認められているか、あるいは少なくとも、自分をそのように考えているふしがあることである。これが我々の「農民指導者」の実体である。にもかかわらず、革命をしよう、農民・労働者の国家を作ろうと自惚れているのだ。

ところで、会議派政府が成立した後で、おそらく一九三八年か一九三九年のある日にそのアチュワーの一人の若いコーイリー農民がビター・アーシュラムの私の所にやって来た。一八歳か二〇歳の若者であった。頑健でしまった身体、黒い皮膚の色、そして笑顔。その日の出来事は生涯にわたって忘れない。それ故、彼の姿が眼前に浮かんでくる。私は彼を知らなかった。しかし、彼はといえば私を知っていた。

彼が来たのは私に自分の悲しい物語を聞かせるためであった。おそらく、家には老人がいなかったのだろう。読み書きもできなかった。会議派政府は、小作料を減らし、バカーシュト地の返還を実現するという公約を踏みにじり、会議派の名を汚した。その結果、この貧しい若者は助けを求めて私の前に現れたのである。彼はあらゆる努力をして疲れ切っていた。しかし、ザミーンダールの金と法の両刀使いを前にしては、彼には歯が立たなかった。その結果として彼の眼は開かれた。選挙に際しては、会議派の名において鳴り物入りで小作料の削減とバカーシュト地の返還が謳われ、これを素朴な農民はまともに信じていた。しかし、時を経て彼らに真実がわかり、雨を降らせる雲はまた別だ、この雲はただ雷を轟かせるだけだと知ったとき、彼らの怒りはとどまるところを知らなかった。一つには、会議派政府の登場で何も変わらなかった。第二に、ザミーンダールと彼らの手先の脅しや横暴がふたたびまかり通り始めた。それ故、農民の苛立ちと怒りは当然だった。この若者もその苛立ちと怒りを鎮めるために私の所にやって来たのである。

彼が私の眼の前に来たとき、私は彼に「何か命令ですか」と尋ねた。私はいつも、初対面で予期していなかった人にたいしては「何か命令ですか」と言う。農民にたいして自然に出てくる言葉だ。私は、農民には私に命令を下す完全な権利があると思う。必要なときに私の言葉を信頼して私の言うことを守るのに、他の機会に彼らが私に命令を下せないだろうか。もしも彼らにこの権利がなければ、彼らがどうして私の言うことを守るだろうか。いかなる圧迫・圧力もない。ここには相互の理解があるのだ。この約束があるので、私の活動に支障はないのである。私は農民が必ず私に協力してくれるものと思っている。私が農民に協力しているからだ。

若い農民は自分の一部始終を話して、あらゆる手を尽くしても一つも事は進まなかったと言った。当時手に入るべき農地も得られなかった。バカーシュト地は戻らず、小作料は減らなかったとしていくつもの例を挙げた。さらに、「万事うまくいくと聞いていた。そうした期待から命を賭けて投票した。しかし、だまされたとわかった」などと話した。彼の口から次々と出てくる話をじっと聞き、彼の抑えがたい気持ちを理解した。大きなだまし討ちによって彼の眼は開かれ、嘘の約束をした者、とくに会議派の大臣をまるごと呑み込んでやりたいと思っていることがわかった。外面からは彼のこのすさまじい怒りはわからなかったが、彼の心の内で燃えている炎を私ははっきりと垣間見た。彼はこのような人たちも嘘をつくことに唖然としているようだった。そのときの彼の表情には見て忘れられない何かがあった。

若者の話を聞いた後で、私は、たしかにだまされた、そしてここにも「高級な店の味気ない料理」が出たことを認めた。この後で私は詳しくすべてのことを話し、バカーシュト地の返還と小作料の削減の名の下で作られた法律がいかに不完全であり、ただ金持ちのザミーンダールだけがいかにうまくやっているかを説明した。私は彼に特別講義をした。私の心も燃えていたからである。私は、彼の前で多くの例を挙げてだまし討ちが行われていると言ったのである。

すると、若者は突如反論した。「あなたは（一九三七年の州議会選挙に際して）会議派に投票しろと言ったではないですか。誰がどういう人か我々は知りもしなかった。あなたの言われるようにしたのです。」これを聞いて私ははっとした。私にはこの問いに答えようがなかった。彼の言ったことは本当だ。農民は、私の言う通りに、自分の意志に反して会議派の名において悪魔のようなザミーンダールに投票したのである。そのザミーンダールの手に農民の一挙一動は握られている。私が覚えているのは、投票の前にダルハラー地方の一農民が集会での演説を聞いた後で私に静かに尋ねたことである。「あなたのおっしゃることを守り、必ず投票しましょう。しかし、あなたが投票せよと言っている人もザミーンダールではないですか。」この言葉を聞いた後で、私は意を尽くして説得した。その日、コーイリーの若者の話を聞いて、そのシーンも眼に浮かんだ。

私は若者にたいして次のことをはっきりと認めた。「たしかに、その通り。君の非難は正しい。実際、私もだまされた。インドの最大の政治組織が鳴り物入りで言っていたこと、偉大なマハートマー(・ガンディー)や指導者が何度も何十万という人々の前で繰り返し言っていたことを、どうして私が信じなかっただろうか。私はそれでだまされたのである。この視点から、農民の前で私自身有罪であることを認める。しかし、私はここまでは言える。この事件から私は大いに学んだし、農民も学ばなくてはいけない。今後のためにもこう言うことができる。ふたたび、このような過ちは繰り返すまいと。」

私は、彼が私のはっきりとした言葉に満足したのを見た。もし私が言い訳をして自己弁護していたならば、彼はおそらく満足しなかっただろう。しかし、私が正直に自分の過ちを認めると、彼は過ちは誰にでもあると理解した。スワーミージーもだまされたのだ。この人は意識して悪いことをしたわけではないと。若者は政治通ではなかったので、私は彼に政治の複雑さを理解させようとし、もしも君がそのようにせず、会議派に投票していなかったなら、ザミーンダールが勝利し、そうすれば事態はもっと悪くなっていただろうなどと話した。こうした複雑さをこの無学の素朴な農民が理解できただろうか。私はこうも考える。彼らとこのように話しても、彼らには理解できないだろう。逆に、指導者たちを秤にかける彼らの簡単な基準がある。言ったことをその通り実行するかである。しかし、その基準の適用を彼らは忘れることがある。その結果、政治の覆いの下でずるい連中はいつでも彼らをだますのである。このため、私は率直に言い、自分の過ちを認めた。

しかし、この出会いは、私の心に農民は自分の利益・不利益を自覚し始めたという深い印象を残した。彼らの指導者が適切に行動すれば、農民は大言壮語の指導者や票に飢えた者の甘言に容易にはだまされない。もしも農民組合がその機会を適切に利用して農民に前以て警告を発することができれば、彼らは、将来、票を求める者を懲らしめることができる。農民は愚かで、容易にわなにはまると言っている者がどんなに誤っているか、その日、私は自分の眼で見た。非常に後進的で素朴なカーストの無学の若者がこうしたことを自由に話すことができ、私にも穏やかに聞かせることができるのであれば、他の人たちについて何をかいわんやである。実のところ、民衆の心情を正確に知ることはすべての人にできることではない。それはたいへんに難しい仕事である。その深さは、自らを民衆の中に埋め、日夜彼らに身を託し、彼らを眠りから覚まし、彼らと共に眠る者だけが知ることができる。これに関連して、ロシアの農民にまつわる出来事が思い出される。

ラーンスラート・オーエン氏は、英語の著書『ロシア農民運動　一九〇六～一九一七』のなかでロシアの農民の初めての組織的な集会に言及している。それは、一九〇五年七月三一日、トールジョーク県のアレクサンダー・バクーニンという地主の土地で行われた。その集会が終わった後で互いに話が交わされ、それに農民が加わった。一七村の農民が集まった。県の役人が、現在まで農民には責任政治を担う用意ができていない、それ故、彼らの要求は無意味だと疑った。これにたいして、一人の農民がすぐさま息の根を止める回答をした。「そんなことはない。本当はと言えば、農民は必要以上の能力と準備ができている。それを政府は怖れているのだ。」

19　会議派ハリプラー大会（一九三八年二月）前後―グジャラートの旅

一九三八～三九年の出来事である。会議派ハリプラー大会の前と後に、農民運動の関係でグジャラート（当時はボンベイ州の一部と多数の藩王国から成る）に旅行する機会があった。ハリプラー大会の前に、グジャラートの傑出した農民活動家インドゥラール・ヤージニク[24]が、自分の仲間たちの同意を得て、会議派大会の機会に農民の大行進をして、集会を開こうと決めた。我々は会議派ファイズプル大会（一九三六年一二月）のときからこの行事を始め、現在まで続いている。我々もまた彼の提案を承認した。このため、その前に私の旅行が決められた。何故なら、グジャラートにいまや農民運動を誕生させなくてはならなかったからである。そのときまで運動は活発ではなかった。グジャラートはガンディージーの州であった。そこで、まさにバールドーリーの近くで会議派大会が行われようとしていた。サルダール・ヴァッラブバーイー・パテールが我々に激しい憤りを表わしていた。新聞には、会議派大会の折に全インド農業労働者大会がパテールを議長として開かれるというニュースも出ていた。この農業労働者運動は農民組合に反対するものとして組織されつつあった。ビハールやアーンドラなどの州において、農業労働者を煽動し、あるいは少なくとも農業労働者の名において何らかの運動を展開し、成長する農民運動を抑えつけようとする公然たる活動がすでに行われていた。公然とザミーンダールの手先と金によってこれが行われていることを我々は知った。

しかし、我々は少しもこれを気にかけなかった。このようなことが長続きしないことはよく知っていた。にもかかわらず、警戒して農民の特別集会をハリプラーで開くことが必要となった。このため、グジャラートへの旅行はとくに必要だった。結局、会議派が存在しているのに農民組合が何故必要かというメッセージを農民に伝えなければならなかった。一般の教育を受けた者から上層のほとんどすべての人たちにいたるまで、グジャラートでは農民組合をまともに見ることはなかった。聞くだけで仰天すると言って理屈をこねていた。バールドーリーで以前に闘われた農民の名における運動（一九二八年）の故に、会議派が農民組合であり、パテールが農民の指導者であるという誤った理解がさらに大きくなった。インドゥラールジーの話から、バールドーリーの闘いは真の農民の闘いではなく、真の農民を退けてその場所に座った一握りの搾取者の闘いであることが少しわかった。しかし、このことについての十分な知識を得ることができたのは、その地を自分で廻ったときである。このため、我々は大きな興味を持ってこの旅に出かけ、そこに行って我々は自ら現状を知った。農民の土地をほとんどただで奪った一〇〜一五%のバニヤー、パールスィー、あるいはパテール（税の徴収や警察の仕事を担当する官吏）などが農民と言われている。彼らはかなり豊かで、彼らのもとには多くの土地がある。もとの農民は彼らの土地の耕作者となり、地獄の人生を送っている。これら一〇〜一五%の人たちの地税を削減するためにバールドーリーの闘いが行われたのである。真の農民に奪われた土地を取り戻し、あるいは少なくとも彼らの隷属状態を取り除くためではなかった。

ブサーワルからタープティー渓谷鉄道に乗った。この鉄道は速度が非常に遅く耐えがたいものであったが、やむを得なかった。ハリプラーへ行くマリー駅からはずっと手前のソーンガル地方で最初の集会を開かなくてはならなかった。このソーンガルはタープティー渓谷鉄道に沿ってあり、バローダー藩王国内にある。農民は虐げられ、悲惨であった。そこから集会を始める考えであった。しかし、バローダー藩王国の支配者はこのことに我慢がならず、我々の集会を開かせまいと考えた。彼らは頭をしぼり、明確な通告を出して集会を禁ずるのはおそらく危険だろうと考えて策を弄した。ちょうど集会の日、早朝にこの地方のすべての村のパテールや村長にたいして国のオフィスに来るようにという知らせを、我々の仲間が集会の日をもはや変更できない時間帯を狙って出した。パテールや村長は国の官吏であるため、オフィスに来ることが必要となった。そして、すべての村長が出てしまうと、農民集会に誰が来るだろうか。現在までここでは農民組合は作られていないのである。素朴な農民はその意義を知っているだろうか。それでも、もしも村の有力者が集会に行けば、他の者も来るだろう。しかし、彼らはオフィスに行ってしまった。その結果、集会が開けなくなった。このようにして、バローダー藩王国の側の対策は成功した。

我々が駅に着くと、インドゥラールジーがすべてを話してくれた。それで、夜は近くの村に泊まることに決めた。泊まる準備は前以てなされていた。この地方にはラーニーパラズ（「森林に住む人々」の意、部族民）の名で知られる部族の人たちが多数住んでいる。この人たちがこの地方の真の農民だ。その指導者ジーバン・バーイー氏が同行した。彼は現在どこか外で仕事をして過ごしていた。しかし、我々を助けるためにやって来たのである。彼と一緒に我々は皆その村に行った。我々がラーニーパラズの状態を尋ねると、彼らはすべてを話してくれた。「ラーニーパラズ改善協会」の名で一つの組織が結成され、彼らの地位向上のための活動をしている。学校などを通じていくらかの読み書きも教えられている。チャルカーの使用も教えられている。サルダール・ヴァッラブバーイー・パテールなどが活動を援助している。『ラーニーパラズ』あるいはそのような名の機関紙も発行している。要するに、この「改善協会」は「社会改革」の組織である。このため、酒などを飲むことを禁じている。

私が驚いたのは、この近くのバールドーリーで農民闘争が行われたことをすべての者が知っているが、ラーニーパラズの人たちは今日も土地を持っておらず、他の者に隷属していることである。彼らはドゥブラーの名で知られている。彼らに土地を与えたり、隷属状態を取り除く闘いをしないで「社会改革」の活動とはおかしなことである。あたかも彼らが「犯罪部族」であるかのごとくである。「犯罪部族」の人たちには宗教の名において改革の活動が行われ、禁酒の宣伝が行われている。ここでも同じである。真の活動をせずにうわべだけの手立てが人々の眼をくらますために行われている。森に住む勇敢な部族がお腹を満たすために社会の寄生者や略奪者に隷属し、指導者たちはその枠の中で「社会改革」の宣伝をしている。これは奇妙なことだ。結婚式などに際してバニヤー商人や酒屋は素朴な農民をそそのかして、金を貸したり、酒を飲ませたりして、後でその借金で農民の土地を奪うだけでなく、世襲的な隷属状態に陥れる。こうした収奪と欺瞞に反対して、彼らのあいだに反抗の宣伝を行うことを我々は望んでいた。この作られた債務を破棄し、いまや我々は誰の奴隷でもないと言おうと彼らに呼びかけなければならなかった。これこそが病にたいする真の薬だ。しかし、偽善的な指導者たちは別のことをしている。実際、そうすることに彼らの利害が絡んでいるのだ。彼らも、商人などであるか、その仲間・手先なのである。

ここから翌日スーラトに行かねばならなかった。汽車に乗ってスーラトに着き、そこで夕方集会を開いた。さらに、まっすぐにパンチマハール県のダーホード市に向かって夜行のフロンティア・メール号に乗り、翌朝に着いた。そこで、一つは、市会からの招待状を得た。もう一つは、大衆集会での演説であった。ボンベイ、バローダーと中央インド鉄道のダーホードには大きな工場があるので労働者の集会で演説しなければならない。しかし、もっともすばらしかったのは、ダーホードから遠い村で部族民ビールの人たちの大集会があったことである。

市会議長はボーラー・コミュニティーのムスリムの紳士であった。しかし、彼がグジャラーティー語で読み、かつ要約して演説した挨拶状は立派なものであった。私もこれに適切に応えようとした。私がサンニャーシーでありながら何故農民の活動に入ったかを、私なりにはっきりと述べた。実際、都市の人たちのお腹は何とか満たされている。それ故、彼らは宗教のことが気にかかる。私も宗教の視点から彼らに説いた。私は言った。神はいたる所にいるが、とくに搾取されている者のなかにこそ見ることができ、そこで探すことによって神は見出される。腫れ物は身体全体に薬をつけることによってではなく、痛い場所に薬をつけることによって特別の安らぎを得る。気持がそこに集中しているからである。その人の気持、精神は実際には身体全体に及ぶものであるが、痛む場所で得られ、捉えられる。神についても同じことが言える。

我々は翌日ビールの集会に行ったが、たいへん興味深かった。場所の名前は忘れた。広場で集会が行われた。たくさんの人が集まり、人また人であった。男の人もいれば女の人もいた。他の人たちもいたが、ビールが大部分であった。子供の頃、聖地ドワルカーへ出かける旅人はダーコールの方向に向かうとダーウド・グハラー（ダーホード・ゴードゥラー）の茂みにぶつかると聞いたことがある。すなわち、ダーホードとゴードゥラーのあいだに茂みが続く、森がある。そこでビールの人たちは旅人に矢を放って略奪すると。私は、ビールは残虐で恐ろしい人たちと理解していた。しかし、彼らの人の良さを知って驚いた。もちろん、多くの人の手には弓と矢の束がたしかにあった。こうした道具に限りない愛着があり、携帯している。彼らは、途中、盗人やならず者、あるいは森の動物に出会う危険があるときにこの弓矢は役に立つと言った。森林地帯である。こうした光景を私は初めて見た。しかし、彼らは身体を揺さぶりながら私の話に熱心に聞き入った。私の言葉は彼らにはわからない。それでも、私は彼らにわかるように話した。彼らの心情を語ったのである。それならば、どうして共感して身体を揺さぶらないであろうか。

我々は、この地方ではずっと前から「ビール奉仕協会」が活動していることをそこで知った。協会に行く時間はなかった。というのは、夕方までにダーホードに戻ることが必要であった。鉄道労働者の集会で話さなくてはならなかったからだ。しかし、帰る途中に遠くから奉仕協会の建物が見えた。奉仕協会の活動はビールの人たちの地位向上と結びついている。協会の活動家には非常に献身的な人たちがいる。我が同志インドゥラールジーも協会に加わっている。この活動はわが国で政治意識が名ばかりであったときに始まった。このため、この協会は社会奉仕の名の下に発足した。しかし、今日、政治意識の大きなうねりがわが国に現れ、それと共に国の経済的な側面も明らかになったとき、このような組織に特別の意義があるかどうかという問題が生じている。もしも意義があるとすれば、活動方法は同じでよいのか、あるいは変えるべきかというもう一つの問題も出ている。ビールの未開の状態はなくなりつつある。時代は転換し、文明の状況の中で呼吸せざるを得ない。どんなに望んでもこの衝撃を免れることはできない。このような状態の下で、経済的なプログラムを基礎として彼らの間で活動することがどうしてできないだろうか。私の考えでは、未開の、そして、「犯罪部族」と言われている部族の間では、いまでも勇敢さは他の者よりもはるかに優っている。そうであれば、経済的なプログラムを基礎として彼らの間で活動を始め、彼らがその意義を理解するならば、権利を求めての闘いにおいて最前線に立つであろう。

ところで、夕方までに我々は集会を終えて帰り、労働者の集会に出かけた。集会は非常に良かった。白い布をまとった紳士たちも多数出席していた。汚れた黒い服を着ている人たちもいた。労働者にはどのような権利があるか、その権利の獲得のために何をなすべきかを私は彼らに語った。集会の後、我々は自分の宿に帰ってきた。

翌日、ゴードラーの近く、その次に来るバイザルプル駅から北の方向にあるジートプラーで集会が開かれた。辺鄙な村の集会であった。遠くから農民が集会に参加した。彼らは我々を熱烈に迎え、会場に連れて行った。鳴り物入りの歓迎と準備に不足はなかった。集会も完全に成功した。集会の行われた土地を、農民は農民アーシュラムを作るために寄付した。今後の恒常的な活動のためにこのような基礎が据えられたことが集会の最大の成果だった。私がたいへん喜んだのは、私のヒンディー語をここの農民もよく理解していることであった。もちろん、私にも農民が理解できる言葉を、それもゆっくりと話す習慣が身についてきた。実際、私は彼らの心情を語っている。このため、彼らにはわかりやすい。ジートプラーから戻って、我々は夜汽車に乗ってマリーに向かった。マリーからハリプラーに行くつもりだった。

マリーとハリプラーの間でもう一つの集会が開かれた。辺鄙な村である。集会は午後開かれた。会議派州政府はすでに成立していた。この集会で初めて話し、後になって各地で繰り返すテーマに触れた。グジャラートとマハーラーシュトラでは債務と高利貸による圧迫の問題がもっとも複雑かつ重要である。ここではザミーンダーリー制はないと言われている。農民は直接に政府と関わっている。これがライヤトワーリー制である。しかし、バニヤーと高利貸は幾重もの利子のわなの中に農民を引き込み、彼らのほとんどの土地を奪い、自分自身がザミーンダール（地主）となる。高利貸は折半あるいは刈分小作でふたたび農民に同じ土地を耕作させる。そして、たとえ作物が不出来でも当然のごとく現金小作料を取り立てる。恐れおののき、虐げられた農民は抗議の声も上げない。刈分小作の現状では、落花生のような高価な商品作物の場合、半分を持ち去って行く。このために農民を隷属状態にしているのである。

それ故、もしもこの負債の耐えがたい重荷を頭から取り除くことができたならば、農民の喜びははかり知れないだろう。もしも彼らの胸からつかえが除かれたならば、少しは息をつくことだろう。私はこのことを知っていたので次のように言った。「近くで会議派の大会が行われている。彼らは、会議派が貧しい者の組織であると主張している。ヴァッラブバーイー・パテールは自分を農民の指導者と言ってもいる。そして今日、このボンベイ州では会議派政府の支配が行われている。彼らの意向によって法律は作られる。それ故、ハリプラーに何十万人という規模で農民が集まって、この途方もない債務が我々の背骨をへし折ってしまったとはっきり言えばよい。我々が法外な利子を付けてお金を払っても、高利貸の帳簿はそのままだ。我々の土地と品位（イジャット）はこのために失われた。我々は奴隷となった。ここには新しい種類の『高利貸地主』が生まれた。このため、会議派の大臣にお願いしたい。どうか、高利貸のすべての書類を自分の所に請求し、ボンベイの近くの海に捨てるか、燃やしてもらいたい。もしも命令をくれるなら、我々がその書類を持ってタープティー河に捨てよう。さもなければ、借金の重荷で我々の生活は破滅するだろう。」

こうした話を聞いているうちに農民の表情が輝いてくるのを見た。集会の仕事を終えて、我々はハリプラーに行くことを考えた。トラックが始終通っているので、それに乗ればすぐにでも着くだろうと考えた。集会場から道路に出てトラックを待ち始めた。こうして何時間も過ごした。その間、何十台ものトラックが通り過ぎた。我々は何度も止まるように合図したが、一台も止まらなかった。やむを得ずジーバン・バーイーと一緒に歩き始めた。彼は、しばらく行けば舗装道路をはずれた所に村があるので、その村で牛車を借りてハリプラーに行こうと提案した。その通りに村の方向に向かい、二〜三マイル歩いたところで村に来た。

村に着く前に、我々はジーバン・バーイーにラーニーパラズや他の農民の状態を尋ねた。彼もラーニーパラズの出身で彼らの状態を正確に語ることができた。一見、彼はガンディーとパテールの熱烈な信奉者であった。彼は以前は会議派の中で活発に活動した。しかし、彼が自分の同胞の苦難について心を引き裂くような話をしたので、我々の血は煮えたぎった。彼は自分の気持をこのように述べた。「もしも誰かラーニーパラズのもとに十分な土地があり、貧しい同胞に農業の仕事をさせるならば、仕事をする者の家族を自分の家の一角に住まわせて、自分の家族の中にその家族を加えるだろう。しかし、もしも高利貸、パールスィー、あるいはパテールが同じ仕事を貧しいラーニーパラズにさせるならば、昼はもろこしのチャパティーと何か野菜をくれるだろう。その中には調味料の名においてとうがらしではなく、ただ、とうがらしの種が入っているだろう。実際のところ、グジャラートではその種を取り出して捨てている。食べない。それ故、高利貸はこの無用の物を貧しい者の野菜の中に入れるのである。夕方になると、二セールのもろこしか一〜一・五アンナーのお金をくれる。」

この後で彼が言ったこと、言いたかったことは非常におぞましいことで、彼の眼には涙があふれた。最後は、自分の同胞の名誉に関わる問題となった。彼は言った。「高利貸の負債に縛られた人たちの若い娘、息子の嫁をも、この悪魔のような連中は強制的に仕事に就かせるために呼ぶ。自分たちのモラルをいかに守ることができるか、あなたにも想像できるでしょう。」彼はこのことを強調して、ドゥブラーの名で知られる貧しい農民、彼らの嫁、娘の名誉も安全でないと言った。

これを聞いて我々は尋ねた。「しかし、我々がしている農民組合の仕事をパテールは気に入っていない。パテールは自分がドゥブラーの人たちのために仕事をしたい、ガンディージーもこのように指示しているというのだが。ガンディージーがこのことについて沈黙しているのはどうしてか。ガンディージーもそれを望んでいるのか。」すると、ジーバン・バーイーは答えた。「この点ではガンディージーに罪はない。実際には指導者たちが面倒を起こしているのだ。」我々はさらに尋ねた。「しかし、ガンディージーが我々の農民組合を好きでないのは明白だ。とすれば、ただ指導者たちの過ちであり、ガンディージーの過ちではないというのは納得できない。もしもこうした状態の下であなたが農民組合に入れば、必ずやガンディージーもあなたのことを悲しむだろう。」すると、どうだろう。いまやジーバン・バーイーははっきりと眼を開き、こう言った。「ガンディージーは自分の仕事をしているし、我々も自分の仕事をしている。我々は農民組合においてこそ農民の地位向上を期待することができる。会議派からは何も生まれない。それ故、もしもガンディージーが我々の活動に怒りを表わしたならば、どうしたらよいか。我々はこの仕事を続ける。」ここで私は、最初にジーバン・バーイーのような農民が農民組合の必要と意義を理解し始めたとき、グジャラートにおいて農民組合は生きた組織になると悟った。何故なら、彼は現在のところ農民組合の活動を見てもいないのである。このことから明らかなのは、客観的な条件は整っているが、ただ主体的な条件—指導者と真の活動家—が不足しているということである。

そうこうするうちに我々は村に着いて、一人の農民の家の入り口で立ち止まった。牛車の準備にかかった。夕方にもなっていた。しばらくして車が用意されてきた。我々はこれに乗って出発した。途中、牛車を引く農民とハリプラーの話をした。会議派大会の会場となるヴィッタルナガルで働くためにここの人たちは出かけるのかどうか、もし行くとすれば日当はどのくらい入るのか尋ねた。彼は、鉄道・道路などで仕事をする者は一〇アンナー手に入ると言った。大会会場でも最初は多少のお金が入ったが、のちに大勢仕事をする人が来ると六アンナーになった。このために騒ぎも起きた。しかし、誰が聞くものか。おそらく嵐でも起きれば聞いてくれるだろう。だが、労働者は飢えており、手に入ったお金で満足している。御者はこのような話、そして他の話もしてくれた。私はこれを聞いて驚かなかった。会議派の指導者たちの気持を知っていたからである。しかし、彼らのこの厚顔無恥、心なさに怒りを覚えた。私は、心の中で、こうした人たちが貧しい者に独立を与えるのだと考えた。ハリプラー大会は農村での会議派大会なのに、農村の人たちは政府の請負業者が与えているような日当すらもらっていない。しかし、こうした力を基礎として、ガンディージーですらも「会議派は卓越した農民組織である」と主張するのだ。私が嬉しかったのは、御者だけでなく村のすべての人たちが、彼の話から垣間見られるように、この主張のうつろさを十分に知っていたことである。

夜、我々はヴィッタルナガルに到着し、そこに泊まった。我々は一八ルピーで一つの小屋を借りた。そこは三つの寝台が入るだけの広さである。これが貧しい者の会議派大会である。ここでは、一ルピー以下では一人一日分のお腹を満たすことはできない。物が高いのは言うまでもない。死刑執行人のごとく商店主は遠慮なく高い料金を取り立てる。村にいるすべての会議派メンバーも同様の状態である。日に日に物価は高くなる。

ところで、我々はハリプラーで自分たちの活動をしなければならなかった。農民の長いデモを繰り出さなければならなかった。しかし、許可なくしてヴィッタルナガルの内部での集会・デモを認めないというパテールの厳格な命令が出ていることを知った。我々には不愉快だった。公道でのデモを禁止する権限はパテールにも、彼の歓迎委員会にも絶対にない。警察や治安官がそのような通告を出さない限り、誰も止められないと我々は主張した。もちろん、通告が出れば法を破ることになるが。しかし、パテールと彼の仲間に警察や治安官の権限はない。彼らの暴挙に頭を下げる理由はない。

その結果、我々と同志インドゥラール・ヤージニクは、他の者とともに誰にも尋ねることなく堂々とデモを繰り出した。二万五千あるいは三万人を超える人たちのデモであった。高利貸からの保護、ハーリー制の廃止などのスローガンが主たるものだった。ハーリー、ドゥブラー、奴隷はすべて同じものである。集会にも大勢集まった。私が議長となった。私のほかヤージニク、スマント・メーフター博士など多くの人たちが演説した。

パテールはこれを見て内心激怒していた。が、どうしようもなかった。このために、何か口実を見つけては自分の心の内を吐き出し、しばしば所構わず我々を嘲笑していた。あるときは、そこで育てられている牛にかこつけて、こう言っていた。我々は決議を提出したり、修正を求めたりしない牛が好きだ。牛は革命も、ザミーンダーリー制あるいは資本主義の打倒も論じない。しかし、ミルクを出している。そのことで我々の仕事ははかどる。こんな具合の話を何度もしていた。

あるときは、大会の議題委員会で理由もなく、そして何の関連もなく、一般的にすべての左翼、とくに私を的にしてパテールが大いにわめいた。すべての人の怒りが燃え尽きるほどであった。このため、我々は騒いで会議派議長スバーシュ・バーブー（スバーシュ・チャンドラ・ボース）にパテールの話を止めるように強く求めた。最初、議長は躊躇し、パテールも気にかけずにわめき続けた。しかし、状況がコントロールできなくなり、ざわめきが増大すると、スバーシュ・バーブーが制止してパテールは突然話を止め、恥をかいた。このようにバールドーリーの地で自分の穴に消えてしまいたいほどパテールの自尊心はへし折られた。

ハリプラー大会の後、数ヵ月が過ぎて、ふたたびグジャラートに出かける機会があった。今度は、インドゥラール・ヤージニクと彼の同志たちが組織的な農民集会をグジャラートのほとんどすべての県で開いた。ハリプラー大会の後、農民によって多くの組織的な闘いが展開され、農民や我々の主だった農民奉仕家たちがとくにバローダー藩王国の厳しい弾圧の餌食となった。彼らのどれだけの集会が刑法一四四条の通告と警察の介入によって止められたことか。それでも闘いは続いた。バローダー政府の法律によれば、地主は農民から現物小作料ではなく現金小作料を受け取らなくてはならなかったが、高利貸から転じた地主はこれを守らない。事実、年に二度の収穫があればその両方において収穫の半分を持っていく。その結果、農民は刈分小作を拒否した。政府は農民と農民組合に感謝すべきであったが、逆に弾圧を行った。実際、政府は金持ちの政府である。このため、政府の任務はどのような状況にあっても金持ちを守れである。法を破っているのは彼らなのに。搾取された大衆が反抗するのは許さない。本当に大事なのは法ではなくて、収奪されている勤労大衆を何としても抑えたいというのが本音である。法律もこうした目的から作られている。しかし、もしも法の規制にもかかわらず大衆が立ち上がるのであれば、この規制以上の過ちが他にあるだろうか。同じ理由から、ザミーンダールや金持ちが法を破っても、政府は見逃している。彼らの金や影響力の下で、政府はそのための口実を見つけ出す。警察は法破りの報告を出すこともない。とすれば、政府に何ができるか。もしもどこか一、二の場所で農民が抗議の行動に出れば、想像を絶することが起こる怖れがある。というのは、「老女が死ぬことへの怖れはない。怖れるのは、それによって閻魔大王に道が開かれることだ。」(25) バローダー農民の闘いはこのことを明らかにした。

アフマダーバードの集会の後、我々はケーラー県に出かけた。インドゥラール・ヤージニクの出身県であるだけでなく、サルダール・ヴァッラブバーイー・パテールの生まれた県である。我々の集会は辺鄙な農村地域で行われた。駅で汽車を降りて何日も村々を巡りながら、ダーコールの近くで鉄道線路を見ることができた。しばらくはトラックで、残りの大部分は牛車で進まなければならなかった。今回、我々はこれまで会議派の影響がとくに見られないような地方に行った。我々はこのことをたいへん喜んだ。経験したことも非常に興味深かった。

実際、ケーラー県の多くの地域にダーラーラーといわれるクシャトリヤの勇敢な部族が住んでいる。彼らはアフマダーバード県でも多数見られる。我々は、政府がこの勇敢な部族を「犯罪部族」としていることに非常に困惑する。

外国政府はつねに人々の間に勇敢さの資質が生まれないような政策を採っている。しかし、残念なことは、会議派政府もこうした汚点を取り除こうと努力せず、ダーラーラーはいまでもそのように見られていることである。以前にガンディージーの『ナワジーバン』紙および『ヤング・インディア』紙を読んで、我々もまた彼らについて誤った観念を持っていた。しかし、旅行を通じてすべてが誤りであることがわかった。この人たちは長い斧を棒に付けて持っており、この斧がダーリヤーと言われる。ダーラーラーという部族の名はダーリヤーを持っていることに由来している。森で木を切ったりするのに簡単に使える。つねに会議派に反対していた彼らは、我々の農民組合を受け入れただけでなく、その活動に非常に積極的に参加した。彼らは農民組合を自分たちの組織と思っている。その証拠を我々はこのときの旅行ではっきりと見た。今日まで高利貸が思いのままにしてきた収奪から逃れる道を彼らは農民組合のなかに見つけたのである。というのは、この点で組合の方針が明確だからである。このために、彼らは会議派からは離れていたが、農民組合に傾いたのである。会議派の方針は漠然としていた。

ケーラー県の村を廻って、我々はダーコールから七～八マイルの距離にある駅カーロールに着いた。ここは良い都市で、商人や高利貸が多数生活している。我々はあまりよく知らなかったが、我々の旅によって彼らの間にある種の恐慌状態が生まれていた。パテールの郎党も黙って座ってはいなかった。我々は彼らの根拠地を攻撃していたのだ。ガンディー主義の根城と考えられていたグジャラートにおける農民組合の強力な前進は、彼ら指導者たちにとってひどく目障りであった。このため、我々に反対して馬鹿馬鹿しい宣伝をし、また我々を反会議派的と決めつけて、パテールの郎党は中間層の人たちを我々に反対するようそそのかしていた。カーロール市は中間層の人たちの活動拠点だった。

もう一つのことが起こっていた。これより先、我々は農村部で何度も演説し、その中で高利貸の収奪をとくに暴露していた。我々は農民のすべての負債を反故にせよと呼びかけた。これによって高利貸の間に動揺が起こるのは当然であった。彼らは自分たちの重大な敵が立ちはだかっていると理解した。もしこのような講釈が農民の間で行われれば、農民は我々（高利貸）の話を少しも聞かず、怖れを知らなくなり、我々は破産に追いやられると考えた。パンチマハール県のグサル村で、のちになって、ジャベール・バーイーという農民がそのような行動をした。他の場所でも同様な出来事が起こった。このため、彼らが怖れ、警戒したのも当然だった。

我々がカーロールに着いたその前日、ある村で一人の高利貸としばらく話したが、彼は私の意見に仰天した。彼がカーロールで騒ぎを作り出した可能性が強い。彼は農民の浪費について不満を述べ、この連中は都会に出てサルーン（理髪店）で髪を刈っている。サルーンはイギリス風の床屋で、紳士然とした髪型をこしらえて高い料金を取っている。高利貸は、この人たちが自分に借金と利子を払わずに金を浪費していることが気に障っていた。それで、私に不満を述べ立てたのである。

しかし、私は苛立って、このようなことがいつも起きているのか、あるいは、ときどきかと尋ねた。彼はときどきだと答えた。これを聞いて、私はこんなことが気に障るのかと彼をとがめた。結局、農民は石ではなく人間だ。彼らにも願望もあれば欲望もある。このため、ときにはそのような望みも満たしている。農民のかせいだ金を利子、負債、小作料などの形で収奪するのも同然のことをしながらサルーンに行って浪費する人たちこそ恥じるべきで、農民ではない。農民が自分のかせいだ金でときどきこのような行動をするのは必要なことである。しかし、あなたは金持ちの行動は気にならず、農民のことは何故気に障るのか。金持ちは誰かを収奪してサルーンに行っているのではないか。これを聞いて、その高利貸はびっくりした。彼は私がこのようなことを言うとは予期していなかった。彼は私をガンディー主義者のような社会改革者と思っていたのである。その結果、私の話を聞いて仰天した。おそらく彼がカーロールに大きな騒ぎを広げたのである。

ところで、カーロールに着いて街の外の、駅の近くの空き地に行った。我々が滞在する準備が前からそこで行われていた。空き地には以前工場があり、荒れていた。町の一、二の有力者、知識人が我々に会いに来た。彼らが我々の集会の準備をしていたことも知った。インドゥラールジーとは古い知り合いだった。中間層の知識人が協力者であることを知り喜んだ。彼らの名で集会の知らせを配った。集会の時間はあかりが灯る夕方だった。我々は心配していなかった。というのは、ひそかな動きや我々に反対するための準備について我々は知らなかったからである。他の者もおそらく同様だったろう。さもなければ、我々に前以て警戒するようにと話していたろう。反対者たちがひそかに準備していたことはたしかだった。

夕方に集会に行くとなると、街中を通らなくてはならなかった。これはどうしたことかと驚いた。密集した家の間をどこに行くのかわからなかった。そうこうするうちに、四方が高い家に囲まれた場所に着いた。その間の空いた場所には白い布をまとった紳士たちが大勢集まっているのを見た。皆が皆立っていた。そこには座るための敷物もないようだ。我々は、この人たちが何かのために立っているのだと理解し、前進し始めた。しかし、ここが集会場だと告げられた。我々は都市の集会、そしてこのような準備（！）に驚いた。我々には何ごとかわからなかった。そのうちに、誰かがこれがスワーミージーだと合図した。我々には合図はわからなかった。しかし、反対者たちは誰かの合図でわかるように用意していた。

もう語る必要もあるまい。我々に座れと言う者はいなかった。誰も話さず、四方から「シー、シー」という奇妙な声が聞こえ始めた。そのような声を我々は初めて耳にした。我々はこれまで何度も農民集会を開いていた。反対者の集会で演説したこともあり、ハリプラー大会の前にスーラト県のビリモーラー駅から遠く離れた町でも集会が開かれ、そこではガンディー主義者であふれていた。それでも、今回のような状況はなかった。彼らは丁重に敬意をこめて我々に質問し、我々はこれに答えた。しかし、ここではそのようなこともなかった。「シー、シー」、「フー、フー」と言ったり、からかったりして我々が逃げ出すのを待っていたのである。嘲りの言葉も吐いていた。ある者は、これまでもよくあったように間接的な形で、我々にサンニャーシーのあるべき姿を教えていた。

最初、私とヤージニクは二人とも驚いた。しかし、その後で、ともかく何とかしなければならないと考えた。たとえ殴られても集会を開いて退こうと。やがて、我々二人は壁に接している壇の上に立ち、まずヤージニクが話そうとした。始めは、彼らは聞こうとはしなかった。「シー」という声が続いていた。しかし、私もヤージニクも、子供でもなければ疲れるような人間でもなかった。それ故、ヤージニクは話そうとし続けた。その結果、妨害している方が疲れて聞かざるをえなくなった。結局、いつまでも妨害してはいられない。疲れるのは当然だ。我々には神聖な目的がある。それに熱を入れれば疲れを知らない。目的は偉大なものである。搾取され、虐げられた者の地位の向上が我々の目的だ。我々には不動の信念がある。どうして疲れようか。それだけでなく、このような妨害によって逆に我々の勇気も増大する。しかし、反対者には偉大で神聖な目的はなかった。どうして疲れないことがあろうか。

彼らが黙ったとき、我々はさらに元気が出た。すると、インドゥラールジーが力強い演説を行い、徐々に聞く者を引き込んだことは言うまでもない。結局、彼もまたケーラー県の人だ。カーロールの多数の人たちがインドゥラールジーの献身、大衆への奉仕をよく知っている。彼は長い間ガンディージーの私設秘書であった。教育を受け、弁護士試験にパスした後で貧しい者への奉仕に自分の身を捧げるようになった。結婚もしないほどである。こうしたことをケーラーの人たちに隠すことができるだろうか。そのようなわけで、彼は反対者を穏やかに考え直させた。

次に私の番となった。私は立って演説を続けた。私は、会議派の見解や決議によって彼らを恥じ入らせるのがよいと思った。このため、会議派の選挙声明、ファイズプル農業決議、ラクナウ大会決議に言及して彼らに言った。もしもあなた方が会議派の信奉者であるならば、ただちに農民を負債、ザミーンダールの圧迫、そして増大する小作料の負担から解放しなければならない。あわれにも彼らはどんな決議があるのか、指導者たちが会議派の見解に反する活動をしていることを知らなかった。彼らはただ言われた通りのことを信じて、私を会議派の反逆者と決めつけていたのだ。私は彼らに尋ねた。誰が罪を犯し、誰が罪人となったのかと。さらに問いかけた。私の話した一つでも反駁できるのなら、私は甘んじて敗北を認めると。私は長い間話したが、静まりかえった。いまや誰も抗議の声すら上げなかった。私の話の後、土地の紳士も話して集会は終わった。

後になって、「シー、シー」と言っていた人たちは自分がだまされていたのを知った。私が彼らだけでなく彼らの偉大な指導者たちをも批判したとき、彼らにはなすすべもなかった。実際、狡猾な人たちは中間層の人たちを迷わせて自分の目的を達成しているのである。この場所で、中間層の人たちがいかに危険で、いかに彼らが無原則にこちらからあちらへと転がるかをはっきりと見た。最初は彼らは私の敵だった。後にこのように傾いた。何をかいわんやである。ともあれ、彼らのお陰で我が農民組合の威信は高まった。

20　会議派農民調査委員会のこと

会議派ラクナウ大会の後、一九三六年にビハール州会議派運営委員会の会合が開かれた。私も出席した。ラクナウ大会では農民の状態の調査を求める決議が採択され、州会議派委員会にたいし、それぞれの州で農民の苦しみが減り、安らぎを得るにはどのような改革が必要かを盛り込んだ調査報告書を要求しており、これに関連してこの特別の会合が持たれたのであった。その会合では農民調査委員会を作らなければならなかったし、実際に作られもした。長い間、意見の交換、討論が行われた。問題は複雑であった。このため、委員会の仕事は容易でなかった。最後に、九人のメンバーの委員会を作り、調査の仕事をただちに始めることが決まった。そうすれば、会議派ファイズプル大会の前、一二月には報告書が用意できるはずであった。

ところで、メンバーを誰にするかの問題が生まれた。会議派運営委員会に加わっているビハールのすべての主要な指導者を調査委員会のメンバーにすることが必要であったし、そのようにもした。しかし、困ったことが起こった。私もまたビハール州の会議派運営委員会のメンバーであった。同時に、農民にかんして私以上に知っている者はいなかった。調査委員会に入って、これまで隠されていたザミーンダールの横暴について光を当てるような事項を、私は農民に尋ねることができた。どこで何をいつ質問するかについても私が一番よく知っていた。それだけではない。報告書を準備するに際して、農民の側に立って報告書に影響を与えることができた。私を除いては、残りの者はザミーンダールの支持者か、あるいは、せいぜい両者の仲介者であろう。しかし、もしも農民を少しでも幸せにしようとするのであれば、全部で九人のメンバーのうち、農民のことを正確に知り、彼らのすべての問題を理解する人が一人入ることが不可欠である。私が調査委員会に加わらないでよいという理由はない。私がメンバーになるのを阻止する元気が誰にあったろうか。結局、翌年初めに行われる州議会選挙において農民組合の支援も会議派にとって必要であった。このためにも私をメンバーにしておかなければならなかった。

しかし、バーブー・ラージェーンドラ・プラサード自身ジレンマに陥って右往左往するとは思ってもみなかった。私も他の者も私が調査委員会に入るべきだ、それ以外にないと理解していた。しかし、ラージェーンドラ・バーブーが、抑え気味の声で、スワーミージーがいるとザミーンダールと政府はともに、調査委員会の報告書は名目的にはどうあっても実際には会議派のものではなくて農民組合の報告書だと言うだろうと発言したとき、この人は何を考えているのかと驚いた。しかし、彼はさらに、我々は誰にもそう言わせる機会を与えたくないと言った。我々が望んでいるのは、誰の眼にも我が報告書の価値と意義があることだと。いまや私は一層驚いて、彼に尋ねた。あなたは何たる理屈をこねているのか。九人のメンバー中、私だけが農民組合に属している。他の者は生粋の会議派メンバーであり、ザミーンダールとザミーンダールの友人である。それでも、この人たちの価値がなくなり、私だけのために報告書が農民組合の報告書になるのはどうしてか。ラージェーンドラ・バーブー自身委員会に入っている。それなのに、私を前にしては彼も何の価値もなくなるのか。農民組合、あるいは私の重要性が政府とザミーンダールの眼にはそんなに増大したのか。私は聞いて驚いた。

私のこうした疑問に彼らは何と反論したか。何かあればの話ではあるが。そして、もしも農民組合あるいは私の重要性をこれほどまでに認めるのならば、会議派についてはどうなのか。会議派を最高位に置くべきであった。すると、どういう理屈で回答したか。彼らはこう言い出した。あなたがいると、報告書は全員一致とはならない。報告書の価値を高めるためには全員一致が必要である。これを聞いて私は反論した。報告書が全員一致とならず、報告書作成では私の対立意見が当然出るといまからどうして考えるのか。私はといえば、長い間会議派運営委員会のメンバーであり、その席上多くの複雑な問題が出てきた。農民についての多くの問題もしばしば出ていた。しかし、私が対立したという機会が一度でもあったか。あるいは、私が最終的に別の意見を出したということもあったか。議論をしたかどうかは別問題である。それでも、最後には我々は一致した。にもかかわらず、もしもあなた方がいまから調査委員会の報告書は必ず私の報告書になると考えるのであれば、残念だが、その背後に何か他のことがあると勘ぐりたくなる。

私は何ごとかといぶかる。

もう一つ、私が他のメンバーと意見が対立したとしよう。それでどうなるか。よくあることだ。すべての委員会の報告書は一致して書かれているか。おそらく九九%、決して一つの意見にはなっていない。辛うじて百のうち一つの報告書がそうなるだろう。最初に、意見の一致しそうなメンバーを集めることが行われているか。逆に、我々が見ているのは、しかも、いつも見ているのは、このような委員会ではとくに様々な意見を持つ人たちが集まっているということである。それだけでなく、様々な意見を持っている人が委員会にいるが故に報告書の価値、重要性は大きい。それなのに、あなた方は逆のことを話している。結局、あなた方のこの調査委員会はとくに変わったものでもない。とすれば、報告書が一つの意見にまとまらないというのはなんら不思議なことではない。

いまや、誰も発言する余地がなくなった。皆黙った。皆の隠し切れない感情や、とくにラージェーンドラ・バーブーの表情から非常に困ったことになったという気持がはっきりと読み取れた。私が調査委員会に入ることを彼らは望んでいない。しかし、彼らにとって厄介なのは、私自身が拒否しない限り、私を入れざるをえないことであった。どうしてこんなことが起こるのか私は理解に苦しんだ。報告書を用意せず、発表もしないことで彼らに罪の意識があるとは思われなかった。ただ選挙の前に見せかけの調査をして、票を得るために農民をだましたいだけであった。後に、彼らが報告書について触れることさえ禁じたとき、そのことは暴露された。それだけでなく、私が後に彼らの状態を見て、ファイズプルで開かれた会議派全国委員会でこの問題を提起したとき、彼らはひどくあわてた。私はその席でも彼らを責め立て、この問題への言及すら禁じられていたと話した。

もちろん、この状態を見て私はこう言った。もしもあなた方が望むのなら、私はメンバーになるのを辞退すると。もしそうしなければ調査委員会が作られないだろうし、後で、皆が私に責任をなすりつけ、自分たちには落ち度はなかったと装うだろう。だが、私はそのようなことを許さない。それ故、私が退く。しかし、あなた方が望んだ報告書を出版し、私がそれを認めることがどうしてできようか。私には、報告書の準備の前、そして出版の前にも議論をして、可能な限り少し別の形になるように十分な機会が与えられるべきである。これに関して皆がそうすると一斉に声を合わせた。調査のときにもあなたはいてよい。調査活動を終えて報告書を書く前には、委員会は一度あなたとすべての事柄について十分相談して、あなたに報告書の作成に関与する機会を与えよう。報告書ができて出版する前にも、あなたの手元にコピーを一部必ず送る、そして、もしもあなたが望むならば、委員会とふたたび議論してそれを反故にするなり、変更するなりできるだろう。それを聞いて、私はありがとうと言った。私はそれで満足している。ここまで来てようやく、ラージェーンドラ・バーブーや他の者のジレンマは除かれた。

ところが、今度は別の問題が生まれた。選ばれたメンバーの中にパトナーとシャーハーバード両県の者が一人もいなかった。農民問題を考える上でこの両県は重要な意味を持っている。実を言えば、私にはこの点はそのときもわからなかったし、いまも理解できないでいる。もしもすべての県のメンバーがいなければどうなるか。私は、自分の県の農民問題に十分な知識を誰が持っていたにせよ、それに関心を持ち続け、つねに探求し続ける者こそが知識を持っていることをよく知っている。一方、その県の農民問題に関心がなく、そのための暇もない者にとってこの問題はどのような意味があるのか。全部で一六県から成るビハール州についてわずか九人のメンバーの調査委員会が作られたとき、ある県についてどうして誰もいないのかという問題が出てくる。誰かの名がメンバーの一人として新聞に出て、名声を得るというのは別問題である。たとえこうした視点からでも、パトナー、シャーハーバード両県出身の誰かをメンバーとして出さなければというのならそうしたらよい。

しばらくして、誰かがバーブー・ガンガーシャラン・シンはパトナー県出身だと言った。彼をどうしてメンバーにしないのか。これを聞いて、ほとんどすべての者が結構、結構と言った。最後に、彼もメンバーにし、彼とバーブー・クリシュナバッラブ・サハーイ[26]の二人を調査委員会の書記にすることが決まった。私は黙ったまま驚き入っていた。バーブー・ガンガーシャラン・シンはビハール州会議派社会党の行動委員会のメンバーでもあり、生粋の社会党員と思われている。一方、私は農民組合のメンバーであるが故に調査委員会に入るのは危険だと思われている。しかし、社会党は本当に革命を成し遂げる者と理解されている。革命に至らぬことはしない。それでも、ガンガー・バーブーをバーブー・ラージェーンドラ・プラサードと彼の仲間は承認しただけでなく、自ら彼の名を提案した。社会党員は認めるが、私のように社会党員になることを求めない者は認めないというのは奇妙なことだ。このことは今日まででいつも不思議に思っている。それだけでなく、私が社会党の指導者ジャヤプラカーシュ・バーブー[27]にこの話をすると、彼も、ガンガー・バーブーは社会党員でもあり、どうして認められたのだろうかと答えた。この疑問はいまでも心に残っているが、いつまで続くか誰にもわからない。

21 牛飼いの兄弟をめぐる寓話

ハザーリーバーグ監獄で今回非常に興味深い出来事に出遭った。我々はここでヒットラーの勝利を喜ぶ何人かのガンディー主義者に会った。ヒットラーがインドにやって来て、農民組合と労働組合を抹殺するという理由からだけであった。ヒットラーのソ連侵攻にも彼らは一層喜びを表わした。その喜びは、ソ連が今度は負けた、また負けたと言い始めるほどであった。彼らは、ヒットラーのインド侵攻によって自分たちの状態がどうなるか考えているのだろうが、何を考えているのか我々にはわからなかった。農民運動がなくなるということで喜んでいるのだ。ヒットラーのインド侵攻で自分たちもおしまいになることは考えてもいなかった。心配があるとすれば、農民運動をいかに一掃するかだけであった。疑いもなく、彼らの中のある者は「自治」を獲得することを望んでおらず、心配なのは「自治」を守ることであった。彼らは自分たちの「自治」はすでに出来上がっていると思っている。ザミーンダーリー領は大きいし、お金も大分たまっている。豪華、豪勢はたいへんなものである。農民にたいする威厳も十分に保っている。それなのに、誰がもっと「自治」をと言うだろうか。彼らは「自治」をこのように理解していた。彼らが怖れているのは、彼らのこの「自治」を農民や虐げられた人たちが奪ってしまわないかということである。このため、彼らは、会議派やガンディージーの尻尾をつかんでこの災難を乗り越えるために監獄にやって来たのである。というのは、ここに来れば、牛の尾がヒンドゥーを三途の川に流されることから救うがごとく、ガンディージーと会議派の両者が彼らの「自治」を守ってくれると信じているのである。

しかし、彼らの中でザミーンダールでも商人でもない者が同じ気持を持っていることには哀れみを覚え、苦笑もした。ヒットラーの侵攻によって彼らが自らの「自治」をいかに獲得できるのかわからなかった。おそらく、彼らは自分たちの「自治」のことは構わなかった。彼らが監獄に来たのは、自分たちの主導権が危機に瀕している、奪われようとしているという理由からであったろう。もしも彼らが主導権を守れるとしたら、何の不足があろう。それによって生活していけるだろう。今日、指導者たることも一つの職業となった。しかし、たとえヒットラーが来て、その主導権を奪われたとしても構わない。同時に農民組合もなくなるのだから。彼らはそれだけで満足なのだ。「自分が死して、他の者に打撃」とか、「敵の二つの目を潰すには、自分の眼を一つ潰せ」と言うではないか。(28) 会議派は博物館か動物園だということがはっきりとわかった。そこには、いろいろな生き物が見られるのだ。植民地インドの困難な状況の故にこうした状態が存在する。というのは、全国的組織以外のいかなる組織もイギリスに致命的な打撃を与えることはできないし、闘いで勝利を収めることもできない。このため、会議派を何としても強化することがすべての良識ある人間の義務である。イギリス政府の精神や態度と闘わざるをえない。こうした状況に余儀なくされて会議派の特性や考え方が生まれてくる。しかし、会議派にはいろいろな人たちが出てきた。

ハザーリーバーグ監獄では、一日に一〇アンナーが食費として得られる。衣類、歯ブラシ、歯磨き粉、石鹸などが別に手に入る。それでも、一人の「しがない」ザミーンダールは怒ってこう言った。「苦難を味わうために我々ザミーンダールは存在する。それなのに、農民は独立獲得やザミーンダーリー制廃止などとわめいている。なんと真っ暗闇の世の中か。」ザミーンダールが「苦難」を味わっているとは。何も言うことはない。一〇アンナーを使うのも苦労か。彼にはおそらく歯磨き粉やブラシなどを使う機会が娑婆ではなかったのだろう。毎日一〇アンナーをそれとなく使うのも厄介とは。もしも金額がときに上下するというなら別だが、毎日きっかり一〇アンナー貰えるのである。それが苦労とは。釈放の日、彼が三〇~四〇ポンド体重を増やしたか、多少減らしたかは知らない。彼に関して我々はただこう言いたい。農民は彼に監獄の苦しみを味わえとは言わなかった。彼は自分の意志で来たのだ。それならば、どうして農民が彼に好意を持つだろうか。私にはわからない。事実は少し別であった。ザミーンダールは、以前、「自治」は農民とザミーンダールの連合したものとなる、だから利益の配分に際しては我々農民をグワーラー（牛飼い）の弟のごとくだまそうと考えていた。しかし、農民組合がこれを暴露し、連合による「自治」はあり得ないと言い切った。ザミーンダールはこれに怒っているのである。

ある村に二人の兄弟のグワーラーが一緒に住み、労働し、食べていた。兄貴は非常に狡猾であった。彼は働いてはいなかった。働いて苦労するのは弟であった。しかし、飲食は兄が先にしていた。それでも弟は気にしなかった。しかし、結局こんなことは長続きしないものだ。ついにある日、弟が怒って、別れさせてくれ、一緒には住みたくないと言った。兄は最初そんなことのないようにと大いになだめた。しかし、弟は言い張った。このため、やむを得ずすべての物を分けなくてはならなかった。他の物は難しくなかった。しかし、一〇～一五セールのミルクを出す最近子供を産んだ水牛が問題である。この水牛をどう分けるかという問題が持ち上がった。ポットやお盆は一つ一つ分ければよい。穀類やお金なども同じように分けられる。しかし、水牛は一頭だ。二頭いれば別問題。さあ、どうしよう。二人とも即座には名案を思いつかなかった。しかし、兄貴は頭が良い。解決策を提案した。水牛の半分はお前のもの、あとの半分は俺のもの、二人が家を半分ずつに分けたように。弟は認めた。さて、水牛のどの部分を誰が取るかという問題が持ち上がった。

ここで、兄がずるさを発揮して弟に言った。「お前のことを心配している。だから、ここでもお前がいい所を取れ。知っているだろう。水牛の口がどんなにきれいか。どのように食べ物を反芻しているか。角がどのように輝き、どのようにひるがえっているか。耳、眼なども鑑賞に値するものだ。それとは逆に、尻の部分はなんと汚い。いつも糞や尿がくっついているし、これを毎日洗わなくてはならない。水牛はたえず糞や尿を出す。一日でも取って捨てなければ、牛のいる所は地獄と化す。しかし、お前のためにやむを得ず水牛の後ろの半分をもらい、糞尿を捨てよう。お前は前の方を取れ。」ここで分割は終わった。結構なことではないか。弟は承諾した。

いまや、弟は毎日たっぷりと水牛に飲食を与え、兄はゆったりと朝夕ミルクを搾って飲んでいた。こんなことが何日か続いた。この間、弟はダヒーやミルクを見ることすらなかった。ときどき動揺したこともたしかだが、根が素直でどうしようもないと諦めた。分割は終わってしまったのだ。そして、また働き始めるのだった。このようにして、弟が働いて苦労すればするほど、兄貴は一層楽をするのである。なんとすばらしい裁定。なんとうるわしい愛情を兄貴は弟に注いだことか。素直さの故に弟はなんと「不当な利益」を上げたか。しかし、この闇は続かなかった。どうして続こうか。

ある日、弟の知り合いの賢い人が彼の家に来た。弟はもてなした。食事もおいしく食べさせた。しかし、ダヒー、ミルクがない。客は、最近出産をしたきれいな水牛が戸口につながれているのを見て驚いた。ミルクもたくさん出すだろうに。この人は私の本当の友人でもある。なのに、私にミルクもダヒーも出さない。注意して見回すと、この家にはどちらもないのがわかった。一体どうしたことか。彼は弟に尋ねた。弟は答えた。「たしかにその通りだ。水牛もいる。しかし、財産分割に際して私は前半分を取り、後ろは兄貴のものだ。それでは、どうして私がミルクを手に入れられよう。はあ、角などの美しさで満足しています。糞尿の処理を免れています。何の不足がありますか。兄は好意で前半分をくれたのです。兄弟とはこういうものです。」これで客はどんな策略があったかを理解した。

その客は弟に言った。それならば兄貴はミルクをどうして搾るのか。もしもお前が前の部分に飲み食いさせるのなら、兄貴には後ろの部分の糞尿の処理をさせろ。お前が働いて水牛に食べさせるのに忙しくて疲れ果て、彼が甘い汁を吸うとは何ごとだ。一つの仕事をお前がするときには、彼も同じことをすべきだ。水牛のミルク搾りの仕事を彼がどうしてするのか。行ってどうして止めないのか。二人とも十分に仕事をしなければならない。というのは、分け前は平等なのだからな。客のこの話は素直な弟に理解できた。その前に客はミルクの配分などの話をしたが、話は結構であっても弟の頭の中には入らなかった。

我々は、農民が農地を耕し、種を蒔き、収穫するのを見てきた。しかし、ザミーンダールが指示しない限り、一粒の穀物にも手を触れることができず、家畜だけでなく子供も飢え死にしている。もしも、農民にどうしてこうしているのか、どうして飲んだり食べたりしないのかと聞けば、とんでもない、どうしてそんなことができますか。そうしたら罪になりますと言うだろう。ザミーンダールがこれに関わっていますからと。しかし、どう考えても、ザミーンダールは何もしていない。土地はザミーンダールが作ったものではなく、神様の創造したものだ。この土地にどれだけの所有者が生まれては去ったことか。「力ある者が土地を支配する。[29]」しかし、農民の頭には何一つ入らない。それは宗教、罪、分け前の亡霊が彼らを痛めつけているからである。こうした状況がグワーラーの弟についても言える。そして、簡明な話は農民の心に入り、農民も聞き分けることができるのである。

　そこで、弟は急いで兄の所に行き、ちょうど乳搾りをしていた彼に言った。「兄さんは余分な仕事をしている。私の一つの仕事は水牛に餌をやること。兄さんのする一つの仕事は水牛の糞尿の跡をきれいにすること。なのに、どうしてもう一つの仕事をするのですか。以前はわからなかったが、たったいま気付きました。だから、兄さんにこの仕事はさせません。さもなければ、その代わりに一つ仕事を下さい。」

　これには兄貴も困った。しかし、考えて話した。「後ろ半分は私のもの、前半分はお前のもの。それぞれの分の仕事をするのだ。それを止めることはない。仕事を分けたのではない。我々は水牛を分けたのであり、二つに分けたのだ。もしもお前がなんとしても仕事をしたいのなら、水牛の顔や眼に油を塗ったり、角にも塗ったらよい。あるいは、俺が乳を搾っているとき、水牛の顔から蝿や蚊を追い払ってくれ。それだけだ。他に何か用があるか。」

　これを聞いて、反論できずに帰り、客にすべてを話した。これにたいして客はがっかりするなと答えた。「いまや仕事ができた。兄貴が話した前の部分の仕事は彼のためになるものだ。そのことでミルクを搾るのが一層容易になるからだ。しかし、兄貴が乳搾りの仕事を始めたとき、この仕事をするかしないかお前に聞かなかっただろう。後ろの方が彼のものだから、その部分でしたいことをしているのだ。搾ることによって彼には利益がある。だから、その仕事をしている。同じように、お前も自分の利益になることを前の部分でやれ。兄貴に尋ねることもあるまい。」

これを聞いた弟は、わかった、どんな仕事をしたら私の利益になるのか教えてほしいと尋ねた。客は答えた。「兄貴が乳を搾るために座ったら、水牛の顔をひっきりなしに棒で叩くのだ。水牛は興奮して逃げ出し、兄貴は乳搾りができなくなるだろう。」弟はこの話が気に入ってすぐさま、「これは良い」と言った。この後、乳搾りの時間の前に棒を用意していた弟は、兄が搾る準備を始めると掛けつけて牛の顔をひっきりなしに棒で叩き始めた。兄貴が仰天し、「ヘイ、ヘイ」と言って止めようとしている間に、水牛はどこかに行ってしまった。兄にはこの出来事の謎がわからなかった。弟に聞くと、顔は私のものではないかという答えがはね返った。兄貴が自分の分け前の部分に思い通りのことをいままでやってきたように、私も自分の分け前にしたいことをしたまでだ。それなのに、「ヘイ、ヘイ」と言ったり、腹を立てる問題か。兄は、弟の気がおかしくなったのではないかと思った。彼は、弟に、わざと、しかも暴力を振るって水牛を困らせるのは良くないといさめた。もうこんなことはするまいと兄は思った。しかし、次の乳搾りのときも弟はまた棒を振るい始めた。尋ねると同じ答えが返ってきた。

そのとき、ハッと思い当たった。何か話が怪しいようだと考えた。弟の背後には深謀遠慮の人間がいるに違いない。さもなければ弟は単純な人間だ。自分では決してこんなことは思いつかない。そして、探ってみると、弟の頭の良い友人が知恵を授けているのを知った。いまや、半分のミルクを持ち帰らぬことには承知しまい。いまとなっては、私の策略も成功しない。このため、兄は降参して弟に言った。「どうしていざこざを起こすのか。水牛が弱っては誰もミルクは得られない。お前も俺も。さあ、今日からあるだけのミルクの半分は必ずお前に分けてやろう。何故お前はミルクが半分欲しいと以前に言わなかったのか。そのときに、俺はお前の言い分を認めていただろうに。」

弟はこれを聞いてたいへん喜び、自分の友人の所に行き、あなたの教えてくれた方法が当たったと話した。いままでは、私は毎日ミルクを搾った後で半分を手に入れる。あなたのやり方はとてもすばらしく、また簡単だった。友人は、このあわれな人間の奪われていた権利が得られたのかと喜んだ。

農民組合もまた、自分のかせぎを手に入れ、自分の家族を養うことができるような簡単な方法を農民に話した。ザミーンダールはこのために農民組合に不安を覚え、ののしった。ザミーンダールは共用の水牛のように連合の「自治」を望んだ。後になって、兄貴が甘い言葉でだましたように農民をだますためである。農民組合はこのだまし討ちについて前以て農民に警告していた。はっきりと、連合統治は偽善だと言った。注意せよ。農民とザミーンダールの「自治」は「連合」でもなければ同じでもない。別々のものとなる。農民の「自治」はザミーンダールの「自治」ではなく、ザミーンダールの「自治」によって農民は殺されるだろう。水牛の例で見たように。

ザミーンダールとその仲間は農民がいまや目覚めたことを後悔している。農民は、ザミーンダールとその仲間の助けで農民の「自治」が得られると認めるつもりはない。農民は自らの献身と勤勉によって農民の統治を樹立することを考えている。監獄にいる「しがない」ザミーンダールが苛立つのはこのためである。

22 宗教・政治・社会

監獄の中で、我々は他にも興味深いことを見ることができた。農民組合のメンバーは、農民の経済闘争を通じて彼らの権利を手に入れることができると確信していた。彼らの自治もまたこのようにして得られると。農民組合はまた、農民の間に宗教賛美が行われている所ではすべてがぶち壊しになったと思っている。宗教については、信仰する人は信仰し、そうでない人は信仰しなくてよい。宗教を信ずるか信じないか、信ずるとすればどの宗教をどのように信ずるかということは、それぞれの人の個人的な事柄である。ヒンドゥー寺院、イスラームの礼拝堂、あるいはキリスト教会に行くか行かないかの判断は、それぞれの人が自分のために自ら下さなくてはならない。農民組合はこの問題には絶対に関わらないし、遠く離れているだろう。そうでなければ、すべてはぶち壊しになる。農民、労働者、その他搾取された者の闘いでは、パンディット（ブラーフマンの学者）、マウルヴィー（ムスリムの学者）、キリスト教の牧師に介入する余地を与えることは望んでいない。彼らが農民問題で「場違いの人間」になる機会を与えるべきではない。そうでなければ、出来上がった仕事までも駄目になる。というのは、宗教問題が入ってくるや、農民組合のメンバーは話す権利がなくなり、パンディットやマウルヴィーが突如現れるだろう。彼らが宗教を握っているのだ。そこでは、誰が他の者の言うことに耳を傾けよう。

我々は、今回、監獄でこのことについての厳しい経験をした。ガンディージーの名において監獄に来て、自分を完全なガンディー主義者と思っている人たちは、独立の問題で闘っている者の前に、何度も何度もすべての事柄を宗教の形で持ち出した。そのことによって、ガンディージーが国の利益をどんなに損なっているかをはっきりと示した。政治の中にいかなる宗教にせよこれを崇高な理想の姿として混入させることによって、どんなに災禍をもたらすか、それを我々ははっきりと見た。政治あるいはパンの問題を純粋に世俗的なことと考えることがどんなに良いか、我々は十分に見ることができた。

チャンパーラン県のメーフシー警察署管内に住むムスリムの紳士がサティヤーグラヒー（ガンディーの唱える「真理の闘い」の実践者）として監獄に来た。上から下までカーディー（手織綿布）を身につけていた。簡素な人で、見るからに生粋の農村の出という印象だ。ドーティーとクルターをまとい、ガンディー帽をいつもかぶっていた。五～六ヵ月の間、彼がガンディー帽をかぶっていないのを見たことはなかった。一度は彼は監獄の着物も着ることを拒否したという話まで耳にした。着物がカーディーで作られていないという理由からだった。ガンディージーが監獄ではカーディーを要求せず、手に入った衣類を身につけることを認めるという指示を出していたにもかかわらずである。チャンパーランの有力なガンディー主義的指導者が彼を説得すると、あなたとガンディージーはどんな衣類を身につけていようとも大丈夫、しかし、私はその器ではない。それなのに、どうしてそのような期待を私にするのかと反論した。後に、彼はやむを得ず監獄の衣服を身につけた。しかし、彼がどんなに完全なガンディー信奉者かの十分な証拠を得た。彼のお祈りが完全なこともすべての者が見た。ガンディージーは宗教の意義を強調している。それならば、どうしてそのようにならないはずがあろうか。しかし、宗教がいかに闇であるかの証明を見たのは、彼が宗教的な敬虔さで一度カーディーを着ると、ガンディージーが何度繰り返そうとも、強制されない限り他の衣類を身にまとおうとしなかったときである。政治の中に宗教を持ち込もうとするガンディージーも、この男が彼の言うことを守る用意がなかったことを知らなければならない。ガンディージーは、自分の支持者たちに、彼の言うことを守らないが宗教の理屈はこねるという武器を宗教の名において与えてしまった。この両刃の剣は二つの方向に向かうことを、ガンディージーは覚えておいてほしい。この人物のもっともらしい理屈は、一度カーディーを着ることが宗教的規範となった以上、どうしてそれを止められるかということである。ガンディージーに忘れてほしくないのは、一般の人すべてがガンディージーの英知を持っていて宗教の複雑さを理解できるわけではないということである。このため、宗教は非常に危険なものとなる、とくに世俗的・政治的問題では。

先に進もう。この人がハザーリーバーグ監獄に来てその一～二日後、あるムスリムの紳士が、一人のムスリムが入って来ましたと言って私の所に来て、彼についての話をした。ガンディー主義者のムスリムは倉庫でその人を見ると、「自分にムスリムの手で料理した食物を食べさせろ」と落ちつかなそうに言った。「これまで果物や花類だけを食べてきて飽きあきしている。皆が皆ヒンドゥーだ。彼らの手で料理した物をどうして食べられるか。お前はムスリムだ。自分の食事を別に作らせているだろう。だから、私もそれに加えてもらえればありがたい」などと言った。私にこの話をしたムスリムもその言葉を聞いて驚いた。実際、驚いた話である。一般的に、この監獄では、何人かを除いてすべてのヒンドゥーがムスリムの手で料理した物を食べてもなんら支障のないことを見てきた。多くの者がとくに理由もなくムスリムの料理人を置いている。このため、彼の話に驚く十分な理由があった。しかし、私は聞いて笑った。そしてただちに、ともあれこれぞ偉大な神様のためだと理解した。ところで、このムスリムのガンディー主義者がムスリムの炊事場で多くの仲間とともに長い間食べていたのを、私は自分のこの眼で見た。

もう一つ別の同じような出来事を聞いてもらいたい。州上院議員のヒンドゥーのザミーンダールがこの監獄にいた。それまで私は何も知らなかったが、のちに、多くの事柄との関わりのなかで、もしもムスリムが彼の飲食物の近くを通るか、それに触れるならば、彼はこれに手をつけないということを知った。彼は自分の食事を一人の人間に特別に作らせていた。表面的には彼は頑固なガンディー主義者であった。ガンディージーに反対するひとことにも耳を傾ける用意はなかった。農民組合あるいは社会主義の敵であることは言うまでもない。しかし、ムスリムとの接触も躊躇するほどの「宗教の信奉者」であった。ムスリムの影で食事するのは穢れとなった。私にとっては理解しがたいことであった。私も食事を自分で作って食べているし、飲食については浄・不浄観の規制を守っている。しかし、ムスリム、キリスト教徒、あるいは「不可触民」と言われている者が触れることで食べ物が食べられなくなるという意味ではない。私の浄・不浄観は宗教とはなんの関わりもない。もしもときにムスリムや「不可触民」が私のチャパティー、ご飯に手を触れたとしても、私はこれを食べる。しかし、いつもそうしているわけではない。というのは、一般的に人々の内と外の清らかさについて、誰がどのようであるかどこまで知っているか、不確かであるからだ。誰が憎むべき行為をしたか、しなかったか。誰が伝染病にかかったか否かを知ることはできない。このため、一般的に、私はよく知らない人が触れた物は食べないのである。これが私の浄・不浄観の核心である。

しかし、私はこのガンディー主義者をよく知っているが、彼は私のような浄・不浄観を守っているのではない。彼にはそのようなことはできない。彼の浄・不浄観は一般のヒンドゥーのそれと同じである。あるムスリムの紳士—私のことを非常によく知っているマウルヴィー—が彼を見つけると、そのガンディー主義者は私の例を挙げてごまかそうとした。しかし、マウルヴィーはこれを許さず、ついに彼を黙らせた。

第三の出来事も聞く価値のあるものだ。監獄の中で、何人かの有力者がシュリー・クリシュナ生誕の日を宗教的に祝う準備をしていた。私一人を除いてすべての者がこれに参加した。何故なら、私はクリシュナを宗教の頑迷さをはるかに超え、その外にいると考えているからである。私の知るクリシュナは偉大な大衆的改革者であり、指導者であった。彼あるいは彼のギーター（バガヴァッド・ギーター）に宗教的な衣を被せることは彼の重要性を低めることになる。クリシュナと彼のギーターは普遍的な存在である。このため、私はクリシュナに宗教的な形を与えることに加担したくはない。こうした理由からその祭りから離れていた。他に理由はなかった。しかし、他の人たちは参加した。

一～二の有力者が先に触れたマウルヴィーにこの祭りでクリシュナについて何か話すようにと招待した。マウルヴィーは承諾した。数日前、ムハンマド生誕の日をムスリムが祝ったとき、彼はすべてのヒンドゥーを招いた。多くの者がムハンマドの生涯について解説もした。このため、今度はマウルヴィーを招き、彼が承諾するのも妥当だった。人々は、両者の宗教的祭典にヒンドゥーとムスリムの双方が協力し、心から参加するならば、宗教的紛争は自ずとなくなるだろうと言っていた。事がどうあれ、会議派の人たちはたしかにこのように考えている。このため、クリシュナ生誕祭にマウルヴィーが加わるのは誇るべきことであり、喜ぶべきことであった。

しかし、この点で多くのヒンドゥーのサティヤーグラヒーが強く反対した。しかし、その中の一～二の者は日夜ガンディージーの言葉を唱えているような人たちであった。もっとも興味深かったのは、たったいま飲食に関して触れたザミーンダールのガンディー主義者が、マウルヴィーがクリシュナ生誕祭に参加し、何かを話すことに厳しく反対したことであった。クリシュナについてマウルヴィーが話すのを絶対に許したくなかったし、そのことを婉曲に策を弄して強調していた。宗教の問題だとはっきり言わなかった。言えば悪名高くなるからだ。このため、もって廻った言い方で言いふらすのだった。マウルヴィーが出かけて話もしたと知ったとき、彼はたいへん困惑した。とがめるように、あなたはとうとう行って話したのか、私の言うことを守らなかったのかと言った。ある者は、彼が宗教は地に落ちたと言うのすら聞いている。

しかし、宗教が我々の政治・経済活動のすべてに影響を及ぼすとき、他のことがどうなるかを明らかにしたという意味で、こうした出来事は意義があった。上に述べた出来事から明らかなように、ガンディージーが宗教について何度講釈し、これにまったく新しい衣を着せ、政治においても宗教を理想にし、これを歪めないように努めても、大衆の心の中にある何千年来の宗教観を変えることはできない。これを変えることはほとんど不可能である。宗教の名においで行われている悪弊を取り除くために、なんと多くの宗教改革者が現れては去ったことか。しかし、悪弊は依然としてそのままである。否、否、むしろ増大している。改革者たちは、改革の代わりに難題をさらに複雑にするもう一つの新しい社会集団を生み出した。ガンディージーの名前において生まれた集団は、他の者の言うことを聞こうともしない。宗教の特質は分別なき慣行を生み出し、これを擁護することにある。そこには論理の余地はない。たとえこのことを認めない人でも、論理や良識の余地があるものそれが宗教だという見方をしているのは、特定の個人、あるいは少数の選ばれた人たちに限られていることを認めざるをえないであろう。あなたがもしも論理や良識を大衆化する努力を始めると、良識を規制する厳命が下り、無分別の慣行が入り込む。この事実は宗教と宗教運動の歴史から明白である。ガンディージーはこのことを認めず、宗教の影響を政治に及ぼして重大な過ちを犯している。その負債は、来るべき何世代もの人たちが利子を付けても返すことができないだろう。

このように、何ごとにおいても宗教の名が出てくると、宗教の名において生活する、宗教の公認の請負師パンディットやマウルヴィーが登場する。問題が純粋に政治的あるいは経済的であり、それにたいする宗教の影が及ばない限り、彼らが問題に介入する機会は得られない。その間、彼らはやむを得ず遠くにいて、いつ入り込む余地があるかをうかがっている。宗教の名が出るや否や跳び込んでくるのである。人が宗教をどのような意味で取り上げたかは関わりがない。彼らにとっては宗教への言及だけで十分である。その意味は彼らが自分で加える。自分たちを除いて、他の者は宗教の意味を理解できず、理解する権利もないというのが彼らの主張でもある。注意しなければならないのは、この主張を一般大衆も支持していることである。このために、彼らの発言は守られ、他の者の話はたとえどんなに偉大な聖者あるいは予言者のものであっても消え失せるのである。

そして、パンディットやマウルヴィーが登場すると、彼らは人々を自分の道へと引き込んでいく。彼らが言ったことが一般的に認められる。このため、飲食などの問題では彼らの発言が通用し、支配する。しかし、何人かの人たちがそうしていないとすれば、ガンディージーのいくたびもの叫びにもかかわらず、彼らの心に宗教心がないか、彼らが宗教をわかっていないか、認めていないことは明らかである。それなのに、今日どうして彼らは宗教を信奉し始めたのか。それは、たとえ宗教のことを話してもただ口先だけのことだからである。ガンディージーがこれを認めようと認めまいと、これが厳しい真理である。

23　言語論争の背後にあるもの

私が前の話題の最後に言った事を他の出来事から明らかにしたい[30]。ある日、獄中で何人かのヒンドゥーがマウルヴィーを批判しているのを聞いたとき、驚くとともに非常に困ったことだと思った。マウルヴィーが話の中でクリシュナを「ハズラト」(偉大な人物などにつけるタイトル、ハズラト・ムハンマドのごとく。アラビア語系―訳注)と呼んだと言うのだ。これが彼の重大な「過ち」であった。我々には何が「過ち」なのか理解できなかった。しかし、後になっていろいろな事を思い出した。しばらく前、ある紳士が話の中で「ドゥリシュティコーン」(視角、サンスクリット語系)という言葉を使ったとき、一人のムスリムがその意味を尋ねた。紳士が意味を説明すると、そのムスリムは、話すときにはすべての人がわかるような言葉を何故使わないのかと言った。これを聞いたヒンドゥーの紳士はかっとなって、怒りながら、「我々はあんたのために、あるいはヒンドゥーとムスリムの統一のためにヒンドゥーの文化と文学を潰すことはしたくない」と言った。これで問題はさらに大きくなった。しかし、このように考えることにどのような意味があろうか。「ドゥリシュティコーン」の意味を一般のヒンドゥーも容易には理解できないし、ムスリムの人たちもわからないとだけ言っておきたい。そして、もしもこの点で誰かが異議を唱えるのであれば、ガンディー主義者たちが文学とヒンドゥー文化を破滅の淵に立たせているのであると。もっとも、彼らは農民と貧しい者の幸せのために獄中に来たと宣言している。しかし、自分の言葉をどれだけの農民が理解できるかを考えてもみないのである。言葉がわからないのに、農民はどこまで協力できるだろうか。

しかし、「ハズラト」という単語を調べて見ると、普通の人が理解するのに支障はない。「アーイエ、ハズラト。ハズラトキー・ハルカト・トー・デーキエ」（さあ、どうぞ。この方がどんな悪さをしたか、とくと見てみよう。）などと話している。この言葉はヒンディー語の日常会話の用語となっている。それ故、もしも反対があるとすれば、それはただマウルヴィーがクリシュナを「ハズラト」と呼んだからである。それで怒ったのだ。同じムスリムは自分たちの偉大な指導者、予言者を「ハズラト」と呼んでいるし、我々もそのように聞いている。にもかかわらず、ヒンドゥーが神の化身と思っている者をムスリムが「ハズラト」と呼ぶのはいけないと言うのである。我々が実際どれだけ深く水面下に潜り込んでいて、物が見えなくなっているかその証拠がここにある。同じように、『ラーマーヤナ』のシーターをベーガム（妻、トルコ語系）、ラーマをバードシャー（王、ペルシア語系）と呼ぶことにも反対するのを我々は監獄の内外で聞いていた。もしも英語でクイーン、キングと言えば気にしないのである。こうした単語の意味はまさしくベーガム、バードシャーであるにもかかわらずである。こうした光景を見て我々は残念に思った。

今日、ヒンディー語を学ぶ興味が増大している。このため、獄中でこの現象を見ることができたが、彼らは大部分ガンディー主義者と見受けられる。もっとも、いわゆる左翼の人たちや革命家たちも同じように学んでいた。ヒンディー語とヒンドゥスターニー語についての議論も行われている。自分を政治指導者と思っている何人かの人たちが、中等課程より上ではヒンドゥスターニーの教科書を読むが、下級のクラスではかの「ドゥリシュティコーン」の入っているようなヒンディー語を学ぶべきだと決めた(31)。おそらく、それによって彼らは一つの矢で二つの獲物を射止めたつもりである。ヒンディー文学とヒンドゥー文化を救い、ヒンドゥー・ムスリムの統一を通じて政治を守ったと。しかし、彼らはこの防衛が見せかけのものであることを理解できなかった。こんなやり方では目的は達せられない。

私はこのような考えを持つ何人かの友人に尋ねた。中等課程以上に進めない人たちの政治はいかに救えるのか。彼らの間のヒンドゥーとムスリムの融合はいかに達成できるのか。さらに考えるべきことは、大部分の者は中等課程まで進む前に勉強を止めてしまうことだ。多くの者が初等教育の下級か上級までで止めてしまう。約九〇％の人は読むことも知らない。青年あるいは老年になった人たちがまさにこのように取り残されていることも事実である。彼らには「黒い文字は水牛同然」である。(32) そうだとすれば、その人たちにとってあなたの学んでいるヒンディー語、ヒンドゥスターニー語はどのように役立つのか。文化・文学をどのように守ることができるのか。しかし、彼らは黙ったままだった。答えることができなかった。答えたとしても、どんなものだったか。

事実は別の所にある。私、そして私のような何人かの人たちは、すべての問題をジャンター即ちマス（大衆）の眼で見、考えている。文化・文学の視点からではなく。というのは、大衆にとって何よりもまずパン、衣類、薬などが関心事である。お腹が満たされれば文化・文学も考えるだろう。しかし、いま彼らにとってその機会もない。そのようなとき、一般会議派メンバーは、たとえその人がガンディー主義者であれ、いわゆる革命家、左翼であれ、何よりもまず文学・文化の方に眼を注いでいる。その際肝に銘じてほしいのは、この二つの背後に宗教が隠されていることだ。公然と宗教が登場することはなく、宗教を持ち出す勇気はない。このため、文学・文化の見せかけを表に出すのだ。実際、彼らは中間層の出身であるだけでなく、彼らの心情も中間層特有のものだ。このため、当然のごとく彼らは中間層の眼ですべての物を見、評価しているのである。中間層のお腹は満たされている。衣類と薬も手に入らないことはない。とすれば、文学・文化を考えずに何を考えるか。

しかし、彼らは、もしも文学が必要であるとすれば大衆のためであるということを考えていない。一般大衆を目覚めさせ、心の準備をさせることが文学の任務でなければならない。とくに植民地では。目覚め、十分な準備がなければ大衆はどうして独立闘争に参加できるだろうか。そして、独立しても、自分の地位を向上させ、前進することが必要である。さもなければ、世界での競争にわが国は取り残されるだろう。全インドの人々の肉体的・精神的な向上がない限り、インドは遅れるだけだろう。それ故、独立の暁にも、文学の建設は一般大衆の視点から行われなくてはならない。一握りの中間層の人たちが文学を読んだり、読ませたりしていても何ができるだろうか。農民・労働者・その他働く者が協力しない限り、そこから何も生まれない。いかなる状況でも、文学の真の意義は搾取された大衆のために存在することにある。しかし、凝ったヒンディー語の表現を用いて、「一日の終わりが近づき、空が少し赤みを帯び、木の上で太陽の光が美しく見える」(33)とか、「先人の行為・思想の波の中に身を委ねよ」(34)といった類の文学は、中間層の紳士たちは誇りに思い、そのためにヒンディー・ヒンドゥスターニー論争を大々的に巻き起こしているが、どれだけの農民あるいは労働者がこのような文学を理解できるだろうか。このことは、ウルドゥー語の「私の人生の物語は聞くに値しない。私の言葉は沈黙。話せないことが私の話」(35)といった表現についても同じである。ヒンドゥーとムスリムのためと称して争いが起こっている二つの文学は、ともに農民や労働者、勤労大衆、一般大衆からかけ離れた存在である。

しかし、それでどうなるか。一握りの中間層の人たちはそのような文学がわかる。彼らは一体他の人たちのことに関心があるのだろうか。実際には、文学の覆いの下に文化が隠されており、文化の覆いの下には宗教が入り込んでいる。その宗教を利用して一般大衆を煽動することによって、一握りの紳士たちは目的を達成している。文化と宗教の衰退という亡霊を掲げない限り、農民と労働者は彼らによってだまされないし、それがなければ目的は達せられない。結局の所、彼らは、ヒンドゥーとムスリムの大衆の名において職を得たり、議員の椅子を分け合ったり、協定を結んだりしている。素朴な人々の宗教感情をかき立て、彼らを煽動することによって、これらの人たちは目的を達しているのである。表面的には完全な偽善者であるが、貧しい者の名において涙を流していることは言うまでもない。

すでに述べたように、文学の任務は一般大衆を目覚めさせ、準備をさせ、彼らの精神的向上をはかり、それによって彼らを真の市民にすることである。文学に他の任務はない。わずかな人々を楽しませること、想像上の世界をさまよう機会を与えることは文学の任務ではない。古い文学者たちはこの点を指摘し、文学について頭脳にあまり負担をかけるな、かよわき心を持つ人たちにもやさしく話すのがまさに文学であると明言している。それ故、読んだり聞いたりして容易に意味が取れるようにしなければならないと。理解困難なものは欠陥文学だ。話を味わうことができてこそ、人の心に容易に染み込むものだ。

この視点から大衆にとって読みやすく、理解しやすい文学を用意するための二つの方法がある。一つは、子供の頃から話したり聞いたりした、そして、母や姉が話してきた言葉で書くことである。もう一つは、これが難しければ、ヒンドゥー・ムスリムを含むすべての農村の人たちが無理なく理解できるカリー・ボーリー（現在のヒンディー語の原型とされ、メーラト、デリー、その周辺地域で話されてきた言葉）を用意したらよい。「この視点を据えて精査するならば、我々は骨身に突き刺さる苦悶を覚える」[36]とか、「山頂は星とささやいている」（要するに「山頂は高い」ということ―訳注）[37]と言っても、一般の人にわかるだろうか。ヒンディー語とウルドゥー語の著名な文人は自分で理解できるとしても。しかし、本来、森に成長したつる草が猿のためにあるように、彼らの話は一般大衆のためにある。それなのに、ヒンドゥーの大衆は彼らのヒンディー語を理解できず、彼らのウルドゥー語をムスリムの大衆は理解できない。それならば、どうして彼らのヒンディー語をムスリムの大衆が、彼らのウルドゥー語をヒンドゥーの大衆が理解できようか。「書くはキリスト、読むはモーゼ（書くのと読むのとは別―訳注）」とも言われている。[38]彼らは自分で書き、自分だけしかわからない。あるいは、せいぜい彼らのような何人かの限られた人たちだけがわかるのである。しかし、この人たちは大衆ではない。特定の人たちだけだということを自覚してほしい。

それ故、もしもビハールで大衆の文学を作ろうと思えば、ボージプリー、マガヒー、マイティリー、ベンガル語、サンターリー、ウラーンオなどの言葉で別々の地域のために独自の文学を作り出すか、ヒンディー語とウルドゥー語を合わせてすべての者にわかる簡単な言語を作るかである。ヒンディーとウルドゥーを合わせるという意味は、サンスクリット語系の言葉が過剰なヒンディー語、アラビア語やペルシア語の言葉が重くのしかかっているウルドゥー語の代わりに、簡単ですべての者が理解できる言語を用意することである。例えば、アラビア語系の「アジージャム」あるいは「アジーズマン」、サンスクリット語系の「プリヤワル」「プリヤ・ミトラ」の代わりに「メーレー・プヤーレー・ドースト（私の親しい友）」、「メーレー・プヤーレー・バーイー（私の親しい兄弟）」などを手紙の冒頭に書いたらどんなにすばらしく、また事がスムースに運ぶことだろう。必要があれば新しい単語を作ったり、あるいは別の形で広めることもできよう。

「ハズラト」などの単語を見たり聞いたりしてたじろぐ人たちに知ってほしいのは、我々、我々の話すヒンディー語、そして大衆が、アラビア語、ペルシア語系の何千という単語を受け入れて自分を強くしてきたということである。そこまでしても、ヒンディー語は未完成に見える。もしも何千という単語を吸収してこなかったら、どんな状態になっていたか想像もつかない。ハージリー（出席）、マトゥラブ（意味）、ヒファーザト（防衛）、ハール、ハーラト（ともに、状態の意味）、フルサト（暇）、カスール（過ち）、ダーワー（主張）、ムッダイー（原告）、アルジュ（請願）、ガルジュ（関心）、タクディール（運命）、アサル（影響）、ザルーラト（必要）、ファサル（収穫）、ラビー（春作）、カリーフ（秋作）、カーヤダー（規律）、カーヌーン（法）、アダーラト（裁判所）、インサーフ（正義）、タラフ（方向）、サダル（首長）、ディマーグ（頭）、ザミーン（土地）などの単語を例として見るならば、これらの、そしてこのような何千という単語がまさにアラビア語、ペルシア語起源であることを知る。しかも、ヒンディー文学者だけでなく、まったくの農村地域に住み、育った素朴な農民や労働者もこうした言葉を話したり、理解することができる。その折々に、この人たち、そして我々はこれらの単語を受け入れ、自分を強くし、大きくしてきたのである。それによって、わが文化は、崩壊するのではなく改良され、創造されていった。それは、「ハズラト」「ベーガム」「バードシャー」などの言葉を話すことによって衰亡するほどひ弱なものではない。シーターをベーガム、ラーマをバードシャーと呼ぶことにまゆをひそめるのは愚かなことである。トゥルシーダースはラーマを神の化身と考えている。彼はラーマとジャナーキー（シーター）の比類なき信奉者であった。しかし、自分の『ラーマーヤナ』の中で「ラージャー・ラーム、ジャナーキー・ラーニー」と書いた。それでも、彼はヒンディー語のすぐれた文学者と見なされている。彼はラージャーとかラーニーとか言うのに少しの躊躇もなかった。今日まで、ヒンディー文学に携わる者はこのことについて何も言わなかった。しかし、ラージャーの代わりにバードシャー、ラーニーの代わりにベーガムと言うと口角泡を飛ばす。それはヒンディー語の「純化」がいま始まるという意味だろうか。ヒンディー語の中からこれまで使われてきた何千という単語を排除するつもりだろうか。もしそうならば、そのような発想には「クダー・ハーフィズ」（「さようなら」）、ペルシア語、アラビア語起源）である。

事実ははっきりと言わなくてはならない。実際、民族主義者たちは大部分中間層の出身である。彼らの中でも筋金入りの会議派メンバー、あるいはガンディー主義者といわれる人たちは誰もが中間層の出である。彼らが何度となく自分はヒンドゥーではなく、あるいはムスリムではなくて、ヒンドゥスターニー（インド人）である、第一にヒンドゥスターニーで、第二にヒンドゥーあるいはムスリムであると言ったとしても、実際には、彼らは第一にヒンドゥーあるいはムスリムであって、その後でヒンドゥスターニー、あるいは民族主義者である。その証拠は、彼らの注意深く選んだ言葉からではなく、彼らの行動とふとした発言から得られる。ヒンディー・ウルドゥー・ヒンドゥスターニー論争はこの歴然たる証拠である。彼らが演説するとき、それはこの人たちが何者であるかの証言でもある。彼らは一般の人がわかるかどうかには少しも気にかけずに話す。彼らが怖れも知らずに話すとき、あたかも聞き手のすべてがヒンドゥーとムスリムの学者、パンディットかマウルヴィーであるかのようである。あるいは、アーリム・ファージル（学識のある（人）。デーオバンド塾のようなムスリムの教育機関から与えられる学位—訳注）あるいはサーヒティヤ・サンメーラン（ヒンディー文学会議）の試験にパスした人たちであるかのようである。もしも彼らがそのように考えていなければ、どうして薫り高いサンスクリット語やペルシア語の言葉をことさらに口に出すのか。

もしも、ヒンドゥスターニー委員会がその書物の中にいくつかのウルドゥー語、ペルシア語の言葉を新たに加えたり、パンジャーブのヒンドゥーがウルドゥー語の中にサンスクリット語の言葉を入れると、彼らは、「ああ、ヒンディー語が駄目になった」、「ウルドゥー語が破壊された」、「文学はおしまいだ」、「文化は衰退した」と騒ぎ立てる。ヒンディー語に消化能力が不足してきたか、あるいは、なくなったことがわかる。この状態はウルドゥー語についても言える。我々が驚くのは、このような人たちが国を独立させると誓っていることだ。いつもヒンドゥーとムスリムの融和の掛け声をかけているのはこの紳士たちだ。彼らは、もしもヒンドゥー・ムスリム間の暴動が起これば、ヒンドゥーとムスリムの大衆を疲れも知らずにあらん限り非難する。しかし、彼らが決して考えもせず、考えようともしないのは、この災禍の根底に彼らの歪んだ心情があることだ。「口と心は別[39]」という彼らの姿勢のために、すべてがこうなるにもかかわらず。内心ではすべてのことにヒンドゥーイズムとイスラームの刻印を押そうとする無意味な性向の故に、万事こうなるのだ。たとえどんなに隠そうとも、彼らのヒンディー・ウルドゥー・ヒンドゥスターニーをめぐる論争は彼らの本質を明らかにするに十分である。

こう言ったからといって、私がヒンドゥスターニー委員会あるいは他の者のすべての発言を支持しているというわけではない。私は人工的な、うわべを繕った言葉には大反対であり、ヒンドゥスターニー委員会がひょっとしてそのような言語を作るのではないかと怖れている。実際のところ、私は彼らの本を読む機会がない。たしかに、ときには彼らのいくつかの発言がそれとなく入ってくる。このため、委員会の意見を知ることはきわめて必要である。しかし、これに関して新聞にいつも出ていること、何人かの友人から聞いていることを基礎として、私は上述の考えに達したのである。私は、こうした論争の背後に他の心理が働いていることを見た。それ故、我々にはいたるところに別のことが見えている。もしもその心理を正すことができれば、ヒンディー・ヒンドゥスターニー論争はただちに解きほぐされ、少なくとも解きほぐす道が必ず明らかになるだろう。

しかし、このヒンディー・ヒンドゥスターニーの論争には大きな危険が見えている。現在は、論争は中間層の紳士たちの間で行われているために、彼らの問題である。しかし、懸念されるのは、彼らが農民と労働者の間にこれを広げないだろうかということである。教育に関することは大部分、彼ら中間層の手中にある。その結果、彼らはこの鋳型にすべての者をはめ込もうとする。書物であれ、論文であれ、新聞であれ、大衆に教えるために用意するだろう。この害毒を農村地域や労働者の居住地域に広めるために大いに活動するだろう。自分の好みのものをすべての者の好みにしたい。その結果は直接的に宗教的な対立の形をとった事態の悪化だろう。というのは、この害毒は政治の弾丸とともに人々の心の中に入り込むからである。今日、政治は我々の生活の主要な部分となっている。そして、もしも政治を伴ってこの宗教紛争が農民と労働者の間に入れば、災禍となる。というのは、これが宗教的な盲信を入り込ませる新しい方法、新しい形態となるからだ。そうなれば、我々は根こそぎ葬られるだろう。それ故、我々は、いまから大衆の将来の生活がこうした枠組みにはめ込まれないように注意しなければならない。

このようなことがどうして起こるのか不思議である。言語の広がりは川の広がりのようなものである。川の流れが自ら前に進んで行くように。川は自分の道を自分で作っている。我々がどんなに望もうとも、川は我々の意志に沿っては流れない。その広がりも大きい。言語についても同様である。今日、イギリス人との関わりの中で、我々は自分の言語の中にどれだけの英語の単語を取り込んできたことか。プログラム、コミッティー、コンファレンスなどの単語を我々は採りいれている。コングレス、ミニストリー（政府）といった言葉はいつも折りに触れて我々の口に出てくる。農村の人たちも理解し、話している。ラールテーン（角灯）、レール（鉄道）のような言葉はあたかもヒンディー語であるかのように思っている。我々がこうした言葉を十分に消化しているかどうかはわからない。「サバー」の代わりにミーティングと言う方がよいと思っている。ちょうど同じように、ムスリム支配の時代には、我々はペルシア語、アラビア語によって自分の言語を豊かにした。それなのに、どうして今日躊躇するのか。

今日、我が文学を作る基礎にしようとしているカリー・ボーリーは、結局、徐々に作られたものであり、作られつつあるものである。サンスクリット語、パーリー語、あるいはプラクリット語も何千年も経て徐々に現在のような形になったのである。同様に、アラビア語あるいはペルシア語がウルドゥー語の現在の形を生み出すのに貢献している。発展は世界の法則である。ヒンディー語とウルドゥー語の融合によって新しい言語ができれば、それは我々の必要を満たすことができよう。その助けでインドは前進するだろう。我々が何度わめこうが、嘆き悲しもうが、このことは事実である。時間のある内に、我々は何故目覚めて、この仕事を助けないのだろうか。いま起こしている無駄な騒ぎからは手を引くべきだ。言葉は我々のためにあるので、我々が言葉のためにあるのではない。しかし、たがいにお前が俺がの口論をしていては、我々は取り残され滅びてしまわないか、考えるべきことである。

今日、動物や鳥、木々を混ぜ合わせ、新しい種が作られ、我々の増大する必要を満たしている。古い動物、鳥、あるいは木は我々の必要を満たすために役に立たなくなっている。このため、現代を異種交配の時代と呼んでいる。この事実は我々の言葉についてもどうしてあてはまらないのだろうか。今日、どんなに努力してもラテン語を広めることはできない。古くなってしまったのである。同様に、サンスクリット語、アラビア語、ペルシア語についての幻想はインドの一般大衆のために捨てなくてはならない。それも生半可な気持からではなく、心から。理由もなくサンスクリット語、アラビア語、ペルシア語から新しい単語を探し出したり、作り出して公的な用語の量をさらに増加させることは大衆につばを吐くようなものである。我々の考えは、その代わりに、あらゆるカーストや宗教の一般大衆が容易に理解できるような言葉を探し、あるいは作る仕事にかかるべきだということである。このようにして作り出された文学が我々を救済する、それこそが我々の真の仕事になるべきだ。さもなければ、中間層の心理を我々が一体取り除けるだろうか。同時に、我々が記憶しておくべきことは、言語は自然に発展してほしい、人工的なものを付け加えないようにということだ。川の流れの例を挙げた。人間の身体にできた腫瘍のように、外部の言葉が言語にぶら下がっているのは良くない。身体が穀物や水を吸収するように、言語が個々の単語を自らの力で消化できることが望ましいのである。

24　農民組合の「暴力」とガンディー主義者の「非暴力」

会議派州政府が成立していた時期のことである。おそらく、一九三八～三九年の出来事である。UP州にはパントジーの政権が成立していた。(40) ガンディージーは非暴力について何度も発言していたが、いまや一段と強調し始めていた。会議派は非暴力の原則を据えているというのであった。しかし、会議派政府の時期にボンベイとカーンプルでは労働者にたいする発砲があり、警棒による殴打があり、ボンベイでは催涙弾が投げられたが、これが非暴力の定義にどう合致するのかわからない。ナーグプルで、マンチェールシャー・アワーリー氏が武器携帯の権利を求めてサティヤーグラハを行っていたとき、ガンディージーは武装サティヤーグラハがどうして可能かと言って反対した。武器を所持して歩けば、非暴力を基礎とするサティヤーグラハは可能ではない。サティヤーグラハと武器携帯はたがいに矛盾することである。だから、武器携帯は止めなくてはならない。我々の頭には、当時ガンディージーのこの理屈はわからなかった。ただ武器を持って歩くだけでどうして暴力になるのか。武器を使わないという誓いを立てて、どうして暴力の問題が起きるのか。それならば、アカーリー党のシク教徒は決してサティヤーグラヒーになることができない。彼らはつねに短剣を携行していなくてはならない。しかし、ガンディージーは何度も彼らをサティヤーグラヒーとして採用した。また、この原則があるのに、警棒を振るい、爆弾を使いながらも、会議派の大臣たちはどうして非暴力的といえるのか。そして、もしも非暴力でないというのならば、ガンディージーはどうして大臣に反対せずに、むしろ支持したのか。大臣たちの行動をガンディージーは何故追認したのか。それ故、我々には彼の非暴力は奇妙なこじつけに見える。

このために、ガンディージーの非暴力の支持者たちは彼を大いにあざむいているのである。興味深いのは、ガンディージーがそれをわかっていないし、そう思ってもいないことである。私がガンディージーと彼の私設秘書マハーデーワ・デーサーイの怒りと叱責の餌食となったのは、ただ私がこのことをはっきりと話し、言行一致の行動をしているからである。刑法によれば、自分と自分の財産等を守るためには必要なだけの暴力を行使できると農民に教えている。私は、どういう状態にあっても農民や自分の仲間たちが以前から獲得しているこうした法的権利を手離したり、除いたりするつもりはない。このため、一九三八年の会議派ハリプラー大会以前に、マハーデーワ・デーサーイ氏が

『ハリジャン』紙で私に反対する長文の記事を書いたとき、私は反論せざるをえなかった。しかし、ちょうどその頃、ハリプラーを経由して中央州を旅行するためにワルダーに行き、非暴力の権化ヴィノーバー・バーヴェー[41]と話したとき、この人たちが農民組合に関して暴力的と決めつける前にすべてを知ろうとする努力すらもしなかったことを知り、私は愕然とした。

ヴィノーバー氏のアーシュラムで彼と何時間も話した。『ハリジャン』紙に当の記事は載ったばかりであった。それが話題となったが、彼らが現実の世界にどれだけ疎いかをそこで知った。農民組合の活動家が暴力・非暴力について言ったこと・言わなかったことについて、ガンディージーの信奉者たちは彼のもとに報告書を送り、ガンディージーはこれを不動の真実と見なしているのである。他の者には何度となく、完全に調査した後で話を信ぜよ、真実を知ろうと努めよと繰り返している。しかし、私に関してはこうした非難をする前に、ガンディージーは一度すら尋ねようとは考えなかった。農民組合にも非難を浴びせた。しかし、農民組合には釈明の機会すら与えられなかった。これがガンディージーの正義だ。彼の言う真理（サティヤ）だ。ガンディージーは決定を下しただけでなく、自分の仲間にも彼の考えを流し込んだ。

ヴィノーバー氏が私にこの問題を尋ね、私がこのような回答をすると、彼は絶句した。私は、非難に根拠がないことを証明するような証拠も提出すると言った。さらに、私が依拠する暴力は法の範囲内のものであるだけでなく、ガンディージーもいつもこのような暴力は勧めていたと加えた。さらに、私はデーサーイの非難に書面で答えている。そして、議論はいまも続いている。ついに、ヴィノーバー氏は、これについてガンディージーと話したのかと聞いた。私はノーと答えた。すると、彼は必ず話し合うようにと言った。しかし、機会があれば考えようと言って回答をはぐらかした。私はこうも言った。一方的な話で事を決めてしまうような人と話をして何になるかと。ヴィノーバー氏はそれでも話したらよいと強調した。しかし、私にはその機会は得られなかった。夕方、ワルダーの社会主義広場で集会を成功させ、先に行かなければならなかった。

しかし、ここで、ガンディー主義的指導者たちの非暴力についての二つのみごとな例を挙げておきたい。パント政権のとき、イラーハーバードで大暴動が起こり、大きな騒ぎとなった。被害もかなり出ていた。そのとき、ガンディージーの原則に従えば、会議派の主要な指導者たちの義務は自分の生命を危険にさらしても暴動を鎮めることであった。ちょうど一九三一年のカーンプルの暴動に際してガネーシュシャンカル・ヴィディヤールティー氏(42)がしたように。このような機会はガンディージーと会議派の非暴力を試しているのである。ガンディージーが強調するのは、このようなとき会議派の指導者は毅然としてヒンドゥー、ムスリムの居住区に行き、人々を冷静にさせよということである。いつものように、イラーハーバードの暴動はそうした指導者たちの登場を待っていた。幸いにも、イラーハーバードのスワラージュヤ・ババン(43)（自治会館）には会議派全国委員会のオフィスもあった。現在でもある。その書記長アーチャールヤ・クリパラーニーもそこにいた。他の有力な指導者たちもいた。

しかし、彼らは何をしたか。農民組合と労働運動に特に関心を持ち、良き知識人である私の二人のムスリムの同志がそこにいた。暴動が起こったとき、彼らはスワラージュヤ・ババンにただちに駆けつけ、有力な指導者たちに、「どうか来てください。街を廻って皆を説得し、火を消させ、平静にさせてください。たとえ静かにならなくても私たちで努力しましょう」と訴えた。ムスリムの友人の一人は街区会議派委員会の委員長であった。このため、彼は自分の任務を果たさなくてはならなかった。しかし、指導者の中でももっとも偉大な指導者―名前を挙げるのは適当でないが、全国的な指導者で、ガンディージーの宣伝を全国を廻ってやっている―は即座にこう言った。「えー？　歩いて廻るだって。何たることか。誰がそんな馬鹿げたことをやるか。頭のおかしくなった連中が我々を見て指導者だと考えるだろうか。我々がそこでやられるのを見過ごす気か。私は絶対に行かないし、あんたたちも行ってはならん。」そして、彼はすぐにラクナウにいる州首相パントの所に電話を入れ、軍隊を送れと頼んだ。送らなければ安全ではないと言って。ムスリムの若い同志は彼のこの言葉を聞いて驚いた。愕然とした。しかし、彼らは任務を果たすために行かなければならなかった。たとえ指導者の話を聞いても、歩き廻って自分にできることをした。ヒンドゥー、ムスリムのすべての街区を勇気を持って歩いた。

後に会ったとき、彼は非暴力についての話の中でこの奇妙な出来事について聞かせてくれた。彼はガンディー主義者の非暴力を笑い、私も笑った。我々農民組合のメンバーは会議派の規則を守らないとして、ガンディージーとその側近の間では甚だ評判が悪い。同時に、危機に際して尻尾を巻いて逃げ出し、武装警察や軍隊の弾丸や銃によって暴動を鎮めようとしてパントジーに何度も強い要請を行った指導者や彼の仲間たちが、非暴力に関してガンディージーからの恒久的な証明書をもらっていることは言うまでもない。ガンディージーがこのように壊れた船に乗って自分が向こう岸に渡るだけでなく、インド全体を渡らせたいと言うのならば、おめでたいことである。農民組合のメンバーは、たとえガンディージーの非暴力を認めなくても、危機に際しては行動で欺くことなく、誠実に、可能な限り非暴力に従って活動すると明言している。

これに関連する一つの別の出来事がビハールで起きている。ビハールについて、とくにビハールの非暴力についてガンディージーは誇りにしている。しかし、ビハールの有名な指導者たちがどこまで非暴力を守っているか、あるいはガンディージーをどれだけ欺いているか、その最新の例を最近のビハールシャリーフの暴動に見ることができる。これを知ったのは、パトナー県の会議派の同志が最近監獄に入ってきたときである。彼はある日自分の経験を聞かせてくれた。彼と彼が関わった指導者の名は言わない方がよいだろう。

ビハールシャリーフでヒンドゥー・ムスリム間の暴動が始まった後で、サダーカト・アーシュラム（サダーカト＝真理。ビハール州会議派のオフィスの名称―訳注）の二人の有力な指導者―州会議派のオフィスの運営に古くから責任のある人物であるだけでなく、生粋のガンディー主義者―が自動車に乗ってビハールシャリーフに出かける用意をした。彼らのうちの一人はヒンドゥー、一人はムスリムであった。彼らは、パトナー県の誰かヒンドゥーの活動家を連れて行くのがよいと考えた。偶然にも、我が同志の会議派メンバーがそこにいた。一緒に来いという命令が下った。同志は暴動についてすべてのことを知っていた。彼は、「私は銃を持っていない。どうして行けますか」と言った。ここで、我が同志はサティヤーグラハを行って監獄に来ていることを覚えておいてほしい。彼はさらに、「あなた方が私に銃を一丁与えてくれるならば行く用意がある」と言った。これを聞いた指導者たちは、「あなたは我々の自動車で二人の間に座って行けばよい。我々が別の車で後ろから付いていくようにと言っていたのは、あなたに銃がないからだ。しかし、もしもあなたにそのつもりがないならば、我々の間に座って同じ車で行けばよい」と答えた。しかし、同志はそうするつもりもなかった。すると、あなたの家の者が銃を持っているだろうと言われた。それを持って行けと。これを聞いた同志は、銃を持って来て行くのはもっと悪い、わたくしはそうしないと言った。

二人の指導者はあきらめて出かけた。同志は、彼ら二人が一丁づつ銃を持っていることを知ったと話した。彼らは二丁の銃をムスリムの貴族の所から取り寄せたのである。私はそのうちの一丁を求めたのであると。しかし、彼らにそのつもりはなかった。彼らははっきりと言った。「二丁の銃があるので、我々二人が行くのだ。それなのに、どうしてあなたに貸せるか。」実際には、銃を身につけて行っても、彼らはビハールシャリーフを廻って歩くことはできなかった。会議派メンバーの集まっている所に行き、その集団とともにうろついただけであった。

ガンディージーの非暴力の何とみごとな例であろうか。今日、各地で会議派の指導者はシャーンティ・ダル（平和組織）を作っており、その任務は暴力行為をしている者の間に入って彼らを説得し、冷静にさせることである。彼らは武器を持たないし、自分の命を構うこともない。シャーンティ・ダルの参加者はこのような誓いをしている。しかし、彼らの指導者がこの有様では、他の者については何をかいわんや。ポケットに銃をしのばせてシャーンティ・ダルの活動を行うとは奇妙なことである。それでも、この偽善がガンディージーにはわからないのか。私ならばもちろん銃を持って行く。そして、ゆっくりと人々に知らせる。「見よ。これぞ我が非暴力である」と。

25　ハルナウトの二つの集会―暗雲の中に一条の光

一九三七年一月のことである。我々は会議派ファイズプル大会から帰って来たばかりだった。州議会選挙のことが頭にあった。緊急に一度、パトナー県を選挙前に旅行しなければならなかった。私と一緒に会議派の他の指導者もこの旅行に参加した。バクティヤールプルで集会を開いてから、ビハールシャリーフに行かなくてはならなかった。夕方、そこで集会が行われた。この間、ハルナウト警察署管内の人たちが、場所が途中にあり、道路沿いなのでここでも集会を必ずやってくれと言い張っていた。我々は承認した。人々は集会の準備を十分にしていた。しかし、我々の敵も黙ってはいなかった。この地域にはクルミー、クルマワンシーなどと言われる人たちが多数住んでいる。他の人たちよりはクルミーの人たちがここでは多く住んでいる。選挙の期間中、不幸にもカースト制の問題がかなり出ていた。しかし、ここでは、この問題がけわしくなるもう一つの理由があった。バクティヤールプルはバール郡に属し、その南にビハール郡がある。会議派の内部では、バールとビハールの候補者をめぐって摩擦があった。バールのクルミー出身の弁護士が指名されるべく躍起となっていた。ところが、会議派の指導者たちが何らかの理由から彼をビハール選挙区のために指名しようと提案したとき、彼はそのつもりはなく、秘密裡に派閥を結成して、ビハール選挙区から非会議派のクルミーが選出されるよう画策した。ここぞというときに意識的に悪事を策し、他の者が選ばれないように準備したのである。このため、彼はのちに、よろしい、私はビハール郡の議席を目指すと認めたが、内々では別の準備をしていた。不運にも、まさに指名の段階で彼の画策がばれたために、会議派の側では彼を指名せず、別のクルミー紳士が指名された。これによってクルミー社会に動揺が起こった。というのは、選挙をめぐってこのカーストの中に二つのグループができたからである。会議派に反対するクルミー紳士も指名されていた。彼の影響力はこの地域では絶大であった。

私はパトナー県会議派委員会の委員長でもあった。農民組合の問題でもあった。反対派は、私がすこしでも中立になれば勝つだろうと考え、そのための働きかけも行われた。会議派の候補者は横暴なザミーンダールである。このため、反対派は、私が彼を支援しなければ、彼は必ず敗北すると踏んでいた。私は彼のザミーンダーリー領で同じクルミー・カーストの農民の側に立って強力な運動も以前に行っていた。このことからも、反対派は、私が選挙の問題でぐらつくことを期待していた。しかし、私にはどうにもならないことでもあった。県会議派委員会の側に立って動かなくてはならない。勝利の責任は私にかかっていた。そうであれば、どうして不誠実に行動できようか。まさにこのようなとき、県会議派の委員長職を退くことは適当ではないだろう。私はこの横暴な人物が指名されないことを望んでいた。しかし、会議派の指導者たちはそんなことに構うだろうか。彼らは、横暴なザミーンダールだけでなく、現在まで会議派と何ら関係のなかった者まで当時議会に送り込んでいた。この横車に反対して、私はいつも州会議派委員会の席上で闘ってきた。しかし、私は一人だった。残りの者がこのような決定を下したのである。奇妙な状況だった。しかし、結局、私にはどうにもならなかった。

こうした状態の下で、私にたいしてこの地方の会議派反対派から憤りが巻き起こった。彼らは、もしも私がそこに行かなければ、会議派の候補者が苦境に立ち、自分たちが勝利することを知っていた。クルミー・カーストのなかの二人の候補者は二つの別の同族集団に属し、人々はそれぞれの同族意識をかかえてとまどっていた。このため、バクティヤールプルにいた私は、ハルナウトの集会では混乱が起き、反対派が騒ぎ立てるという情報を得た。そのようなわけで、私は前以て心の準備をしていた。村の近くに着くと、一方のグループが赤旗と三色旗を掲げて鳴り物入りで歓迎する用意をしていたが、その後ろには、黒旗を持った別のグループが「スワーミージー、帰れ」などのスローガンで我々に反対していた。我々は笑っていた。我々の車は反対派の間を縫って前進した。我々は道から少し入って、集会の準備が行われている広場に来た。聴衆は前からいたが、いまやそれ以上に集まった。

集会場には多くの台が一緒にまとめて置いてあり、その上に敷物やじゅうたんが敷かれてあった。我々はその敷物の上で北を向いて座った。演説が行われていた。他の者は話し終わったが、私はまだ終わっていなかった。まだ、話が続いていた。皆の注意がそちらに向いていた。そうしているうちに、突然、私の右肩が熱く燃えたことを知った。誰かが燃えている火の粉を落としたのだと思った。肩に手を当てると激しい痛みがあった。しかし、聴衆は、誰かが棍棒を私に振るってすばやく逃げて行くのを見た。走って捕まえろと言う声がした。何人かが走った。しかし、私は彼らを引きとめた。殴った人間は安心して出て行った。実際には、その人間は私の額に棍棒を振るったというのに。しかし、額は間一髪免れて、棍棒は肩にぶつかった。それ以前、私は棍棒で殴られたことはない。だから、火の粉が落ちたと感じたのである。

私が殴った者を捕まえるのを止めさせたのは、危険があるからだった。もしも彼が捕まったら、人々は怒って彼をどう扱うかわからない。群集であった。彼の命がなくなる怖れがあった。少なくともその危険があった。その後で彼のグループが何をしでかすかもわからない。そこで激しい殴り合いになったかもしれない。そう考えて、私は止めたのである。結果は我々にとってすばらしかった。集会は途切れずに進行した。私の傷に薬をつけることを聴衆は思いついた。しかし、私はそれを辞退した。傷ではないが、たしかに皮膚が腫れて、黒ずんでいた。しかし、私は冷静で、会場で立ったまま話した。聴衆は驚いた。しかし、私は気にしなかった。そのときまで、苦痛の叫びを上げたり、わめいたりすることは知らなかった。とすれば、そこで叫ぶことなどできたろうか。集会の後、ビハールシャリーフに出かけ、痛みが治まるように傷をゆっくりと温水で洗った。そこでも騒ぎは起こったが、私はそこの集会でもずっと座っていた。話もした。このようにして、旅は終わった。会議派の候補者は勝った、しかも圧勝した。

しかし、二年後様子が少し変わった。私はハルナウトで農民集会を開くとの招待を受けたのである。特に注目されたのは、前回に私の厳しい敵であった者が、今度は私の集会を開いてくれるということであった。彼らは私を歓迎するすばらしい準備もしてくれた。私は喜んで招待を受け入れた。実際、そこに行って雰囲気が変わっているのに気付いた。集会は盛大に行われた。彼らは愛情を込めて私に挨拶した。歓迎委員長の演説には格別のものがあった。人々は驚き、私も驚いた。すべての者が二年足らずで農民組合の力がかなり増大したことを認めた。それ故、前回の敵も、彼らの目的が今回どんなものであったにせよ、農民組合の優位を認めざるをえなかった。敵もまた我々の旗の下に入って目的を達成しようと努めたことは、我々にとって大いに誇るべきことだった。もちろん、農民組合が悪名を馳せることのないようにと警戒した。その点は、そのときも今日も同じである。しかし、この変化した状況を見て、彼らが農民組合の完全な支持者になったと理解する過ちは犯さなかった。そのように考えるのは危険であったし、我々はそう考えなかった。しかし、我々は、彼らがやむなく農民組合のスローガンを掲げざるをえなくなったことを知った。

農民組合の重要性を認めてそうせざるをえなくなり、組合に取りすがれば事はうまく行くと考えたか、あるいは、真に農民組合の支持者になったかは別問題である。当時はその答えを出すことはできなかった。真実が何かは時だけが教えることができた。

ハルナウトでは希望に満ちた真実も見ることができたが、それは少し別のことであった。我々はそこでクルミー・カーストに属する何人かの若者や学生に会った。彼らの中に我々にとって意味あるものを見ることができた。我々はそれを喜んだ。この旅の成功は、我々が何よりもそのことを知ったことにある。学生や若者の間に我々は農民組合や農民運動の精神を見つけたのである。彼らが農民組合を自分のものと理解し始めていることを知ったのである。自分たちは農民であり、我々の真の組織は農民組合であると認めていることがわかった。彼らは、農民組合の中に自分たち農民層の解放を見始めていたのである。これは、私にとって黒い雲の中の一条の黄金の輝きであった。

もう一つ、彼らは私に手書きの月刊紙をみせてくれた。その名前は忘れた。彼らは、自分たちで書いて新聞を作っていると言った。文章と絵の両方があった。両方とも手書き、手製である。私は最初から最後まで読んで意見を書いてほしいと頼まれた。私には時間がなかった。しかし、私は彼らの希望を満たすことが必要だと思い、「新聞」を最初から最後まで読んだ。執筆者は若い学生、そして、教育を受けたことのない若者であった。文法などの知識もあまりなかった。それでも、彼らの文章の中に見つけた精神が私を感動させた。文章の誤りは忘れたが、その精神が私の前にいまもそびえ立っている。インド、そして会議派の指導者たちを恐れずに批判する精神が月刊紙の文章の中に見られた。それも、多数の文章の中に。批判はさわやかな程すばらしかった。突き刺さる発言が非常にみごとに表現されていた。

それだけではない。私が驚いたのは、文章の中に、私や他の多くの農民指導者についての言及があり、この人たちとその活動への賞賛があることだった。同時に、会議派指導者に比較して我々を大衆の利益の視点から望ましく、重要な指導者として触れていた。言ったり、書いたりする方法は彼らなりの表現で、それも良かった。うわべを繕って書いたり、他人の真似をして書くのは良くない。すべてにおいて独創性に価値がある。スタイルはどうあれ—その独特のスタイルは気に入ったが—、中味が注目すべきものであり、正論であった。彼らが我々と親しかったということはない。我々は彼らの誰をも知っていなかった。それ故、彼らが書いたものは彼らの心情の吐露であった。一人、二人ではなく、多くの者が書いていた。会議派指導者についての辛辣な批判も嫌味はなく、さわやかであった。

インドでは、呪われたカースト制の故に何もできないという者がいる。私は悲観論者ではなく、完全な楽観論者だ。私は、ハルナウトに悲観論とは逆のものを見た。ハルナウトは厳しいカースト的偏見のある地域で、その拠点と見られている。私に反対する騒ぎも起こされた。にもかかわらず、若者たちの自然な精神の発露は風向きが少し変わってきていることを物語っている。成人した暁には、彼らの頭の中に毒を流し込む活動が行われるだろうし、現に行われている。しかし、私がそこに見たものは、毒は必ず除去されるということだ。

26　犬と闘う山羊に学ぶ

一九三八年夏のことである。農民運動との関連でバールおよびビハールの両郡を旅行した。バール町の近くの大きな村で集会を開いた後で、私は奥深い村に出かけた。その村はバールの南にあり、タール地域（河川沿いにあって洪水に見舞われる地域）と呼んでいる。土はぬるぬるして、黒い。雨期には足に付着して、容易に離れない。逆に、夏には乾燥して固くなり、小石のように足に突き刺さる。見渡す限り木々は見られない。そこここに村が点在するだけである。雨期には、五〇マイル、二〇マイルの縦横の広さの土地に見えるものは水だけである。その間に海上の島のように村が見える。このような光景が三～四ヵ月は続く。小舟に乗ってそうした村に行くことができる。

このタール地域の一部で、バールからずっと先の、タールの末端にある地域がバルヒヤー・タールと呼ばれている。バルヒヤーは複数のザミーンダールが支配する大きな村であり、タールの北端にバール、マカーマーなどの鉄道の駅がある。こうした大きな村々のザミーンダーリー領がこのタールにある。そして、複数のザミーンダーリー領を作るためにタールを人工的に区分している。それらをバルヒヤー・タール、ムカーマー・タールなどと言っている。このタールの土地に関して、我が農民組合は、大部分は農業労働者で、いわゆる低カーストに属する農民の闘いを何年も続けて指導している。この闘いにおいて、農民にたいし騎馬警察が襲ったり、警棒を振るったり、槍で突いたり、数多くの裁判にかけたり、何百人も投獄するなどあらゆる弾圧の方法が使われた。農民組合の活動家や指導者も入獄した。そこでは、赤いクルター（上着）を着た農民奉仕家のグループが初めて誕生した。彼らについて、タールに配置された役人までもが、彼らは本当に平和組織の人間だと言っている。ザミーンダールの指図による棍棒とならず者の支配が荒れ狂っても、彼らは何としても農民の平静さを維持しようとした。彼らは農民の子であった。ここに、このグループの強さの秘訣がある。我々は、闘いを指導するためにも、後進階層の農民を自立させた。お金などを集める仕事も、彼らがなんとか大部分は自分たちで処理していた。

ところで、タールの二つの村で我々は集会を開いた。前からその集会の準備が行われていた。その後でふたたびバールに戻る代わりに、さらに遠いビハール地方のヌールサラーイに行かなくてはならなかった。道は困難であった。牛車などを使ってなんとかハルナウトに行かなくてはならなかった。そこからは馬車でヌールサラーイに容易に行くことができた。我々が馬車をハルナウトで用意したか、それとも、それ以前に馬車が来ていたかは正確には覚えていない。しかし、ハルナウトの先はたしかに馬車で行ったことをよく覚えている。実際、ハルナウトからの旅は意義深かった。このために、それはよく覚えている。

ハルナウトからしばらくは舗装道路を通って行った。しかし、その先はこの道路から外れなくてはならなかった。馬車が舗装していない道路を通り始めた。何人かの同志も同乗していた。おそらく三人だった。少し行った所で奇妙な争いを見ることができた。争いの起こっていた場所の近くの村の名は覚えていない。遠くで三~四匹の小さな動物が喧嘩をしていた。ときには、一匹が残りの三匹を追い払う。ときには、この三匹が一匹の動物を襲う。長い間、私はこれを見ていた。馬車が遠くにある間、どんな動物が争っているのかわからなかった。しかし、徐々に馬車が旋回しながら近づいて行ったとき、一匹の山羊が三匹の子山羊とともに一方にいて、他方に三匹の犬がいることがわかった。両者の間で争っていた。長時間続いていることは私自身わかったが、いつから始まったかは知る由もない。しかし、私は見始めてからその奇妙な光景に釘付けになった。

争いは続いていた。三匹の犬は山羊に襲いかかり、子山羊も一緒に食い殺そうとしていた。しかし、これにたいして、自分の子供を腹の所に寄せて、山羊は怒りから額と角を傾けて逆襲し、三匹の犬は逃げて行った。実際、山羊が命がけで犬に跳びかかると、犬は意気沮喪して逃げるのだった。しかし、山羊が止まると、今度は犬が山羊を襲った。こんな光景がいつまでも続くのであった。私の眼は瞬きもせずにこの山羊を見つめていた。近づいて私は熱っぽく見続けた。身の毛がよだつようであった。近くで見る山羊は小さかった。しかし、怒りの故に死の形相をしていた。戦いの女神となっても苦しんでいた。犬がいるのだ。いままでは勝っていて勇気を持ち続けていた。しかし、犬の望みは叶えられていない。犬は、山羊を、もしできなければ、少なくとも三匹の子山羊の生きた血を吸いたいが、それが実現していない。このために、当然犬の側には疲労感があった。それでも、この争いは続いていた。そうこうするうちに、山羊の所有者が現れた。彼は犬を殴って追い払い、山羊を家に連れて行った。

私にとってこの光景は衝撃的だった。何故心を奪われたか。それには理由がある。私にはいつも次のような問題がつきまとっていた。農民はあらゆる意味で疲れ、虐げられているが故に断固としてザミーンダールに対決することができない。対決しなければ圧制からは解放されないし、自らの権利も獲得することはできない。私は行く先々でこの問題を提起していた。私は困ってもいた。解答は出していたし、質問者そして一般の農民にもいかに勝利を収めるかを説いていた。世界のどこで、どのように勝利を収めたかを語り、説いてきた。しかし、結局、これらはすべて間接的な、頭の中の世界のことである。私がどこかで農民の勝利を見たわけではなく、農民も見ていない。すべて聞いたことである。このため、私自身自分の解答に満足していなかった。私は、如何にして弱い者でも強者を破ることができるか、その例を見たかった。山羊のこの独特の「歴史的」な戦いは、その後いつも私の錯綜する考えの中に定着していた。これによって私の願いは達せられたのである。そう考えると、猫が如何にして人に勝てるかもわかった。

私は、ごく普通の山羊が、長時間にわたり三匹の犬と生きるか死ぬかの争いをして、三匹の子山羊と自分自身を守ることができることを自分の眼で見た。これは明快なことだ。もしも同じ犬が望めば、恐れおののく、勇気を失った山羊の骨をしゃぶることもできたろう。三匹の子山羊も同じ運命となったことだろう。そのような状態の下では親の山羊を食い殺すことは一層容易であったろう。というのは、親の力は自分を守るのに使われるだけでなく、三匹の子山羊を救うという難事に大部分費やされてしまうからである。それでも、山羊は危機を切り抜け、しかも堂々と生き残った。何故か。どうしてそのようにできたのか。その答えを話だけで出せるだろうか。そのとき山羊の形相を見なかった者、いかに戦っているかを自分の眼で見なかった者が、頭の中で解答を理解するのは難しい。問題を正確に理解するためには、このような出来事を自分で見ることがきわめて必要である。一つの出来事は千の講釈に匹敵する。何故なら、それは「言って聞かせる」ではなく、「して見せる」からだ。そして、「して見せる」がなければ、何ごとも心に刻まれることはない。

実際、人は完全な計画と固い決意で命を賭けるとき、その内部に隠されていた無限の力が外に出てくる。これが世の法則である。力は外からは生まれない。すべての事物の内部に隠されているのである。ミルクからバターができるように。攪拌することによってバターができるように命を賭けて闘うとき、その死活の闘いが攪拌の役割を果たす。その結果、隠れた力が外に出て、腰が据わるのである。山羊の戦いからこのことは明らかである。「命を賭けて何ができないか」と言われる。もしも普通の山羊が断固として子山羊共々自分たちを三匹の犬から守ることができるのであれば、農民が断固として闘えば、自分の権利をどうして守ることができないだろうか。

27　農民集会への道と帰りの道

責任ある活動家や指導者が常識に反する行為をするとき、大きな困難が生じる。大衆の間で活動することとただの政治的狡猾さとは別の次元である。これこれの場所で集会が開かれ、これこれの人物が演説したと新聞に報道されることは、我が活動家や指導者が概して好むところだ。集会がどのようであったか、集会での具体的成果が何であったか、成果がなかったかについては、彼らはおそらく構っていない。私はこれを無責任と見なすだけでなく、欺瞞だと思う。何人かの指導者の外部世界への影響力がたとえそれによって強まったにせよ、それは欺瞞である。大衆的な活動はそこからは何も生まれない。にもかかわらず、我々はこうした潮流に流されていく。新聞報道とはしばしばこのようなものである。我々はそれだけで満足する。自分たちの分厚い年次報告書も無感動な報告で埋め尽くしている。外部の世界は、我々が大いに活動していると賞賛する。もしも同じ日に多くの集会の報道が掲載されたらどうなるか。そのときには、我々の偉大さ、指導力は天に届くほどの高いものとなる。

自分の成功をこうした偽りの報道で計算している限り、農民や労働者の幸せは神のみの仕事となる。しかし、我々は如何にして真の大衆奉仕家であるかの「お墨付き」を得たい。我々の心に虐げられた大衆への真の奉仕の火がいかに燃えているかの「証明」を得たいのである。だが、こうした態度によって、貧しい者が解放されることは絶対にあり得ない。にもかかわらず、羊・山羊の群れのごとく、彼らはときにある政党の手の中に、ときに他の政党の手の中にと行ったり来たりする。このようにして、我々は農民の指導者となり、自分のつまらぬ利益のために農民を敵の手に売り続ける。これは絶対に農民解放の道ではない。しかし、不運にも、私はこのように苦い経験を農民運動の中でどれだけしたことか、数え切れない。

もう一つ。我々は責任の意味を正確に理解できないでいる。ある仕事を達成するのに何と何をしなければならないか、どのような困難に遭うか、それにどのように対処するか、これに関連して誰を信頼するか、誰を信頼しないか、信頼するとすればどこまで信頼するかなどの側面について十分に考えることも責任の中に入る。これこそが責任の真の側面である。こうしたことについて熟慮しなければ我々は責任を果たすことができない。もしも我々がこれに失敗すれば、その原因は、我々が責任の意味を現在まで知らなかったか、あるいは、誰がどのような困難・障害に直面しているかを前以て理解しておくことが必要であるのにその自覚がなかったかである。村の農民や活動家がある集会の準備に完全な責任を持つというときに、我々はいまや何もする必要はないと思って心配しない。我々は気楽に行けばよく、集会が終わったら帰ってよいと思うだろう。

しかし、これが重大な誤りである。村の人たちにとってそのように理解し、すべての事柄について十分な配慮をするというのは容易なことではない。すべてのことを計算する責任を農民に負わせることは誤りである。その計算のはかりも村のものであり、それも十分なものではない。このため、我々自身がすべての事柄に目配りすることが必要である。集会を開いたり、開かせたりする人たちは、一般的に、この世にはこの集会一つしかないと考えている。その考え方では、その後で今日どこか別の場所で我々の指導者が集会に出るかどうかは心配していない。明日、あさって指導者がどこかに行くかどうか、もし行くことができなければそこの人たちがどんなに失望するか、準備が終わっても指導者がここに来なければ我々が不満に思うように、その場所でも彼らが不満に思わないかどうか、そのようなことは一般的に考えてもいないのである。それでも、定刻に集会が終わるようにあらゆる準備をするとすれば、どのようにすべきか。こうしたすべての条件を考え、定刻にあらゆる仕事が終わるように手筈を整えるのは、我々責任ある活動家の仕事である。村の人たちが言った通りにすべてを信ずるのは重大な誤りである。我々は、この人たちの弱さを語ることなく、自分たちの経験を基礎として理解し、それにしたがって活動しなければならない。

これに関して、私は苦い経験を何度となく味わい、たいへんな苦労もした。ときには、内心恨みつらみの気持も募った。とくに偉大な指導者といわれる人たちがこのように無知なことをしたときには。これについては前に何度か書いている。しかし、一つの出来事は特筆してよい。一九三九年の雨期が終わったときである。農民は春作を植えるために田畑で準備をしていた。稲の収穫はまだであった。田んぼには稲があった。しかし、雨期の水は道路から大部分引いていた。思い起こすと、カールティク月の十五夜はまだ過ぎていなかった。ちょうどその頃、パトナー県のバール郡の農民指導者が私の旅行のプログラムを決めた。そして、同じ日に二つの集会のお膳立てをした。一つは、ファトゥハー警察署管内のウスファー村、もう一つはヒルサー警察署管内のヒルサーである。知らせをもらったとき、私は、自動車道路でもない限り村の集会を二つ開くことは無謀だと言ったが、彼は聞き入れなかった。

集会の日、ファトゥハー駅に着いたとき、ウスファーについて何度も尋ねた。どれだけ遠いのか、道はどうかなどなど。答えは、しばらくは馬車で行く、それから川を越えて三〜四マイルは象で行かなければならないということだった。しかし、私は納得しなかった。実際、集会の後、象に乗って四〜五マイル行き、軽便鉄道を利用して夕方までにヒルサーに到着することが必要だった。私は彼の言うようにはできないと言った。私には農村地域についての経験があり、その経験を基礎として、私はヒルサーに彼と同行するのはやめるので一人で行ってほしいと言った。私にヒルサーに行ってもらいたいという願望を捨て、自分一人で集会を開いてくれないかとはっきり言った。もちろん、可能ならば私も行く。しかし、私を待ち続けないでほしい。このような妥協の上に、私は一人の活動家とともにウスファーに向かった。象が用意してある所まで急いで行けるという期待を抱いて。

しかし、馬車が主要道路を離れて小道を通り始めたとき、無責任の見本をファトハーで体験することになった。しばらく行くと小道は閉鎖され、修理のための小石が敷かれていた。厄介なことになった。馬車で行けそうにもなかった。馬車は苦労してなんとか突破することができた。この苦労は仕方ない。さらにしばらくというより、かなり進むと、自転車に乗った人が我々を追いかけて来て呼んでいる。しかし、しばらくは彼の声は聞こえず、馬車は進み続けた。彼が近づいて来て、我々は呼びかけの中味を知った。象が駅に来ているので戻ってほしいと。我々はあわてた。そして、第二の危機到来と考えた。戻るとはいっても、またしてもあの小道で馬車を通す厄介が待っている。このため、自転車の人に、行って象を前以て送ると決めていた場所によこせと頼んだ。君も言った通り、象の御者が誤って象を駅に連れて行ったのだから。かわいそうに、彼はこれを聞いて戻って行った。しかし、しばらく進むと、今度は馬車の御者が、「旦那、馬車はこれ以上進めません。ここまでと決めていたのだから」と言った。

我々は降りて歩くことになった。しばらく行った後で、このあたりには川がないこともわかった。ウスファーへの道はこれからは畑を通って行く。舗装していない道から離れた。我々は歩いて稲田の中にある菩提樹の下で止まった。そこで、象が来れば行こうと待っていた。木陰で少し横になった。しかし、落ち着かなかった。集会に間に合うだろうかと心配した。このため、たえず象の来る方向を見ていた。ときには立って、ときには座った。見ているうちに一時間、二時間が過ぎた。しかし、象は見えなかった。じっと見続けるうちに眼が動かなくなった。途方に暮れた。しかし、それでも象は現れなかった。一〇時～一一時になっていた。象を待っている間にウスファーの集会はご破算になるのではないかと心配し、ヒルサー行きは論外となった。我々の前に第三の危機到来だ。我々は歩いて行くことを決めた。道もわからなかった。それでも、聞きながら行こうと勇気を振り絞った。我々は、前から、一緒に荷物を持って行かないようにと気を付けていた。さもなければ、そこに立ち止まったままになっただろう。ウスファーに行くのは遠かった。ファトゥファーに戻るのも耐えがたい。荷物を誰が持って行こうか。この奥深い田舎でクーリーはどこで見つけられよう。私にはこのようなときは前に何度もあった。それ故、必要があれば歩くこともあると万全を期してやって来ている。それならば、どうして荷物を持ってくるだろうか。

ともかく、我々は歩いた。道については聞くまでもあるまい。ローム層の黒土は乾ききって、足を切りつけた。しかし、靴を履くことができないのは、たえずぬかるみを越えなくてはならなかったからだ。このため、「お靴様」はときに手に取られる光栄に浴するかと思えば、ときに足の下に敷かれるという具合だ。道は作られていなかった。ときには畑、ときには二つの畑の間の畦を歩いて行かなければならなかった。人に尋ねると、これこれの方角にウスファーがあるという答えが返ってきた。その方向に進んだ。それでも大いに迷った。誰かに道を尋ねるような村は遠くまで見えなかった。さびれた場所では、『ラーマーヤナ』のラーマのようにシーターの所在を聞く木すらなかった。家畜も小鳥も見られなかったのである。長い間歩いてそこここで耕作している農民に会うと、ウスファーへの道はどれかと尋ねた。それからまた想像力をたくましくして前進した。カールティク月の日差しは強くて皮膚が焼けるほどであった。喉も乾いた。しかし、途中で水を手に入れるのは容易でなかった。村で井戸を見つけて飲むことができたとしても、水が井戸の縁まで溢れている状態で、この水を飲めば病気になるのは必至だった。そのため、喉が渇いたまま歩いた。途中一、二の村に出遭い、そこでウスファーへの道を尋ねてはまた前に進んだ。

四~五マイルどころか八~九マイル以上歩いた。ともかく歩き続けた。それでもウスファーに着くのに三時間以上かかった。我々は困ったが、他に方法はなかった。何はともあれ集会場に着かなくてはならない。ついに、一つの村にぶつかった。これがウスファーだと思った。しかし、間違っていた。また進んだ。この次がウスファーとわかった。だが、川や溝、ぬかるみのため道は迂回した。とうとう、集会に行こうとしている何人かに会った。やっと近づいたと思い、勇気も出た。ついに、楽器を持った人たちの集まりにぶつかった。彼らは歓迎のために集まっていた。彼らの無邪気さに哀れみを覚えた。我々が到着するかどうかを彼らは考えてもいなかった。ただ歓迎のために鳴り物入りで集まったのである。我々はもう集会場は近いと思った。しかし、そうではなかった。あと数マイル歩かなくてはならなかった。やっとのことで村に着くと、村中をデモが歩いて廻った。我々はデモで廻るなどとは知らなかった。村もはてしなく長かった。我々は喉の渇きのために死にそうだったが、人々は行進していた。しかし、どうするすべもない。村の人たちは素朴だ。彼らがもしすべてのことをわかっていれば、ザミーンダールははたして生きていけるだろうか。高利貸はどうして収奪できるだろうか。村人の素朴さと素直さこそ、収奪・搾取する者の資本である。これこそ彼らの武器である。

デモが終わり、我々が村の外れの広場に着くと、集会の用意がしてあった。しかし、私の喉はからからであった。このため、井戸から水を汲ませ、十分に身体に浴びると、いくらか冷えてきた。それから、水を飲み、少し横になった。そうこうするうちに人が集まった。ウスファーにはおそらく外から誰も来ることができないということがわかった。雨期にはファトゥハーからここまで水に浸っている。冬にも来るのは難しい。もちろん、夏にはおそらく誰も来ない。一般的に、集会の知らせが配られて人が集まる。しかし、指導者が到着できない。その結果、皆がっかりして帰る。このような習慣が彼らの間に身についてしまった。自動車などが来るのは不可能である。牛車も同じである。象や馬で来ることはできる。さもなければ徒歩である。しかし、指導者が徒歩でとは思い及ぶまい。私についても、村の人たちはおそらく来ないと思っていた。このため、息も絶え絶え、疲れ果て、喉をからからにして着いたとき、彼らは驚いた。

ウスファーには中学校がある。図書館もある。フットボールなどの遊びも行われている。会議派の闘争でウスファーの何人かは何度も投獄された。それでも、この地域全体は遅れている。集会もおそらく行われていない。この地域の大小のザミーンダールはひどい圧制を敷いている。警察も来るのは難しい。このため、横暴な連中が闊歩している。何年ぶりかで私のこの集会は行われたが、警察も、そして、秘密警察も来ることができなかった。彼らはヒルサーの集会に出かけたのである。これもめずらしいことだ。滑稽だったのは、私を連れてくるはずだった象が集会が終わるか終わらないかのときになって戻ってきたことである。

その集会の議長になったのは、この地域の小ザミーンダールであった。これは後に知ったことである。さもなければ、おそらくこのようなことは起こらなかっただろう。しかし、私の演説はザミーンダーリー制とザミーンダールの圧迫に反対するものであった。にもかかわらず、議長がどうしてじっと我慢して聞くことができたかわからない。彼が私の演説に動揺しているのは、彼の表情からは読み取れなかった。動揺していたとしても私が気にしただろうか。私は自分の仕事をしていたのである。聴衆が一心に私の一語一句に耳を傾けていたのはたしかにわかった。彼らは感情を抑えていたが、話を聞くにつれて彼らの表情は輝いてきた。ウスファーの農民がザミーンダールの圧制に反対して闘うのを少しも躊躇していないこともわかった。彼らは、他の者と同じく警察をも怖れていなかった。もしも警察がザミーンダールや高利貸に味方すれば、警察とも闘っただろう。将来を考えるとこれはすばらしいことだ。自らの権利について死活の関心を持つことなしに農民が解放されることはない。

ところで、集会の終わりに興味深い出来事が起こった。学校やカレッジの学生と思われる何人かの若者が、独立も獲得しないのに、あなたは何故ザミーンダールと農民との争いを起こしているのかと尋ねた。彼らはザミーンダールの子弟だ。しかし、ずる賢く、独立の議論に隠れて会議派のメンバーになったのである。私は、争いを起こしているとは何たることだ、争いは以前からあると答えた。もしも誰かが君たちの財産を奪ったとしたら、独立のことを考えて奪った者と争わないだろうか。君たちの理屈では、争いが始まれば独立獲得の障害となるのだから。我々は農民にこう言っている。農民がもたらす独立はどのようなものになるか。ザミーンダールの「自治」と農民の「自治」は同じものではなく別々のものとなる。一方にとっての「自治」は他方にとっての災禍となる。

すると、若者は、あなたはジンナー氏(44)のようなことを言っていると反論した。ジンナーが独立獲得の前にインドを分割せよと言っているのと同じことをあなたは言っていると。これを聞いて、私は、君たちは私の立場を正確にわかっていないと答えた。私は農民にただこう話したいだけなのだ。ザミーンダールと高利貸の「自治」ではなく、自分たちの「自治」になるように用心して独立のために闘えと。しかし、必ず闘え。たとえザミーンダールなどが闘わなくとも、自分たちだけでも闘え。もしも彼らが闘えば、共に闘え。しかし、機会あればザミーンダールが農民をだまし、自分たちの「自治」が奪われることのないように警戒せよ。ジンナーはムスリムに闘うことを止めさせている。彼は官職と議席の分配を求めているのだ。独立のためにムスリムがヒンドゥーと一緒に闘うのは望んでいない。むしろ、何度もムスリムが闘うのを止めている。それなのに、どうして私とジンナーを比較するのか。私が、農民組合が、そして農民が会議派の闘いに協力しなかったと誰が言えるのか。かつて私が農民の闘いを抑えたことがあっただろうか。

この後、若者は黙ってしまった。しかし、農民はすべてを理解した。私は彼らに尋ねた。あなたの村のザミーンダール、ナワーブ・サーハブは農民の「自治」のために闘うだろうか、それとも、自分の「自治」のために闘うだろうか。彼らは異口同音に「自分の『自治』のために」と答えた。ここで、私は、先ほど質問した人たちははっきりとは言わないけれどもナワーブ・サーハブの「自治」を望んでいるのだと言った。これが漠然と「自治」を語る背後にある意図だ。彼らが漠然と語らず、「自治」の姿を明確にするならば、農民が参加を躊躇するのではないかと怖れているのだ。土地の所有者が農民ではなく、自分の稼ぎをまず自分が家族とともに享受できず、十分な土地が手に入らず、高利貸から逃れられず、ザミーンダールの圧制から解放されず、飢えで死んでも小作料、借金などを払わなければならないような「自治」がどうして農民の「自治」だろうか。そして、もしもこのような利得がなければ、ザミーンダールや金持ちの望む「自治」は他にあるだろうか。このため、農民とザミーンダール・金持ちの「自治」は同じではないと言いたい。これを聞いた会場は歓声に包まれた。その後で、皆それぞれの村に帰って行った。

いまや、帰ってファトゥハーで定刻に汽車をつかまえるという問題が出てきた。ほとんど夕方になっていたからである。ヒルサー行きは問題外であった。ファトゥハーでビターに帰る汽車をつかまえられない危険があった。もしも早い乗り物があればつかまえられそうだった。このため、いい乗り物を急いで持ってくるようにと念を押した。私はウスファーに着くと、集会の前にも乗り物の用意をきちんとしておくよう頼んでいた。来るときに起こったことは仕方ない。帰りをちゃんとしてもらいたい。さもなければ明日のプログラムが駄目になる。ヒルサーに行くことはできなくなった。聞いていた人たちは「はい、はい。万全です」と答えた。しかし、私は疑っていた。というのは、即座に返った「万全」の答えはきわめて怪しいものだからだ。私は何度もそのような経験をしている。それで、結局どうなったか。このため、集会が終わるとすぐに乗り物をと叫んだ。返事は「いま来ます」だった。しばらくしてまた尋ねると、同じ「いま来ます」の返事。何度も同じことを聞くばかりでうんざりした。来たときの疲れが残っているので乗り物のことを心配したのだが。さもなければ、さっさと徒歩で出発していただろう。しかし、何もはかどらないので、ついに歩くことにした。皆、「待ってください。乗り物が来ます」と引き止め始めた。しかし、もう信じなかった。ついに出発した。後で、同じ年老いた象がゆっくりとやって来るのを見た。何たる無責任。彼らはだましたのだと疎ましくなった。一体、この悠然とした「乗り物」でファトゥハーにいつ着くのか。その後ろから、私に「止まって」という呼びかけの声が聞こえる。しかし、私は前に進み続けた。乗り物についてのこの最後の難事がもっとも大事なときに起こり、不愉快だった。しかし、打つ手はなかった。一～二マイル歩いた。夕刻になっていた。ミルクも飲むことができないでいた。それ故、途中の村の人たちが引き止めた。彼らも集会に行っていたのである。一人のヴァイシュナワ派のブラーフマンが井戸の縁に毛布をかけて私を座らせ、ただちにミルクを搾らせ、私に飲ませてくれた。そうこうするうちに少し遅くなり、年老いた象も着いた。私は象に乗るのを躊躇し、乗るつもりもなかった。しかし、周囲の者が言い張った。夜と知らない道。ぬかるみを通って進む。しかも八～一〇マイル。一筋縄ではいかない。日没まで時間があれば何とか歩くこともできたろう。しかし、闇夜であった。このため、やむを得ず象の上に乗った。道を示す角灯もあった。しかし、光がわからないほどの薄明かりであった。それでも仕様がなかった。このためランプを携行した。しかし、ランプはまもなく消えてしまい、大声を出してランプの所有者に返し、我々は闇の中を手探りで進んだ。結局どうなったか。象は老いて弱々しかった。その上、我々同様に疲れていた。というのは、たったいま駅から戻ったばかりだった。加えて、象は空腹だった。「紳士」たちは、象に餌をやらずにふたたび私と一緒に出かけさせたのである。奇妙なことである。もしも夜でなかったら飢えて死んでしまっただろう。一歩も進もうとしなかった。しかし、夜なので何とかなった。象は道に沿った畑に立っている作物をちぎっては食べて歩いたのである。これが象の生き方である。昼間なら農民が警戒し、騒いだだろう。このため、御者が象を止めて叱りつけ、象が殺されないようにしただろう。しかし、夜はこの危険がなかった。象の思うがままであった。すべての畑に稲が生育していた。我々はその畑を通って行った。象は食べながら歩いた。農民の収穫物をこのように台無しにしてしまうのは、もちろん不愉快である。このため、普通は象に乗っては行かない。象の空腹を見て我々にはなすすべもなかった。御者に止めさせろと言う勇気はなかった。

このように進むうちに川岸を歩き始めた。この道路はファトゥハーに通じることがわかった。道を間違ってはいない。ちゃんと進んでいる。しかし、しばらくすると、川が我々から離れてどこに行ったかわからなくなった。川の流れは曲がりくねったもの、誰と折り合いをつけたのか。川の流れに通じた者だけが川と仲良くしていける。我々は急いでファトゥハーに着かなければならない。時間は過ぎていた。たえず時間を気にして進んでいたが、いまとなっては汽車に間に合わない怖れがあった。というのは、ファトゥハーはまだ遠いと思ったからである。そうこうするうちに汽車の明かりが見えてきた。汽車は東から西へとゴトゴト音を立てて進んでいる。我々のことなど構ってはいない。もし汽車に多少の感情があり、我々のことを知ったならば、おそらく我々の心のうちの「マハーバーラタ」（大葛藤）を感じ取っただろう。それでも、我々のために汽車が止まることはなかっただろう。時間の制約があり、時の呼びかけに耳を傾ける者は、誰にも構わず進むのである。そのとき、こうした考えが我々の頭の中で定着した。失敗の中でのこれだけの成功、こうした教訓を得て満足した。

象は歩き続けた。そのうちに軽便鉄道の汽車が南から来て去って行った。我々はじっと見つめるだけで後に残された。やっとのことで、ファトゥハーの近くに着いた。

舗装道路に来たとき、我々は二年前の出来事を思い出した。ファトゥハーの近くでは我々はいつも難事にぶつかると思った。とくに、ヒルサーのプログラムでは。二年前には、ヒルサーで集会を開いた後で、汽車をつかまえるために馬車でファトゥハーに向かった。汽車には間に合った。しかし、近くに来て舗装道路上で九死に一生を得た。夜になっていた。我々の乗った馬車はヒルサーからのものであったが、橋があって二つの道が合流する場所に着くや、牛車が前方に見えた。御者が牛車を追い抜こうとしているうちに、馬が道の下に落ちて大事故となった。実際、道の傍には大きな窪みがあった。もしも車体が転倒していたならば、誰も生き残れなかっただろう。皆死んでいたところだろう。しかし、馬が倒れても車がどうして踏みとどまれたか不思議である。仲間は下に落ち、車は吊り下がって止まり、転倒しなかった。しかし、私は車の上に座ったままだった。私以外は皆多少の傷を負った。もしもすぐに我々が馬を車体から切り離して立たせなかったならば、馬は死んでいただろう。馬は立ち上がり、ほうほうの態で駅の近くに着いた。この日の出来事は決して忘れない。このような出来事は農民組合の旅の中で他にも一、二度経験した。しかし、そのときの経験がもっとも恐ろしいものだった。我々は間一髪難を逃れた。それでも、私は何の傷も負わなかった。この出来事を、「不吉な」地に出かけたその日、駅でふたたび思い出した。

ともあれ、我々はそこから進んで、駅の南にある鉄道の時計塔の所で象から下りた。我々は、道もなければ乗り物もないさびれた所から帰ったことを知った。汽車はずっと前に出てしまっていた。いまや、その心配はしなかった。

無事に恐ろしい旅から戻って駅に着いたことは幸せであった。実際、心配事があってもそれ以上の危険に遭遇すれば、以前の心配は自ずと消えてなくなり、新しい危険が眼前をかけめぐる。我々はそんな状態であった。駅に着くかどうか、着いたとしてもいつ、どんな姿で、がたがたの身体か、それとも無事に帰れるかなどで頭の中はいっぱいだった。我々は、どんな格好でも駅にうまくたどり着ければとそれだけを心配した。このため、駅に着いたときの喜びははかり知れなかった。

駅に行って困ったのは寝ることだった。寝具を持っていなかった。汽車が持って行ってしまった。手足を洗う水を入れる壺もなかった。このため、闇の中、待合室で静かに過ごした。しばらくすると、この地域のカビール派の僧坊の学生たちが我々を探しに来た。彼らは僧坊主の横暴にうんざりしていて、我々を待っていたのだった。汽車の時間を調べに一旦帰った彼らは、また戻り、我々を自分の所へ連れて行った。そのとき、我々は彼らをとくに助けることはできなかった。それでも、採るべき道を教えることはできた。我々は早朝の汽車でビターに帰った。

28　ある社会主義者の遠大な計画

農民組合の思い出は分厚い本になるほどにある。それも単なる物語ではなく、すべての思い出に意味がある。いかなる危機をいつ、そして、どのように乗り越えて農民組合の基礎が強化されたかをいろいろな出来事から知ることができる。一度、パトナー県のダーナープル地方の河川流域マガルパールにあるラームプルでの集会に際して起こったように、三~四マイル走り続けて集会場にたどり着くことはしばしばだった。このとき、主催者は乗り物の手配ができず、遅れてシェールプル（ラームプルの印刷ミスか―訳注）に着くと夕方になっていた。もしもあえぎながらでも四マイル走ることがなかったら、皆がっかりして帰ってしまっただろう。

同様に、一度ガヤー県のカタンギーで集会を開くことになった。ガヤーから自動車で行った。雨の降った後だった。道路には新しい土があった。舗装していない道路が作られたばかりであった。車は泥にのめりこんだ。六マイル行くのに六時間かかった。夜になってしまった。ついに、車を捨てて何マイルも徒歩で手探りするように夜の道を歩いた。そのときまでには人は集会場から帰って行った。しかし、四方に呼びかけて、人が急いで集まり、集会の準備に取りかかった。その結果、途中から人が戻って来た。遅くなって皆カタンギーから帰る途中だった。夜の一〇～一一時に多数の人が集会に集まった。

もっとも興味深かったのは、マジャーワーンのバカーシュト闘争のときである。マジャーワーンはカタンギーから北へ二～三マイルの所にある。昼にテーカーリーに着いた。そこからマジャーワーンは一四マイル離れている。雨期の日、舗装していない道路、その上、乗り物が来るのが遅れた。もう結構、歩くことに決めた。六～七マイル行って乗り物が手に入った。ようやく闇をついて進みながらマジャーワーンに着いた。闘いは進行していた。すぐに人を集めた。集会を開き、皆を納得させて、その場を離れた。真夜中にガヤーで汽車に乗らなければならなかった。翌日のプログラムを反故にしないためにはやむを得なかった。しかし、乗り物がすばやくどこで手に入るだろうか。歩かねばならなかった。普通の道ではない。ローム層の土だ。雨がよく降っていた。夜の時間である。汽車に間に合うか心配だった。一緒に何人かいた。これがよかった。子馬も一緒だった。疲れたとき乗るように。私は子馬に乗るのは慣れていない。一度乗ってしばらくすると、苦しくなって下りた。夜の一時頃、何とかテーカーリーに着いた。自動車があった。車を走らせて、二時頃にガヤーに着き、汽車のドアが開くか開かないうちに乗ってパトナーに来た。嬉しかったことはこの苦労が実ったことであり、マジャーワーンの農民は、男以上に女の人たちが闘って、アマーワーンのザミーンダールに自分たちの要求を認めさせた。何十万ルピーもの滞納小作料が免除され、安い小作料で競売地が戻った。マジャーワーンはジャドゥナンダン・シャルマー氏の生まれた地である。

しかし、これまで書いてきた思い出によって、我々の運動の前進に十分な光が当てられており、これを知れば、農民組合がいかにして作られたかがわかる。アッサム、ベンガル、パンジャーブ、カーンデーシュなどへの旅によってもこのことはわかるが、それについては別の場所で触れているのでここに書く必要はなかろう。とくに必要がない限り、同じことを繰り返すのは適当ではない。そのため、ついでながら一つの興味深く重要な出来事に触れてこの思い出を締めくくりたい。その出来事はあまり古いことではなく、ヨーロッパで戦争が始まってからである。現在まで私と一緒に農民組合と農民運動の展開に、とくにビハールにおいて、また他の地域でも責任を負ってきた人たちの心情について、この出来事は十分な光を当てている。これから先、農民組合を正しい路線に乗せようとする者にとって、この出来事を知ることはきわめて必要である。そうしなければ、だまされるし、迷うだろう。実際、私自身このことを理解するのに少なくとも六年かかった。その後では、よく理解することもできた。このため、他の人たちの前にこの出来事を紹介するのは適当であると思う。彼らがその理解を得るのに六年、一二年かからないようにするために。誰の名前も挙げないことをまず断っておきたい。名前を公表するのが有益だとは思わない。

会議派運営委員会は、非暴力の外皮を取り払い、ガンディージーに別れを告げて、一九四〇年の半ば、もしもイギリス政府がインドに国民政府の樹立を認め、インドに完全独立の権利があると宣言するならば、会議派はヨーロッパにおける戦争の勝利のためにイギリスを援助すると決議した。決議の文面は少しあいまいで弁解もあったが、会議派議長および他の責任ある指導者たちの演説に照らせば、決議の主旨はこのようなものであった。ちょうどそのとき、監獄で我々と一緒にいた何人かの社会党の指導者たちが新しい党を結成する提案をした。そのために彼らは広範な議論を展開し、これを基礎として行動綱領まで用意した。彼らは、いまや会議派はある意味で生命を終えたとまではっきりと認めた。会議派はもはや独立のために闘わない。会議派はもう我々のために用をなさなくなった。たとえ政府がさしあたり会議派運営委員会の要求を承認せず、要求が葬られたとしても同じである。しかし、いかなるときでもこの要求を墓から掘り出して蘇らせることはできる。いまや、会議派の指導者はイギリス帝国主義者と結託し、その武器によって立ち上がる民衆を抑えつけようとしている。会議派指導者はインドの一般大衆を恐れ始めたからである。このため、会議派と統一戦線を組むという問題はいまやなくなった。

このような状態の下でいま何をなすべきかについて自分の決意を示し、農民組合を農民の政治組織として結集すべきだとこの社会主義者は言った。我々はこの活動に十分力を入れる必要があると。同時に、労働者の組織にも十分力を入れ、やがて両組織を一つの糸で結びつけたい。このようにして一つの共同の組織ができれば、その組織はインドの完全独立のために闘い、独立をもたらすことができる。このため、いま我々は全力をその方向に傾注すべきである。そのためには、一、二を除いて残るすべての左翼政党からなる連合政党を作るべきだ。この党こそ、この新しい綱領を見事に実現できるだろう。すべての政党が合流することによって我々の力は増大する。彼は、一つの党（インド共産党か——訳注）を除いてすべての党が結集すると確信していた。

彼は自分の考えを私に披露し、私もこれについて熟慮した。しかし、「左翼強化委員会」の歴史を見るとき、すべてを結集してこのような一つの政党ができるとは信じられなかった[45]。左翼強化委員会の苦痛に満ちたいやな経験を私ほどに味わった者は他にいないだろう。私はこれに関する左翼の行動に嫌気がさして、ときに涙を流しもした。すべての党が委員会に心を寄せてはいなかった。否応なしに引き込まれたのだとわかっていた。皆逃げ出したかった。もしも一つの党がこれに関心を持っていれば、他の党はさらに遠くに逃げていた。奇妙な状態だった。最初、その中の誰かが私を引き込んだ。しかし、後に複数の政党が右往左往し始めた。すべての者が逃げ出す機会をうかがっていた。一体、無理やり引きずり込んで連合政党はできるのだろうか。

彼が私に意見を求めたとき、私は自分のはっきりとした考えを述べた。私は左翼の政党は互いに信頼してこなかったと言った。そして、この信頼がない限りどうして合流・一致が可能だろうか。それは相互の信頼を基礎としてのみ成立し、持続するものだ。私は彼に「左翼強化委員会」のことを思い起こさせ、私の知る限り、その失敗の原因は、当時一つの党がその必要を理解したとしても、もう一つの党は理解しなかった。たとえ二つの党が必要を理解したとしても、他の党は理解しなかった。今日も同じ状況だ。たしかに、あなた方は新党の必要を理解している。しかし、他の者はそう思っていない。そして、すべての政党が一つの党を作らずにはいられないと感じない限り、何も生まれない。あなたの考える党を作ることすらできない。私は、現在いかなる党にも入ることはできないと言った。農民組合以外、いかなる党とも関係を持たないことを決めた。私は政党の活動を見てうんざりしている。このため、私にとっては政党から離れているのがよい。どうかご寛恕のほどを。

そのときには、彼は私にたいし無理を言わず、別の話を続けた。しかし、のちにもう一度、多くの者が一緒になってふたたび私に働きかけようとしたとき、私は静かに答えた。まず、他の政党が一緒になるかどうか様子を見よう。もしも私がいまその新党に加われば、農民組合強化の障害となる。というのは、もしもあなた方が党を代表して私に圧力をかければ、その党の人間が農民組合の責任ある地位に配置され、私は党員としてこれを認めざるをえない。その結果、私は他の政党の最良の活動家を正しく処遇できず、彼らは嫌気をさして農民組合から自然と離れていくだろう。そうなれば、どうして農民組合は強くなれようか。私はこうした面倒に関わりたくはない。

しかし、この最後の話の前に、少し別の話も出た。彼は新党について二つの重要な決定をしており、それは私があきれるものだった。彼のこの二つの決定が動かしがたいものであることを知って、一層あきれた。それでも、私は自分の気持を述べなかった。私は少し彼の心の内を探ってみたいとも思っていた。二つの決定の中の一つは、大いなる確信を持って三ヵ月以内に少なくとも二万五千人の完全な革命家たちを結集した党を作る計画を策定したというものだった。彼の話からは、これは大したことではないとの気持がうかがえた。これに関して彼が他の者にどれだけ理屈をこねたことか。彼がこれを確信し、何の心配もしていないことに私は驚いた。

このため、私は彼に反論を始めた。私の生涯で、わずか三ヵ月で第一級の革命家二万五千人を容易に揃えることができるというのは初めて聞いた。歴史上、このような一つの例でも挙げることができようか。四アンナーを支払ってなることができる会議派の初級メンバーでも農民や労働者の間で募るとなると、三ヵ月に二万五千人揃えるのは容易ではない。この期間内に、責任ある仕事ができる者を組織するのは不可能である。革命家の組織と羊・山羊の群れを一緒くたにしていないか。私は驚いた。革命党に入るためには多くの試練に遭わなければならない。そうしてこそ、メンバーの本当の姿と弱さを理解することができる。我々はメンバーを厳しくチェックしなければならない。そのときに、何人かが適格者としてパスできる。見たものは何でもよいというがらくた集めとは違う。

彼と議論しながら、私の心の中に、革命の名の下にこのような方法でメンバーを募るならば非常に危険な政党が誕生するという不安が生まれた。中間層や無職の者の中で非常に高い野心を抱いている者、指導者であることに酔いしれる者、国への奉仕と革命の名の下に自分を崇拝させるだけでなく安逸をむさぼろうとする者、長々としゃべって人をだましたいと思っている者、内に固い意志を持たずしてもっぱら上っ面、そして外面的な衣がすべてという者、もしもこうした連中に安楽の材料が用意されれば、このような恐るべき、危険な者たちが容易に入党してこよう。私は、農民・労働者への奉仕の名の下に彼らがむしろ農民・労働者にとっての災禍の源になると考えた。ひょっとして盗み・略奪などで生活する者にとってこの新党での活動は非常にすばらしい職業となるだろう。金が容易に手に入るのはたしかだ。

私の議論は彼にあまり影響を与えなかったように見えた。表面的にはたしかに彼は頭を振って、そういう困難があることを認めた。しかし、ともかく様子を見ようと言った。それほど多くなくとも少数の人たちはメンバーになるだろう。何としても二万五千人の必要はないと。彼の発言から、私の考えが彼には何の影響も与えていないことを知った。彼はただ数を問題にしていた。私はこのようなメンバーの資質が悪くて危険だと考えて彼と話したのだった。しかし、彼は、二万五千人ほどの多数のメンバーはおそらく容易には集まらないことだけを認めたのである。彼は、メンバーに関する彼の考えや方法のすべてが誤りであり、欺瞞であるとは感じてもいなかったのである。この問題で二人がこれほど議論した後でも双方は両極にいて、二人の立場は対立していた。意見の一致は見られなかった。それでも、私は、このように未熟なメンバーを抱えているために、あなた方は現在まで争いを起こしているのだと思い起こさせた。このような人たちは、つねに底なしのポットのように、ときにこちらに、ときにあちらにとふらついている。ときにこの政党、ときにあの政党へと移動する。他の党があなたの党のメンバーを引き入れることによって、争いは起きる。もっとも、過ちは未熟な人たちをメンバーにしたあなたにある。あなた自身どうして根本的な解決策を採らないのか。「竹がなければ、竹笛は吹けない(46)」彼は、「たしかにそうだ」と言った。

さらに、私は彼のもう一つの考えにも反対した。新党の資金問題である。資金上の危機を克服できなければいかなる党も成り立たない。このため、彼はその解決策を提示したが、私は聞いてたいへん驚いた。そうなれば、えたいの知れぬ、浮ついた人間を簡単に集めることはできようとはっきりと思った。たしかに、資金上の面倒は解決し、金集めの苦労はなくなり、メンバーはたえず入ってくる。「患者が言ってほしいと思っていることを言って、病状を一層悪化させる医者[47]」という言い伝えがここでは完全に当てはまる。

実際、彼が提案した資金調達の方法は、農民や労働者、大衆から少しずつ集めるというものではなかった。こうした方法は取り上げもしなかった。しずくを集めて池を満たすという考えはない。彼の前には長大なプログラムと費目があった。党の出版社、新聞、オフィス、文献、旅行など彼の頭をかけめぐる事柄があった。メンバーも安らかにしなければ、踏みとどまらない。それに、二万五千人の規模は大きい。現在の状況を考えるとその費用は少なくない。乾燥した穀類や乾パンを食べて革命はできない。それでは、革命家は生きていけない。このため、月に何十万ルピーもの費用が必要だ。これほどの大金を貧しい人たちが出せないのは当たり前だ。お金、お金と言っても、これだけの額を彼らから得るのは不可能である。革命家はこのような日常的な仕事のために存在しているわけではない。彼らの任務は非常に遠大なのだ。このようなことは普通の活動家の仕事なのだ。それ故、彼は、金集めの何か別の方法はないかと考えたという。巨額の金を入手する道を探し出し、私にそれを話した。私は聞いていた。同時に、笑い、あきれもした。彼にとっての革命への非常に容易な道は、私にとって、非常に危険な道に見えた。そのような金によって彼の新党、活動の拠点がたとえ旗揚げしたとしても、そこには安逸を求める人たちがうようよするだけで、私の考える農民と労働者の党には決してなりえない。

私は彼に反論し始めた。あなたの党のための主要な資金源が農民、労働者、あるいは、被搾取大衆ではなく、誰か他の者だというのは奇妙なことだと言った。あなたがメンバー募集について語ったことから推して、中間層の人たちだけが新党に入るのは明らかである。農民・労働者は入らないだろう。おそらく入ったとしてもわずかだろう。このようなやり方では、指導者は農民や労働者からは生まれないだろう。外部の者だろう。資金上の困難が解決したとき、当然、外部の人たちだけが残ることになる。誰もこれを止めることはできない。

さて、お金の問題。あなたが言ったように、貧しい人たちから寄せられるわけではない。これも外部から来る。その外部の金によって活動のすべての道具が用意される。新聞、文献、オフィスなど。かくして、人、金、道具これら三つは外の物だ。農民と労働者からは三つのうち一つとして来ない。すべての闘いのために必要なのが人、金、道具の三つだ。この三つとも外から手に入れる。これら三つによって革命闘争を展開するとあなたは言っている。展開するだけでなく、成功を収めて革命を達成することが可能であると。しかし、その革命が農民と労働者のためであるとは、私には理解しがたい。その革命は人・金・道具を用意する人たちの革命である。他人の道具で自分たちのために何かが生まれたためしはない。まして、革命についてそう考えるのは愚かなことだ。

もしも農民と労働者の手中に統治の手綱を収めようとすれば、それを革命と呼ぼうが何と呼ぼうが、農民と労働者はそのために死活の闘いをしなければならないことを知っているし、また、そのように学んでもきた。彼らの間から指導者と戦士が生まれない限り、そして、生み出さない限り、彼らの解放はありえない。彼らは闘ってきた。監獄にも行った。警棒によって殴られてもいる。発砲の餌食にもなった。しかし、彼らの指導者は外部の者であり、彼らの内部からは出ていない。現在、いくつかの場所を除いていたる所このような状態である。その結果、革命が起こっても彼らは何も獲得していない。彼らの貧しさ、収奪、困難、飢え、病、無学はそのまま残されている。世界の革命がこれを証明している。フランス、イギリス、ドイツ、アメリカ、イタリアなどの国々で革命が起こった。しかし、働く者は幸せになる代わりに一層の困難に陥っている。たとえ闘い、死ぬことで彼らが先頭に立っていたとしても。何故か。闘いや革命の指導層、その手綱が他の者の手中にあったからではないか。それ故、私は、外部の指導者の任務は農民と労働者の内部から指導者を生み出すことでなければならないと思う。その後に、彼らが自ら革命を導くだろう。我々の主たる任務は革命をもたらすことではなく、革命のために農民と労働者の内部から指導者を生み出すことだけである。ここまで活動した後に、彼らの指導の下に革命が行われ、我々がこれを支援するというのが正しい。自分たちの指導の下に革命をもたらそうという病から我々がまず解放されなければならない。農民と労働者の内部から生まれる指導者の指導と我々の指導との間に何らかの相違があるかどうかは別の問題である。両者が一致するとすれば結構なことである。しかし、指導層の試金石となるのは、我々の指導力ではなく、彼ら農民と労働者の指導力であるということを記憶しておいてほしい。我が指導層に農民・労働者の指導層が合流するのではなく、農民と労働者の指導層に我々が合流するのでなくてはならない。

同じことがお金についても言える。勝利を収めるべき者は自分のお金によって、自分の力で闘わなくてはならない。そのときにこそ勝利を収めることができる。借りた金で闘えばだまされる。たとえ闘いの中でなくとも、勝利の後で必ずそうなる。表面的には勝利は農民・労働者のものであっても、実際には、闘いに金を出した者の勝利である。金のある者は人を、人の信義を、人の魂を買収しようとするし、一般的に買収している。表面的にはそう見えなくても、我々が他の者に依存するならば、我々の魂は内部から売られる。我々が言葉の上で何度、革命、農民と労働者の統治を叫ぼうが、そこに生命はない。そのような言葉は何も生まない。心の中では、我々は金持ちの勝利をと叫んでいるのだ。彼らの考えで、彼らの意志で動いているのだ。運転手が自動車を制御しているように。そうしなければ、どこかで転倒し、あるいは、何かとぶつかるだろう。同様に、金を持っている者は我々を、そして我々の闘いを完全に制御しているのだ。それ故、我々の考えでは、農民と労働者の闘いは自分の金で展開しなければならない。この闘いのためには、真に、そして何よりも農民と労働者の資金に依拠しなくてはならない。他の者を当てにしてはならない。それでも、もしもどこかから金が入るならば、それは当然捨てるべきだという意味ではない。しかし、それに全面的に依存するのは危険である。そのような資金に関心を持つべきではない。

道具についても同じことが言える。食事、衣類、新聞、文献、オフィスなどすべての物を手の中に収めている者が闘いを思う通りに展開するだろう。この道具は闘いの基礎であり、生命である。このため、我々はこの点で他の者に依存することはできない。さもなければ、大事なときに危険が生じる。しばしば危険が立ちふさがる。ときに、こうした道具を用意する者は不快感を表に出し、我々に勝手な条件を理由もなく突きつけてくるだろう。これが世の法則であり、人の性質の然らしめる所である。結局、人は何故他人のあなたにお金をくれるのか。他の場所でお金をかせぐために大きな危険に遭遇した後で、お金を手に入れると何故我々にお金をくれるのか。自分のため、自分の子供たちのためにその金で土地・財産を何故買わないのか。どうして何か仕事、商売をしないのか。この利己主義的で、現実には物質主義的な世界において宗教や慈善を口にするのは、自分を欺き、現実から眼をそらすためである。見せかけの誓いが行われている。法廷ではガンジス河、聖なる木トゥルシー、コーラン、プラーナまで挙げて、しばしば宣誓が行われている。誓いは宗教と慈善のためだろうか。こうした行為が現世の利益・土地・財産のために行われているのを知らない者があろうか。かくして、宗教と慈善の名においてお金を出す金持ち、狡猾な人間は、一般にその千倍もの利益を計算して提供するのだ。選挙で票を得やすくするとか、商売が容易になるとか、大事なときに大きな資本、大きな権利を手に入れるのに役立つとか、そういう計算が必ず入っている。彼らが前以て計算し、遠くまで見通した上で「宗教と慈善の活動」に携わっていることを決して忘れてはならない。

このため、我々が絶対に守るべき原則は、農民・労働者が望んでいる自分たちの権利を求める闘いにおいては、人、金、道具は自分で集め、自分の所で用意せよということである。自分は飢えて、裸のままでも、彼らはそうしなければならない。他に道はない。我々は彼らにはっきりと言いたい。もしも彼らがそうしなければ、その用意がなければ、我々は彼らの闘いから身を引く、我々は決して争いに巻き込まれないと。もし巻き込まれるならば、安易な指導者を手に入れたとしても、我々は農民・労働者を当然だますことになると明言しておきたい。それだけでなく、農民の金と人材なしで、外部の者の期待に沿って農民の闘いを始めたことで、ザミーンダールや商人との取引は容易となり、我々自身の任務は達成されたかに見える。しかし、このように重大な罪悪、欺瞞を行う用意は我々にはない。

しかし、私の広範な議論と話がかの社会主義者にどこまで影響を与えたか言うのは難しい。彼は私の話をとくに重視していないという印象を受けた。彼は私を喜ばせるために多少当り障りのない言葉をたしかに吐いたが、私の考えは彼に通じなかったと確信する。そのように考え、また発言する根拠が私にはある。彼が行ったいくつかの決断は、誰かの圧力とか、衝動で生まれたものではない。何年もの間冷静に考え、数ヵ月何度も考え抜いてこの結論に達したのである。結論は何ら新しいものではなかった。彼の学識には深いものがある。それ故、こうした問題についても十分な知識がある。このような状態の下で彼の考えは彼の内なる声であり、心の動きがこのような形で外に現れたのである。彼の熟成した思想の流れ、考えの自然の結末がこのように表面に出たといえる。整理されて外に現れた心と頭がそう考えているのだ。練り上げられ、完成されて外に現れた人の思想、考えは容易に変えることができない。そうであるならば、私の話がどうして影響を与えることができようか。それだけではない。この後、彼は各地での話の中でスワーミージーも同じ考えだとまで言った。これには私もさすがに不満を述べた。しかし、シーッ。その後でも彼はそう言っているのである。

29　むすび

話し終えるのは難しいが、最後にこの思い出に関連する一、二のことを話して長い物語を閉じたい。ひょっとして機会があれば、残った何千という出来事を書き留めることもできるかもしれない。というのは、そうした出来事が多くの意味を持っているからである。それぞれの出来事には何らかの特徴がある。そのすべてが農民運動のいずれかの側面に光を当てている。特別の意義を持っているわけではないどれだけの集会が開かれたかはわからない。実際、インドでは農民の組織的運動、農民組合運動はまったく新しいものである。それ故、多くの障害に遭遇した。我々の農民組合はこの点でまったく新しい存在である。農民組合についての知識は何もなかった。経験を基礎として前進してきた。このため、困難にぶつかるのは必至であった。他の国の運動についての知識もとくになかった。大雑把なことがそこここに書かれているのを読んだ程度である。それも不完全なものだ。運動がどのように前進したかはまったくわからなかった。いつどんな困難に対処したか、どのような状況の中でその地の人々がどのように行動したか誰も知らなかった。私は何度となく努力してこれに関連する文献を探し出そうとした。革命家と言われているどれだけの人たちに、このような本を教えてほしい、見せてほしいと頼んだかわからない。しかし、誰が聞いてくれただろう。実際、誰の知識も、そこで、いつ、何が起こったか程度のものであった。誰も無力だった。このため、我々は手探りで前に進んだのである。

今日、一四年後に振り返るとき、我々はどこからどこへ進んだかを知ることができる。どうしてこれほど多くの困難と取り組まなければならなかったのかを知って驚く。無知の人の行く手には一歩ごとに障害が立ちふさがる。それも、農民運動のように巨大な仕事ではなおさらである。我々の四方に反対派がいる。皆、機会あらばすべてをぶち壊してやると待ち構えている。我々が初めて会議派の政治に参加したのは一九二〇年のことである。一九二七年には、会議派の場から農民組合を作る方向へと傾いていった。しかし、会議派の同志や指導者たちも最初は少数であったが、後には多数で我々の活動に反対した。最初、彼らは何が起こっているかわからなかった。それ故、たとえ誰かの反対があっても抑えられた。後に農民組合が強くなると、反対も強まっていった。ここ数年来は、会議派は全力を挙げて農民組合に反対するほどである。我々の古い同志たちの多くが反対の流れに溺れて、水を飲み始めた。彼らもこの運動を怖れるようになった。しかし、我々は前進しており、今後も前進するものと確信している。

ここまで書いてきた思い出は楽しいものでもあった。同時に、読者に農民運動の内部を垣間見てもらう役目も果たしている。少しでも農民運動に関わっている者は、この思い出から十分な勇気と助けを得て、活動を進めることができるだろう。農民運動が花の冠でないことがわかるだろう。それ故、弱い者は最初は躊躇するかもしれない。それはそれでよい。運動の中にどれだけの欺瞞があるかも読者は知らざるをえないし、そのことを真の誠実な農民奉仕家は喜ぶだろう。そして、彼らは危険についての知識も得る。知識があれば、大事なときに危険を免れることができる。現在までは農民組合の基礎を築かなくてはならなかった。しかし、いまや農民組合はさらに進んで真の活動をしなければならない。様々な危険から自然と免れるために、この思い出は助けとなるだろう。しかし、いま強まっている危険は、熱烈な話と消極的な活動である。それ故、いまから気をつけよう。我々には、うんざりするほどの話はもう結構である。そのように話さなくとも、活動するだけでも、あるいはほんのわずかの話だけでも十分である。そこに欺瞞はない。話は人をあざむく。農民組合の全史とその過程における困難については、私は自伝で書いている。

最後に一言。私は日付を忘れやすい。正確な年と日を覚えることができない。同様に、地名も忘れてしまう。この思い出はこうした誤りを含んでいることだろう。その点の赦しを乞いたい。中国共産党の指導者が日付を覚えられないと言っているのを読んだとき、慰めにはなった。しかし、それでも赦しを乞いたいと思う。

付 インドの農民運動

1　インド農民運動略史

多くの人たちの考えでは、インドにおける農民運動の歴史はまったく新しく、何人かの悪意ある人物の産物に過ぎない。農民運動はこれら一握りの知識人の仕業であり、彼らが指導者となるための手段に過ぎないと考えられている。彼らの理解では、わずかの落ちぶれた紳士どもが素朴な農民をだまして自分の利益を図ろうとしたとされるのである。このために、農民組合と農民運動の嵐が無遠慮に引き起こされ、彼らの不法な行動が続いていると。強欲で無知な地主、あるいは彼らの手先だけがこのような発言をしているわけではない。会議派の何人かの有力な指導者たち、そしてインドの指導者たちもこのように考えているのである。彼らは農民組合が必要だとは考えていないのだ。むしろ、彼らは農民運動を民族独立闘争の障害と考えている。その結果、農民組合にたいし公然と、また、ひそかに反対している。

しかし、このような考えは誤っており、根拠がない。インドの農民運動は古く、しかも非常に長い歴史をもっている。実際、この運動に関して書かれた資料がないのは大きな欠陥である。もしも一〇〇年あるいは一二五年前の歴史を見るならば、辛うじてこの運動についての記述が見つかるだろう。そのわけはいろいろあるが、ここでそれについて考える暇はない。ただ、ヨーロッパで農民運動が古くからあるのに、インドではそうではないと断定する理由はない。今日から五〇年、一〇〇年前の農民の状態はいたるところ同じであった。地主と高利貸はいたるところで農民を苦しめ、政府もまたこれらの抑圧者に手を貸していたのである。その結果、農民反乱はいたるところに発生していた。

一九世紀の半ば、一八五〇年に被抑圧者のメシア、フレデリック・エンゲルスは『ドイツ農民戦争』という書物を書き、その中で、ドイツにおける一五世紀から一六世紀にかけての農民蜂起を描いただけでなく、オーストリア、ハンガリー、イタリアなどの蜂起についても記していた。これより先、ドイツの学者ウィルヘルム・チンメルマンの書物『大農民戦争の歴史』が同じことを叙述している。この書物は一八四一年に書かれている。フランスでは、一二～一三世紀に南部で起こった農民の反乱がよく知られている。イギリスでは、一三八一年にジョン・ボールが指導した農民反乱が有名である。同じように、ハンガリーでも一六世紀に農民が反乱を起こした。

このようなすべての闘争と爆発は、領主と地主の圧迫、耐えがたい税負担、奴隷状態に反対するものであったが、これらのことはインドでも同じである。インドは他の国よりも遅れていた。同じ時期、インドでこのような圧制がどうしてなかっただろうか。それに反対して農民闘争がどうして始まらなかったのか。インドでは、英領インドでは一般的に、そしてとくに藩王国では今日でもこの苦しみを農民は味わっている。

インドの農民は眼を閉じてあらゆる困難に牛のように黙って耐え、それに反対して頭を上げることがなかったのか。そうは思えない。今日のザミーンダールは一五〇年前にはいなかった。しかし、政府は存在していたのである。高利貸・商人もいた。ジャーギールダール（支配者から土地を施与された地主）と封建領主もいた。とすれば、税の負担、隷属状態、厳しい高利貸の取り立てがあった。誰が反乱を阻止したのか。そして、農民層はこれにたいしてどうして沈黙することができたのか。インドの農民は世界の他の地域の農民とは別の人たちではない。それでも、インドの農民運動・農民反乱についての正史がないとすれば、それは決して農民運動・農民反乱がなかったということではない。たしかに、運動・反乱は存在した。何千年来存在しているのである。そうでなければ、一五〇年前に突如始まったことになる。もしもそれ以来農民の闘争が存在しているというのであれば、それ以前にも、もちろん存在したと仮定すべきである。

たとえ文書や結社、デモという形では運動がなかったとしても、現実には運動が存在していた可能性がある。それこそ真の運動であった。何故なら、「言って聞かせる」よりも「して見せる」ことがつねに具体的で有効だと考えられるからである。一八三六年から一九四六年までの間の最初の約百年間については、語られた、文書にされた運動がたとえなかったとしても、現実の運動は存在した。その概略はこれから語ることにしよう。それを通じて、以前にもこのような真の運動、真の抵抗を農民の世界でつねに見ることができたことがわかるだろう。農民は、つねに、語ることのない人たちである。彼らに語らせる努力を、以前にいつ誰がしただろうか。業、運命、神、来世の名において、つねに黙って困難に耐え、満足し、動物のごとき生活を過ごすよう忠告が行われてきた。王と支配者は神の化身と言われてきた。それ故、黙って彼らの指示にうやうやしく従うことに幸せがある。この「幸せ」の薬が毒の役割を果たし、彼らを黙らせた。その結果、ときには彼らはうんざりして真の運動を行い、成功もした。これによって彼らの苦しみが和らげられたからである。

ところで、非協力運動の時期以後（一九二〇年以降）の農民運動が組織的な形をとったことはたしかである。そのときから組織化が始まっている。そのときに始まった組織は次第に強化されてきているが、現在でも多くの欠陥がある。しかし、組織化されていない農民運動は非協力の時期以前に行われていた。組織化されているという意味は、メンバーの基礎の上に作られた農民組合、あるいは農民のパンチャーヤト（自治組織）が存在し、そのオフィスが常時活動し、適宜あらゆる委員会を開いていることである。現在では机上の将来構想も練られている。以前にはこのようなことはなかった。以前の運動は組織化されていなかった。しかしながら、反乱がただちに成功するためには何らかの形で組織されることが不可欠となった。「持ち回り」の指示を出す慣行はかなり古くからある。以前には、二、三の文字または合図によって決起の呪文が唱えられていた。交通手段を欠いていたので、現在のような即座の成功と拡大は望めなかった。それでも、これから述べる運動と闘争は燎原の火のごとく拡大し、広範な地域に及んだ。サンタールの反乱（一八五五～五六年）では何十万人というサンタールの人たちが蜂起したことをイギリス人官僚が記している。このような状況の下では、この反乱が今日ほどの強固さと基礎を持っていなかったにせよ、かなり組織化されていたことを認めざるをえない。もしも今日のような強固さがあったならば、どうなっていたか。それに対峙することは到底できなかったであろう。

すでに触れたように、今日から約一〇〇年前、一二五年前の農民闘争、農民運動については文書が得られる。それ故、そのときの農民運動から語り始めよう。その中でもっとも古いのは一八三六年に始まったマッピラー農民の反乱である。このマッピラー農民は「頑迷な」ムスリムなので、宗教的な理由で運動を行っているという者がある。非協力運動期の彼らの反乱に関しては、明らかにこのようなことが言われている。しかし、このように言ったり、認めたりする役人や地主、金持ちの書いたものや発言からも、実際にはそうではなくて、経済的・社会的抑圧こそがこの反乱の真の原因であり、宗教的な色合いがあるとすれば、それは不可避的な要因からであり、付随的なものであったことが証明されている。一九二〇～二一年のマッピラーの反乱については、すべての者が、マハートマ・ガンディーまでもが宗教的なものと見なした。しかし、これに関して、マラーバールのブラーフマンの新聞『ヨーグクシェーマム』紙は、一九二二年一月六日の社説で「反乱者たちは、貧しい農民ではなく、金持ちと地主だけを苦しめている」と書いていた。

もしも宗教的な理由だとしたならば、この富者と貧しい者の間の区別はどうして起こるのか。同様に、一九二一年二月五日、南マラーバールの徴税官は刑法一四四条適用の通知を出したが、その理由として「無知なマッピラーの怒りの感情は政府にたいしてだけでなく、同県のヒンドゥーのジェンミー（地主―原注）にも向けられている」ことを挙げている。

このことからも、反乱の原因が経済的なものであったことは明らかである。さもなければ、怒りがどうして地主と政府にたいしてだけ向けられるのだろうか。

事実、マラーバールの地主はブラーフマンである。北マラーバールには、おそらく、マッピラーの地主はほとんどいないだろう。そして、このマッピラーは貧しい農民である。彼らの中におそらく裕福な者はいないだろう。こうした農民には、それ以前土地にたいする何らの権利もなかった。紛争の真の基礎は過去もいまもこのことである。これは古くからのことであり、搾取者である地主はヒンドゥー（のブラーフマン―原注）であるためにこの闘争に宗教的な色合いを付けるのである。いや、意識的に宗教色を被せるのである。一八八〇年の反乱に際して、マッピラーは二人の地主を襲った。彼らは当時の知事バッキンガム卿に名前を隠して手紙を送り、その中で地主の圧制に触れてこの圧制を止めさせるように、さもなければ怒りは爆発すると述べた。知事はマラーバールの治安官と判事からなる委員会を通じて調査させたが、こうした嵐の底流にまさしくこの農民問題があるという報告が提出された。のちに、地主がいかに農民から収奪し、彼らを土地から追い立てているかについて詳細が知られるようになった。このために、一八八七年小作法が制定された。

一九二一年以後、マラーバールの会議派メンバーであり、ガンディー主義的指導者であったマウラーナー・ヤークーブ・ハッサンは、ガンディーに手紙を書き、その中で、「大部分のマッピラーは小地主の下で土地を耕作している。地主はほとんどヒンドゥーである。ジェンミー（地主）の圧迫はよく知られており、マッピラーの長期にわたる不満の原因となっているが、問題は決して是正されることがなかった」と述べていた。

このことからも、マッピラーの反乱が真の農民反乱であったことは疑いの余地がない。

一八三六年から一八五三年までの間に、マッピラーは二二回の反乱を行った。すべて、地主に反対するものであった。たしかに、ときに宗教的な事柄が付随して登場する。しかし、真実は反地主の闘争であった。一八四一年の反乱は、タイルム・パハトリー・ナーンブドゥリーという名の横暴な地主に反対するものであった。この地主は農民に貸した土地を力ずくで奪っていた。一八四三年にも二つの闘争が起こった。一つは村長に反対するものであり、もう一つはブラーフマンの地主に反対するものであった。一八五一年には、北マラーバールで、ある地主の家族が根絶やしにされた。一八八〇年の反乱についてはすでに述べた。一八九八年にも同じように一人の地主が殺された。一九一九年にはマンカッター・パハトゥリー・プラムで一人のブラーフマンと彼の仲間を、チェーカージーという名のマッピラー農民のグループが殺し、略奪もした。というのは、地主がチェーカージーにたいする滞納小作料についての判決に満足せず、彼の息子の結婚すら許さなかったからである。

一九二〇年一〇月にカリカットで小作法の改革の運動が始まったが、一九二一年の反乱はこの結果であった。地主は勝手に小作料を引き上げ、無謀に農民を土地から追い立てていた。このため、数多くの集会が開かれた。各地に農民組合が作られ、カリカットのラージャーの土地では「小作人救援協会」が設立され、マンジェリーの大集会で農民の要求が熱烈に支持された。この動きにキラーファト運動(1)が合流した。しかし、事実は別の所にあった。いまからずっと前に純粋な農民運動が農民の権利のために展開されていたが、一九二〇年になってこの運動は組織の衣を身につけ始めたと見ることができよう。

さて、マラーバールで展開された南インドの農民運動から離れて北に上り、ボンベイ管区のマハーラーシュトラ、カーンデーシュ、グジャラートを見てみよう。ここでも、一八四五年と一八七五年の間にたえず農民の盛り上がりが見られた。コーリー、クルミー、ビール、ブラーフマンや他のカーストの人々がすべてこの反乱に加わった。一八四五年、ビールの指導者ルグバンガリンの一団が高利貸にたいして略奪・破壊の行動を起こした。プーナーとターナー県のコーリーもまた、ときどきこのような略奪・破壊・殺害の行動に出た。これに関して、一八五二年にサー・G・ウィンゲートはボンベイ政府に次のように書いている。

「憂えるべきことは、借り手が高利貸を殺害するという我が管区のほとんど両端で起こった二つの事件を、貸し手の側の圧迫の孤立した事例として見るべきではなく、高利貸層と農民との間の一般的な摩擦が増大しつつある例として見なければならないということにある。もしもそうであるならば、これらの事件は、一方における恐るべき圧制、他方における農民の苦難を如実に示している。」

同様に、一八七一年と一八七五年の間にケーラー（グジャラート）、アフマドナガル、プーナー、ラトナーギリー、サターラー、ショーラープル、アフマダーバード（グジャラート）県においても、グージャル、高利貸、マールワーリー（ラージャスターン出身の商業集団）、その他のバニヤー（商人）や抑圧者にたいする聖なる闘いが宣言された。その説明はデッカン農民暴動調査委員会の報告書に見ることができる。一八七一年と一八七五年の間の時期も不穏であった。一八六五年のアメリカ南北戦争のためにインド綿の価格は急騰した。その結果、農民はかなりの借金をした。しかし、一八七〇年に戦争が終わるや価格は急降下して、一九二九年恐慌のごとく農民は破滅した。一八六五年以前に、政府がときどき土地調査を行って地税を引き上げている事実もあった。地税を払えないために農民の土地・財産は急速に高利貸の手中に入り始めた。農民は反乱を起こした。その結果、政府の調査委員会が設置され、その報告に基づいてデッカン農民に便宜を与える法律が作られた。このように、政府と高利貸によって土地が奪われて、農民が疲弊したことは明らかである。

ボンベイ管区には、ザミーンダーリー制（地主が地税を支払う）はなく、ザミーンダール（地主）はいないと言われている。ライヤトワーリー制（ライヤト＝農民が直接に地税を支払う）のためにそこでは農民が土地の所有者であると。しかし、実際にはそのようなことはない。そこでも、金貸し＝地主が形成され、真の農民は彼らに隷属している。高利貸が借金のかたに農民の土地を奪い始めた一八四五年には、この高利貸＝地主制が始まっていた。農民反乱はこの強奪を止めさせるために起こった。今日、ライヤトワーリー制地域の農民はそのためにザミーンダーリー制地域の農民よりも悲惨である。というのは、彼らは何らの権利も獲得していないからである。ザミーンダーリー制下の地域の農民は闘いながら多くの権利を獲得している。このため、デッカン暴動調査委員会の報告書の中で、オークランド・コールビン氏は次のように述べている。

「いわゆるライヤトワーリー制の下で、次第に農民は小作人になり、マールワーリーが土地所有者になりつつある。それは、『ザミーンダーリー土地設定』であるが、あらゆる保護を欠いたザミーンダーリー制である。北インドでは、このような制度の下ではそうした保護が小作人のために不可欠と考えられている。しかし、ここでは、土地所有者は無責任で、農民は保護されていない。ライヤトワーリー制（農民的土地設定）ではなくなり、マールワーリー制（高利貸＝商人集団マールワーリー的土地設定）になりつつある。」

北インドのビハール州とベンガル州の境界地域で一八五五年七月七日に始まった部族民サンタールの運動は農民運

動であった。ビール（サンタールの印刷ミスか―訳者）の指導者たちの護衛隊だけで三万人いた。他のことについて何を語る必要があろうか。それまで、サンタールのギー（バター）、ミルクや穀物などを、バニヤー商人はただ同然の価格で買い、塩・衣類を高く売りつけていた。このようにして、バニヤーは、彼らのすべての土地・食器・女性の鉄製の装身具まで奪い、だまし取っていた。ハンター氏は、『ベンガル農村の歴史』の中で詳細で、しかも心を打つ叙述を行っている。そして、警官もこのようなバニヤーから賄賂をもらって彼らに手を貸し始めたとき、虐げられたサンタールにとって反乱が唯一の武器となった。彼らは反乱に自分たちの保護を求めたのである。

このようにして、我々は一八三六年から一八七五年にまでたどり着くが、この間にサンタールの農民運動も登場する。さらに、マラーバールの一九二〇年の反乱を以て非協力運動期の前夜まで到達するのである。

この間、農民運動が徐々に組織的な形に向かって進むのを確認することができる。マッピラーの一九二〇年の組織についてはすでに言及した。デッカンの反乱においても、ある意味でマッピラーの反乱よりも組織化が進んでいた。その結果、サー・ウィンゲートや他の人たちも記しているように、反乱は燎原の火のごとくボンベイ管区の一方の端から他方の端まで急速に波及した。しかし、一八七七年以降、この組織化は徐々に農民組合の形を採るようになった。一九二〇年のマラーバールにおいてもそうであった。もっとも、組織は定着することはできなかった。

ベンガルの北部と東部の藍栽培農民の反乱もこの時期に起こっている。ビハールのチョーター・ナーグプルのターナー・バガト運動（第一次世界大戦期に部族ウラーンオの間で行われた地税・地代不払いの運動、ヒンドゥーの儀礼も採り入れる―訳注）も非協力運動期の直前に行われている。一九一七年には、チャンパーランで白人の藍農園業者にたいするガンディーの農民運動が行われ、当面の目標を達成した。これより先、ガンディーは同年にグジャラートのケーラー県でも農民運動を指導していた。しかし、ここでは大部分失敗した。アワドでは、一九二〇年、非協力運動の前にバーバー・ラームチャンドラ(2)の指導の下に展開された農民運動は、タールケダール（UP州の地主層）に反対するものだったが、略奪も行われた。同様な運動がインド各地で行われたが、いまここでとくに光を当てる余裕はない。

結論――非協力運動期以前の農民運動の特徴

非協力運動期以前の農民運動の特徴の第一は、大部分の運動が組織的でなかったことである。第二には、知識層の指導を得ていなかったことである。アワドの農民運動についてもそのことを指摘できる。第三は、農民が流血の手段に訴えたことである。当時まで大衆運動の奥義は知られていなかった。こうした反対や運動が前以て準備されたものでなかったことも事実である。農民にたいする抑圧が耐えがたくなり、自分を守る手段がなくなったと思ったとき、彼らは突如決起した。とすれば、流血は不可避となった。状況がそうさせたか、地主と搾取者の厳しい抑圧によって農民の暴力への訴えを余儀なくさせたのである。これが彼らの弱点であった。そのために彼らは抑えつけられ、そして失敗に終わった。もちろん、すべての者が、農民が運動のすばらしい成果を獲得したことを認めている。農民運動があったが故に、どれだけの法律が農民の利益を擁護するために作られたことか。

農民運動の中のいくつかが知識層の指導を得たこともたしかである。たとえば、一九二〇年のマッピラーの運動をその例として挙げることができる。しかし、この運動も各地で暴力に訴えたために、運動の恐るべき衰退が見られた。キラーファト運動とアムリトサル虐殺事件の後に起こり、この流れに合流したために、運動は無慈悲に弾圧された。その結果、運動は止まった。非暴力の巨大な運動の時期であったために、その流れに没したということもできよう。

しかし、ケーラー、チャンパーラン、UP州のパンディット・ジャワハルラール・ネルーによって指導された運動は、平和的であると同時に優れた指導者の手中にあった。未だ組織的な形は整っていなかったにしても。それでも、大衆運動が平和的で、見識ある指導者を擁したために、これらの運動はすべて多かれ少なかれ眼に見える成果を収めた。運動の範囲と目的の大小に相応して、また運動の力量にしたがってそれなりの成果を獲得している。ケーラーの運動は県段階のものであるが、政府そのものに反対するものであった。その結果、あまり成果は上がらなかった。チャンパーランの運動はある特定地域に関わるものであったが、残酷で横暴な農園業者の所領に反対する運動であった。その結果、運動は完全に成功した。アワドの農民運動は多くの県にまたがり、広範な地域に及ぶものであった。UP州全体にわたる問題も一般的に提起した。このため、その成果も非常にゆっくりと現れ始め、現在に至っても完全には目標を達成できないでいる。

非協力運動期以前の農民運動が強靭さを欠き、完全に組織化されなかった理由は二つある。一つは、農民大衆の側に自信がなかったことである。何世代にもわたって抑圧され、虐げられてきた農民は自信を失っていた。それ故、自信を持って集団で決起し、抑圧者と闘うことができなかった。その結果、一度目標から外れると勇気を失い、沈黙してしまう。それでは組織化はできない。第二は、運動を展開するために多数の見識ある活動家や指導者を得ることができなかったことである。つまり、自信を持ち、強い決意を維持して目標を達成するまで息を抜かないような指導者と活動家が必要なのである。

この二つの基本的欠陥を、非協力運動は穴埋めした。一九二一年には巨大で、強力であり、武器で固めた政府を、一度は非暴力の農民が揺さぶったのである。その結果、彼らは自分の無限の隠された力を突如自覚し、自信が生まれた。これほど巨大な政府を揺さぶることができるのならば、ザミーンダール、タールケダール、高利貸を恐れることはない。彼らを打ち負かすのは難しくはないと。非協力運動は何千人という金持ちの活動家も登場させたが、運動の成功の主たる基礎は農民であり、彼らは初めて集団として会議派に入ってきた。このため、農民と、農民のための活動家がともに自信を獲得して前進したのである。

もっとも、こうしたことはしばらくの時間を経て生まれた。何故なら、自信と固い決意のためには闘いと反省が必要だからである。もちろん、それも行われた。このため、そして政治的に複雑な問題も介在して、組織的な農民運動は、一九二六～二七年に農民組合としてビハールや他の地域に誕生した。これだけの時間的なずれは大したことではない。一九二八年に起こったバールドーリーの運動もその結果であり、成功もした。

このようにして、我々は近代的な組織的農民運動の時期に入る。非協力運動は我々に、そして全国の人々に大衆運動の実践的な教訓を教え、無限の力を備えさせた。その結果、農民運動が大衆運動の性格を帯びるようになったのは非常に意義深いことである。

非協力運動の故に、会議派のメンバーは州議会をボイコットした。このために、マドラース、ボンベイ州などではノン・ブラーフマンの政党による内閣が作られ、彼らは自分たちの権力を強化した。それを維持するために彼らはアーンドラにアーンドラ州農民協会の名前で農民組合を一九二三～二四年に結成したといわれている。しかし、この組合は何ら特別の活動をしなかった。一方、ビハールでは、この著者（サハジャーナンド）が会議派メンバーの協力を得て、一九二七年に恒常的な組合員を基礎とする農民組合をパトナー県に設立し、やがてこれを一九二九年にビハール州農民組合へと発展させた。当時、ビハール州議会では農民の利益に反する法案が政府から提出されており、農民がこの法案に組織的に反対することが必要であった。このため、会議派の指導者たちはビハール州農民組合の必要を感じており、そのためにこの農民組合が誕生した。農民組合には、故ブラジャキショール・バーブーを除いて会議派のすべての指導者が参加した。私が議長を務めて、農民組合の活動を活発に行い、ついに政府はその法案を撤回しなければならなかった。このように、誕生と同時に、農民組合はかつてない成果を上げたのである。現在の州首相シュリー・クリシュナ・シンハは当時農民組合の書記であった。やがて、農民組合はさらに闘いを続けなければならなかった。このように、農民は闘いを通して花開き、実を結び、成長した。

UP州では、一九一八～一九年、イラーハーバードでプルショッタムダース・タンダンの指導の下に農民運動が開始され、若干の活動をした。その後、非協力運動の後に会議派メンバーがこの活動に加わり、一九三二年のサティヤーグラハ以前にはUP州の会議派委員会が農民委員会を通して農民の間で運動を展開し、必要があれば地税不払いをする準備をした。その結果、一九三二年の会議派の闘争において農民は地税不払い運動を強力に展開した。その後、タンダンはイラーハーバードで「中央農民協会」を設立したが、それは将来の全インド農民組合の原型となるものだった。パンディット・ネルー、タンダンなど会議派の指導者は、つねに、農民組織は会議派と別に存在することが正しいと感じていた。このため、UP州ではまず農民委員会が作られ、のちに中央農民協会が生まれたのである。

さらに、一九三六年、会議派ラクナウ大会の折に全インド農民組合が正式に結成された。第一回大会はラクナウで私が議長を務めて開かれた。いままでは組織的農民運動に全インド的性格を付与しなければ活動が進まないと感じ始めていた。このために、全インド農民組合は誕生した。一九三六年から一九四三年まで活動が続き、混乱はなかった。一九三六年、一九三八年、一九四三年には私が議長であり、そのほかの期間には私は書記長であった。一九三七年にはランガー教授、一九三九年にはアーチャールヤ・ナレーンドラデーウ(3)、一九四〇年にはバーバー・ソーハンシン・バクナー(4)、一九四二年にはインドゥラール・ヤージニクが議長であった。

その後、インド共産党が彼らの政策のために孤立し、他のすべての進歩的な思想を持つ左翼勢力が共産党から離れるという状況が作り出された。この間、一九四二年の運動の政治犯が釈放され始め、一九四五年の半ばから全インド農民組合を再組織する仕事が私とタンダンジーの疲れを厭わぬ努力によって開始され、一九四六年七月九日、ボンベイで「ヒンドゥ・キサーン・サバー」(インド農民組合)の名でふたたび結成された。その議長にはプルショッタムダース・タンダンが、組織担当書記には私が就いた。その他の書記とメンバーを合わせて二五人からなる委員会が作られたが、内四人の委員は現在まで選出されていない。

これがインド農民運動の継続的な発展の概観である。インドのいろいろな州に農民組合の支部があり、いくつかの活動は活発であるが、いくつかの活動は緩慢である。しかし、すべての活動を活発にさせる責任は組織担当書記にかかっている。私はこの大きな任務に全力を傾けている。いまや、インドの隅々にまで農民の組織化への呼びかけがあり、強力な声が上がっている。これは良い兆候である。

2 独立した農民組合の必要

1 会議派と農民組合

農民組合は農民の階級組織である。階級の意味は経済的階級であり、宗教的あるいはカースト的な階級ではない。農民階級の敵、地主・資産階級から農民を守り、彼らの組織的な活動によって自分たちの権利を獲得することが農民組合の目標である。あらゆる種類の経済的・政治的・社会的搾取を終わらせて階級のない社会が作られない限り、この目標は達せられない。その結果、この目標がなくなるのは、人間による人間の搾取がなくなり、すべての者が自分の全面的な発展のための十分な便宜を持ち、かくして人間のあらゆる必要が妨げられずに満たされる階級のない社会においてである。

それ故、農民組合は、耕作しなければならない者、耕作者、なによりも耕作しなければ生計が成り立たないあらゆるカースト、宗教、コミュニティーの人たちの組織である。かくして、農民組合は農業労働者の組織でもある。農業労働者は農民の中に入る。実際、彼らは農民であり、土地を耕作する者である。それならば、どうして農民階級から彼らを切り離すことができようか。農業労働者がハリジャン、不可触民、あるいは何か特定の宗教的なコミュニティーに限られているということはない。今日の状況の下では、毎年九〇万人以上の農民が自分の土地を失い、土地なし、言葉を換えれば、農業労働者になっており、彼らはあらゆるカースト、宗教にわたっている。彼らのうちある者は他の生計手段にも頼っている。大部分の農業労働者はやむを得ず農業労働者となっているのである。

宗教やカーストを基礎として行われる人間の分類は人を欺くものであり、偽りであり、誤っている。法によれば、小作人あるいは農民の権利は、たとえキリスト教徒であろうと、ムスリム、ヒンドゥーであろうと、ブラーフマン、シュードラ、シェイク、パターンなどであろうと同一である。ザミーンダールの権利についても同様である。それぞれの権利のための闘いもこの視点から行われる。ヒンドゥーのザミーンダールがヒンドゥーの農民にたいして譲歩するわけでもないし、ムスリムのザミーンダールがムスリムの農民にたいして譲歩するわけでもない。農民がどの宗教を信奉していようとも、この農民にたいしてすべてのヒンドゥーとムスリムのザミーンダールは団結して同じ要求を掲げる。ザミーンダールにたいしては、すべての宗教・カースト・コミュニティーの農民が団結して行動しなければならない。このように、一方で結集して要求を掲げなければならず、また、権利のために団結して闘わなければならない。これが階級組織の意味であり、この組織が農民組合である。農民は一つの糸でつながれない限り、組織されない限り、自分の階級の敵にたいする叫び、呼びかけは無意味なものとなろう。しかし、一つの糸につながれて活動するとき、農民組合の名にふさわしいものとなる。一つの糸でしっかりと結ばれれば結ばれるほど、農民組合は強くなる。この点で、彼らの階級の敵とその敵を助ける仲間たちのために同情する余地はない。何故なら、そうすれば、どうして農民組合は階級の組織であり続けることができよう。組織は城である。そうであるならば、どうして城の中に敵とその仲間が入るのを許せるだろうか。入ってくれば城は敵のものとなり、結成した本来の任務を果たすことができなくなる。

鼠と猫がたがいに敵対する階級で、たがいに我慢がならず、相手を根絶やしにしたいのと同じように、ザミーンダールと農民はたがいに相手を滅ぼしたいと思っている。たとえ農民の家族が飢え死にし、薬がなく衣類がなくて救いを求めても、農民のかせぎで気ままな生活を送るザミーンダールは、彼らにたいしていささかの譲歩をする気持もないし、わずかの小作料、あるいは金銭を放棄するつもりもない。洪水や旱魃で収穫物がやられ、高利貸から借りておこなった農民のすべての支出が無駄となっても、ザミーンダールは小作料を完全なまでに取り立てるし、裁判所もザミーンダールを助けている。農民の訴えには耳を貸さない。逆に、農民のもとに金があり、たとえ払えるゆとりがあったとしても、彼らはザミーンダールに少しの金も渡したくないと思っている。たとえ金を出すとしても、それはやむを得ず出すのであり、法と棍棒の恐れからである。農民は、心の底から、ザミーンダールという名の人たちが地上から消えてほしいと願っている。ザミーンダールも、農民から小作料だけでなく、そのすべての土地を何とかして奪い取って自分の土地にし、自分の支配下に置きたいと思っている。これ以上の階級的敵対関係が他にあるだろうか。その結果、ザミーンダールが自分の階級的利益を守るためにいろいろの名前で彼らの組織を長い間作り続け、その組織を通じて自分たちの権利のために闘っているように、農民の階級的利益のために農民組合が存在し、またその必要がある。そうしてこそ農民は解放される。ザミーンダールは金持ちで詐欺師なので、組織がなければ自分の利益を守ることができない。彼らはだまして他人の組織に入り込み、あるいはその組織に影響力を行使して自分の目的を果たすことができる。金・知恵・影響力でできないことがあろうか。しかし、農民の側にはこのうちの一つもない。このために、農民組合が必要なのである。

会議派がイギリスと闘い、彼らを打ち破るために存在し、会議派の九〇％のメンバーが農民であるとき、会議派と別の農民組合がどうして必要かと言われている。この人たちによれば、会議派が農民のために闘っていないということはない。会議派ファイズプル大会の農業綱領や最近の会議派によるザミーンダーリー制廃止への決意は、会議派が農民の組織であることの輝かしい証明である。たとえ会議派の内部にザミーンダールや彼らを助ける者がいたとしても、それでどうなるというのか。会議派は農民のことを思っているのだ。たとえ金持ちが会議派の委員会を大部分支配したとしても、心配するに及ばない。選挙で負けるのは農民の過ち、農民の無知のためだ。会議派の大半のメンバーは農民であり、農民は注意深く選挙を闘い、すべての会議派委員会を支配すれば良い。インドのために会議派を通して闘う者の大部分が農民であるならば、会議派は農民以外の誰のものというのか。それ故、会議派がなによりも農民の組織であり、農民の結社であることは認めなくてはならない。

表面的に見ればそうかもしれない。たしかに、会議派はザミーンダーリー制を廃止する決定をした。これより先、会議派は農民の利益のための綱領も作成した。今後も、会議派が同様なことをするのは疑いない。会議派が進歩的な組織であることは認められている。そうであればこそ、日夜変化する世界の中にあって、会議派は踏みとどまって独立闘争を成功裡に展開することができる。このため、独立を獲得するときまで農民は会議派にとどまるべきである。会議派が弱くなれば、独立への希望は遠のく。隷属に反対する全民族の反乱の象徴が会議派である。独立のための国全体の固い誓いと心の衝動が外に現われた姿、それが会議派である。ナショナリズムは我々皆の神経や血液の中に溶け込んでいる。神経の末端にまで及んでいる。ナショナリズムが広範で戦闘的であればあるほど、独立の日は近い。このため、すべての農民はナショナリズムの精神を身につけ、インドができるだけ早く完全独立を達成できるよう会議派メンバーになるべきである。植民地インドで「農民の統治」や社会主義を期待するのは愚かである。

このように農民が直接闘争あるいは選挙での投票を通じて会議派を強力にしているとき、これに対応して会議派も農民のことを考えなければならない。そして、農民の権利のために、ときには闘わなければならない。会議派は、このようなプログラムやザミーンダーリー制の廃止の必要を認めてそうした活動をしている。会議派の指導者たちは、もしも彼らがそうしなければ、ザミーンダーリー制を廃止しなければ、彼ら自身が葬られ、彼らの指導力が失われ、会議派もまた消え去ることをよく承知している。これは紛れもない真実である。ナショナリズムはあらゆる面で有用ですばらしいものだが、精神的なこと、感情と頭脳に関わることであり、想像上の事柄に過ぎない。宗教、神、天国、地獄などと同様に物質的なものではなく、想像上のことである。それ故、ときに、現世的なこと、金・女性・土地の問題を前にして持ちこたえられず、無視されてしまう。人々は、土地・財産のためにガンジス河の水、聖なる木トゥルシー、コーランやプラーナなどを手に取って白々しい誓いを立てる。このように、ナショナリズムは物質的利益の絶えざる抵抗に持ちこたえられない。ナショナリズムは剝ぎ取られていく。このために、会議派の指導者たちは農民の物質的利益について折にふれて発言する。精神に満ち溢れ、物的には空虚なナショナリズムは、物質的な利益を伴ってこそ持続し、目標を達成することができる。もしも物質的な利益を離れ、あるいは、これと衝突すれば、重大な危険が疑いもなく生じるだろう。

死は不吉で、非常に危険なものである。これに比べれば、靴に刺さったものを除くのはささいなことである。誰もそのことで死の危険を心配しない。しかし、誰もが靴に刺さったものを何とか取り除こうと努力する。これは紛れもない事実であり、これを忘れれば、やがて欺かれることになる。同様に、ナショナリズムが農民の当面の要求を考えてそれについてのプログラムを作成しなければ、重大な挫折を味わうことになろう。ナショナリズムは現実の衣を身につけなければならないし、物質的世界を見て進まなければならない。そのときにこそ完全独立を求める闘いに成功する。こうした理由から、民族的指導者はザミーンダーリー制を廃止する発言をし、ザミーンダールの怒りを買っている。この点に、指導者たちの抜け目のなさと処世術を垣間見ることができる。

フランスで地主制の廃止がナポレオンのような帝国主義者の手で行われたことを忘れるべきではない。誰も、ナポレオンが農民の心情を持っていたとか、彼の組織が農民組合のようであったと言うことはできない。ナポレオンの政府は保守的であったが、将来を見通すことができた。彼は、フランスの古い王族が二つのグループに分かれ、一つは地主階級の支持者となり、もう一つのグループは中産階級、ブルジョア、ないし工場経営者たちの支持者となっていることを知った。農民のことを誰も案じていないことを見て、ナポレオンは地主制を廃止して農民を味方につけ、軍隊には農民の若者を参加させて、大勝利のうちに帝国を拡大した。それはナポレオンの処世術と展望力以外の何ものでもない。彼は農民でもなければ、農民的な心情も持っていなかった。しばらくして彼の作ったいわゆる「ナポレオン法典」によって農民の土地が続々と銀行や高利貸の手に移ったとき、農民も世界の現実を知るのであった。アメリカ合衆国の政府はその土地に地主制を許さなかったし、大部分の農民に、とくに西部においてはただで土地を与えた。このことは、英語版レーニン選集第一二巻の一九四ページにはっきりと書かれている。他の国においても保守党政権が地主制を廃止している。

実際、いろいろな国々で、産業の自由な発展のために原料が大量に必要であり、その生産のためには地主制が障害である。この制度は土地の生産力の向上の足かせになっていると考えられている。その結果、中産階級の金持ちは地主制を廃止しているし、インドにおいても「ボンベイ・プラン」（一九四四年）の宣伝者と作成者ターター、ビルラーなどの財閥は地主制廃止の要求を第二次大戦の時期に掲げた。のちに、会議派がこれを承認した。ターター、ビルラーの組織が農民組織でないことはすべての者が知っている。それ故、会議派がザミーンダーリー制廃止の発言をしたからといって、会議派が農民組織になったという証拠にはならない。もちろん、例えば、ソ連が行ったように革命的な方法で地主制を廃止すると発言し、そのように実践するというのであれば、別問題である。そのときには農民の組織と考えることもできよう。もっとも、フランスでは、革命的な方法で地主制を廃止してもそれを実施した者は反革命的となった。革命的な方法という意味は、土地および地主の全財産を強制的に没収し、彼らを路上の乞食あるいは死へと追いやることである。

次のことも考えるべきことだ。会議派は一九三六～三七年の選挙に参加した。そのとき、きわめて穏やかなファイズプル農業綱領を選挙向けに承認した。しかし、会議派政府が成立すると、この綱領も凍結させてしまった。しかしながら、UP州では、会議派政府は小作法を作ったが、その法律の下で第二次大戦期に政府声明にしたがって地主が百万エーカー以上の土地を農民から奪い、彼らを苦境に追いやるような代物であった。その償いを現在の会議派政府はしなければならない。ビハールでも同様なことが起ころうとしていた。しかし、ビハールでは、農民組合の警戒と強力な農民運動によりかなりの程度それは阻止された。それでも、多くの苦難に遭遇した。もしも会議派が農民組織であるならば、どうしてこのようなことが起きるのか。逆に、会議派政府と会議派の指導者たちはビハールの農民組合を反会議派であると非難した。しかし、問題は、会議派がささやかで穏健な農業綱領の代わりに何故当時ザミーンダーリー制廃止のプログラムを承認しなかったかである。そのときと現在では事情が別というのであろうか。

実際、当時の農民組合は会議派に圧力をかけてザミーンダーリー制の廃止を認めさせるほど強くはなかったし、会議派もこの問題を強力に取り上げることはできなかった。当時、このザミーンダーリー制に関して時代の流れはそれほど混沌としてはいなかった。会議派の基盤である農民層の間に、ザミーンダーリー制の廃止に関して今日のような厳しい気分はなかった。彼らの間に、この問題について今日のような怒り、憤りはなかった。その結果、会議派はこの問題を取り上げなくても農民を味方につけることができた。だからといって、ザミーンダーリー制の問題を抜きにしては会議派は持ちこたえられないし、農民を味方につけることはもはや不可能である。それ故、九一〇年を経て、会議派はザミーンダーリー制廃止の方針を採択した。それも有償で。

このことから多くのことがわかる。第一に、会議派は自らザミーンダーリー制廃止を採択したのではなく、農民組合、農民運動、そして農民の圧力でそうしたのである。言い換えれば、会議派は時の流れを認識したのである。これによって、会議派と会議派指導者の日和見主義がわかる。それは、疑いもなく、会議派が農民組合、そして農民の指導者ではない証拠である。農民の利益は、すでに一九三六〜三七年の段階でザミーンダーリー制の廃止を呼びかけていた。

これを通じて、農民組合と会議派の基本的な相違がわかる。一方で、農民組合は、政治を媒介しながら経済と経済的プログラムを見る。政治を手段と考え、経済的なこと、経済を目標と考えている。政治的な敗北・勝利にそれほど煩わされず、つねに農民の経済的側面を見、そのようなプログラムを望んでいる。他方、会議派は、経済を手がかりとして、あるいは経済の鏡を借りて政治を見ている。その結果、会議派にとっては、経済的なこと、経済的なプログラムは手段であり、政治が目標・目的である。そのようなわけで、一九三六〜三七年にありきたりの経済的プログラムで選挙に勝利することが可能だったとき、会議派はそのようなプログラムを作成した。しかし、いまやそれが可能でないとわかると、ザミーンダーリー制廃止を取り上げた。

要するに、会議派は、あらゆる状況の下で農民を味方につけて、政治で勝利しなければならない。その結果、農民の利益は、会議派指導者の目標ではなく、手段に過ぎない。農民の利益、そして、そのような活動をてことして、会議派は自分の意図を実現したいと思っている。このようなことは農民指導者と農民組合にはあてはまらない。彼らの活動は、農民の利益を自分の最終目標にして前進し、やがていつの日かその途上において政治的勝利も収めるのである。

第二の点は、もしも、会議派から独立した農民運動と農民組合がなければ、誰が会議派に圧力をかけるかということである。今日、会議派が進歩的と考えられているのは、会議派が時の流れを認識して、それにしたがって対処しているからではないか。これが会議派の最大の長所であることは疑いもなく、会議派の栄光の大きな要素である。しかし、もしも圧力がなかったら、どうだろうか。会議派は穏健派の組織のように保守化し、その進歩も止まり、生命力を失うだろう。このような状態では独立闘争の完全な成功もおぼつかない。このため、会議派の進歩的性格と目標の達成のためには、農民組合の圧力が絶対に必要であり、その前提として独立した農民組合の存在が不可欠である。何故なら、そうあってこそ、農民の利益の視点から、独立した農民運動を展開し、会議派に圧力をかけ、会議派が進歩的なプログラムを作成して農民大衆を引きつけるような状況を作り出すことができるからである。それを欠くならば、会議派は、穏健派やリベラル派のように、ひからびたプログラムを作成して、農民を味方にできなくなることは紛れもない真実である。

もしも農民組合が独立しておらず会議派の一部ないしは一部門に過ぎなくなれば、農民組合は独立した運動を展開できず、会議派に圧力をかけて前進させ、進歩的な組織にするような力強い状況を作ることができない。何故なら、そのような農民組合は会議派の決定に気兼ねし、組織の規律を考えて決定に従った行動を取るだろう。農民組合はいかなる独立した活動あるいは運動もできなくなる。

そして、最後の点は有償のザミーンダーリー制廃止がどんなに悪いかということに関わる。有償による廃止によって農民のためになるのか。農民の利益の視点から有償なのか。はっきりと言えば、有償廃止は農民の将来を以前よりも困難に陥れないか、あるいは締めつけないかである。答えは、農民の将来にこれまで以上の障害をもたらすということだ。やがて、彼らにとって大きな妨げとなるだろう。結局、この金は農民から取り立てられる。今日、この補償を支払うために政府が背負う借金の負担は農民の肩にかかり、政府は利子を付けて農民から取り立てるだろう。借りた金、あるいは、政府の金庫から引き出された金がもしも農民の利益のために使われたならば、どんなに前向きのものとなるだろうか。もしもこの金が農民の教育、健康の増進、村の道路、灌漑、農耕の改良、市場の整備などに使われたならば、実際、農民の地位の向上は飛躍的なものとなろう。農民組合がこの補償に強く反対しているのはこのためである。

農民組合は一九三七年に成立した会議派政府を大いに困らせ、汚名を着せたと言われている。しかし、この言い方はひどい。反対はつねに歓迎すべきものである。反対がない限り、誰も正しい路線を歩まない。反対者が与党の弱みを論じて、後者に是正の機会を提供するのである。もしもモーターとエンジンにブレーキがなければ、自動車と汽車はどこに行くかわからない。結局、抵抗・制御の行為がなければ、ブレーキの必要があるか。当時、農民組合は会議派政府を打倒したいと思ったろうか。単に危険や弱さを知らせて、大臣たちにときどき警戒を発していたのである。大臣が自分を正して、ザミーンダールの振りまく幻想や欺瞞に陥って道を外れることなく、農民を味方にするようにと。結局、「テーリー（油絞り人）の牛」のごとく農民の眼を永久に閉ざしておくことはできない。農民はときに奔放になり、会議派にとって厄介な存在になるかもしれない。しかし、もしも会議派自身が制御が利かなくなったり、会議派の敵が騒いだりすれば、重大な危険が生まれる。農民組合はこの二つの災禍から会議派を救ったのである。だから、その行動は感謝される理由はあっても、非難されたり叱られたりする理由はない。農民組合は友人の役割を果したしたといえる。それなのに、この不満は何たることか。

会議派は国民的な組織なので、すべての階級の組織であるとも言われている。会議派にはすべての階級が参加しており、すべての党派・階級を代表しているというのが彼らの主張である。そうでなければならないと。とすれば、すべての階級の人たちが会議派に関わり、会議派を自分たちの組織と考え、これを強化することに努めるだろう。そのような状況でどうして会議派は農民の組織たり得るのか。会議派がどうして一階級だけを代表できるのか。これこそが会議派の弱さの最大の理由である。というのは、そのときには、ザミーンダール、資本家など他の階級は会議派に協力しないだけでなく、不倶戴天の敵となるだろう。会議派がザミーンダーリー制の廃止を補償付きで提起したのはそのためである。時代は変わりつつあるので、最大限の富・財産を得て、ザミーンダールはこれを産業に投資し、さらに財産を作り上げるだろう。ザミーンダールは、土地から得られる従来の収入の代わりに工場から得られる収入の増大を望んでいるのではないか。そのような状態の下では、ザミーンダールは会議派の敵にどうしてなるだろうか。もしも彼らが反対しているとすれば、無知かあるいは狡猾さからである。そのようにしなければ、おそらく農民の圧力の故に会議派は彼らの補償をしてくれないだろう。結局のところ、会議派党の多数の人たちはザミーンダール、資本家と彼らの仲間である。農民志向の州議会議員がどれだけいるだろうか。彼らはザミーンダーリー制廃止を補償付きで支持しているのだ。果たして、彼らは気まぐれなのだろうか。

このような状態の下では、会議派は農民のような一階級の組織になることはできないし、農民組合は会議派の傘下に入ることはできない。この二つのことは相反する。農民組合が農民の利益のためにザミーンダールと対決しようとすれば、会議派の規律が容赦なく農民組合に及ぶ。農民組合は会議派の顔をつねにうかがいながら、行動しなければならない。会議派の主たる任務はいろいろな階級の利益を調整しながら前に進むことである。会議派は一つの階級を他の階級に闘わせたくはない。階級戦争・階級闘争のようなことが起これば、会議派は特定の一階級を支持せざるをえなくなる。そうすれば、会議派のナショナリズムは消滅する。一つの階級に反対して別の階級を支持すれば、会議派はナショナリズムからの離反を迫られる。このような離反はしばしば起こる。というのは、階級闘争は一度ならず何度も起こるからである。そのとき、会議派のナショナリズムはいかにして持ちこたえられるか。会議派はすべての階級の組織であると主張できるだろうか。このために、会議派は階級調和の路線を歩まなければならないのである。会議派はそのように行動もしている。それ故、会議派傘下の農民組合、あるいは会議派の農民担当部局はそのように動かなければならない。階級調和の花輪を身につけなければならない。それでも、この組織に農民組合の名をつけることは、独立した農民の利益のために闘う自由がない限り、滑稽である。

この階級調和の故に、ザミーンダール階級の利益にも損害があるかもしれない。何故なら、会議派は決してザミーンダールのためにも闘いはしないからである。それなのに、どうして会議派は農民組合の存在にうろたえるのか。この議論は表面的にはもっともに見えるが、真実は別の所にある。会議派がザミーンダール組織を自分の傘下に置くとか、会議派の中にザミーンダール部局を設けるという話は聞いたことがない。会議派はただ農民組合の存在を赦そうとせず、あるいは、農民組合を自分の傘下に置こうとしているだけである。会議派は労働組合の独立した存在も認めるし、ザミーンダール組織についても同じ態度である。資本家の組織については言うまでもない。それどころか、資本家とザミーンダールの組織は会議派を気にもしない。彼らは自由な行動をしている。それ故、会議派の階級調和の理論によって彼らに損失はないし、またあり得ない。彼らの組織はつねに独自に闘っている。

すべての災禍は農民に降りかかるのである。何故なら、会議派の指導者は農民の独立した組織の存在を赦さないように心を砕き、農民組合の成長を阻止しようとしているからである。それでも、農民の利益は踏みにじられないだろうか。一つには、会議派の指導者たちはすべての階級組織が等しく成長するのを認めていないのである。そうした状態の下で、会議派の傘下に農民組合の組織を作ることはまったくの欺瞞である。実際、会議派内ではザミーンダールが支配していて、農民が立ち上がるのを許したくはないのである。多くの階級からなる組織の下に農民の階級組織を作るという偽善によって農民を無力にしておくというのが彼らの策略である。以前は、農民組合の名を使ってだまそうとした。しかし、それが何の成果も上げないのを知って、次のだまし討ちを試みている。

つまり、会議派内で二つの階級、地主・資本家と労働者の数はわずかである。だから、彼らが別の組織を作っても、農民が会議派と共にいる限り、会議派が弱体化することはない。もしも農民が離れれば重大な危険があり、農民の独立した組織、農民組合ができればその可能性は十分にある。農民がもし会議派を離れれば、会議派は根っこから崩れると。

しかし、これは議論になっていない。もしも会議派メンバーが農民組合の指導をすれば、どんな害があるのか。農民が会議派に逆らって進む道を誰が教えるのか。同じ会議派メンバーではないか。上の説明は奇妙である。もしそうだとすれば、羊の母親はいつまで子の安泰を祈れるか。農民をつねに会議派の尻尾に縛り続けることは不可能である。世界でも、インドでも、階級組織の存在は紛れもない事実である。農民をこの組織から離れさせ、階級組織の影響から隔離させることはできない。その結果、現在は会議派メンバーがこの階級組織を作ることができるし、作ってもいる。しかし、この組織はのちには会議派の反対者になり、会議派の指導者はこれについて手の施しようがなくなるだろう。しかし、現在は独立闘争が進行しており、インドが独立しない限り、会議派反対派が農民組合を支配することのないように十分な監視が会議派の側からなされるべきである。だが、それ以上先に会議派が進むことは、不適切で権限のない行動だといえよう。ザミーンダールはあらゆる手段で農民を破滅させ、これにたいし会議派は何もできないでいる。しかし、農民が団結して自分の組織の力でザミーンダールと対決する用意をし、その目的のために農民組合ができると、会議派は大声で抗議の声を上げる。いまや農民組合はそれがわかり始め、会議派にとってそれは好ましいことではないのである。

2　農民組合と左翼政党

もしも農民組合が会議派に引きずられることを農民にとって危険であると自覚し、独立した農民組合の結成を不可避と考えるならば、農民組合は他の多くの政党にも従うことはないだろう。会議派指導者の指示が耐え難いとすれば、他の政党の言いなりにどうしてなれようか。農民組合の独立は双方からつぶされ、強くなることができない。我々は農民組合を強力な階級組織にしたいと思っているが、会議派がその目的実現のために障害となっているとすれば、他の政党も同様である。過去一五年の経験からそう言わざるをえない。政党が何よりも努力するのは、農民組合あるいは労働組合を彼らの命令に従わせ、彼らの組合にたいする支配力と影響力を保持しようとすることである。もしもそのように言うことを聞けば組合を作れ、さもなければ地獄に行けである。もしも多くの政党が存在すれば、農民組合は政党間の戦場となる。不幸にして、インドには社会党、共産党、前衛ブロック、革命社会党、ボルシェヴィキ派などいろいろな政党がある。お互いの引っ張り合いで農民組合はまともに成長できないし、強くなることもできない。それぞれの党にはそれぞれの言い分がある。それが良いか悪いかは我々にはどうでもよい。しかし、相互の対立は事実なのである。たとえ表面的にはそう見えなくても、内部では対立が厳然と存在している。意見に対立がなくても争うのは何故か。これらの政党はどうして団結しないのか。少なくとも、主導権をめぐる対立は存在する。すべての政党が主導権を求めているが、これも悪いことである。このような状態では、あわれにも農民組合が彼らの争いの舞台になるのをどうして赦せるだろうか。もしも一つの政党があらゆる手段を使って組合の内部で多数派になろうとするならば、どうしてこれを赦せるか。彼らは自分たちの主導権争いに狂奔しており、農民と農民組合は地獄に行けである。彼らが農民と農民組合を名のるとすれば、ただ主導権を獲得するためにだけである。名前は欲しいが、活動はどうでもよいのだ。政党指導者が別の所で会合を開き、何らかのことを決め、何らかの見解をまとめて、これを農民組合に押しつけるのは悪いことであり、耐え難い。何故農民組合の場で見解をまとめないのか。おそらく、彼らの主導権が失われるからだ。しかし、農民組合は残るし、必ず生き残る。もしも政党指導者が正直であるのなら、そのようにしなければならない。さもなければ、農民組合を離れるべきである。

もう一つ。これらすべての党は、自分たちは労働者の党であると主張している。共産党も同じ主張である。レーニンによる共産党の命名、あるいは共産党の誕生は、一九一七年のロシア十月革命の成功後のボルシェヴィキ党に起源を持つ。そして、このボルシェヴィキ党はロシアの社会民主労働党の多数派によって結成されている。少数派はこの労働党の多数派の決定を認めず離脱した。このように、今日の共産党が労働者の党であることは明らかである。レーニンの著作のいたるところからこれを知ることができる。マルクスとエンゲルスも、最初いろいろな名でこの党を労働者党として作っていた。こうした状態の下では、農民の階級組織はこの労働者党の傘下あるいは指導下でいかに生まれ、強力にすることができようか。労働者党の下にある農民組合はいかにして実質的に農民の独立した階級組織になりうるだろうか。もしも共産党がこの紛れもない真実を棚上げして労働者と農民両者の党であると主張するのであれば、複数の階級の組織となりながら、いかにして農民の階級組織を傘下に置いて、これにたいして正当な扱いをすることができようか。たとえ農民組織らしきものを作ったとしても。共産党は、真の、そして強力な農民組合の成立を決して赦さないだろう。多くの階級の組織である会議派の下に農民組合が作りえないとすれば、共産党の下部組織にどうしてなれるだろうか。

会議派の中にいる階級はたがいに対立していると言える。例えば、ザミーンダールは農民と対立している。このため、会議派の傘下に農民組合を作ることができない。しかし、農民と労働者の利益はたがいに対立しないので、農民と労働者は対立する階級ではない。だから、これら二つの階級の組織としての共産党の下に、農民組合がどうして作れないだろうかという議論がある。

しかし、この議論は支持しがたい。最終的には、両者の利益はたしかに合致する。社会主義あるいは共産主義下で両者の対立のないことも事実である。しかし、問題は現状であり、さしあたり両者の利益の対立は明らかである。もしも穀物・野菜・果物が高く売れれば、農民は喜ぶが、工場労働者は満足せず、生活が破壊される。逆に、衣類など工場製品が高く売れて大きな利益になれば、労働者の賃金は上がり、ボーナスその他の便宜が得られる。しかし、それによって農民の生活が破壊される。彼らが生産したすべての物の価格が衣類などに吸収され、農民は破滅する。もしも労働者が自分の要求を認めさせるために何ヵ月もストライキを行えば、工場主は彼らに屈服するだろう。しかし、その場合、工場で作った衣類などの価格は高くなり、農民は一層多くの金を支出しなければならなくなる。このため、農民はこうしたストライキを望まない。多くの問題で労働者と農民の当面の利益が対立することは明らかであり、こうした当面の利益が彼らの見方をそれぞれの道へと導くのである。これらは物質的な利害で、眼に見える。これにたいして、社会主義や共産主義は、自由や独立と同じように間接的であり、精神的なものである。我々が当面の利益を忘れて農民や労働者を集団として独立闘争に引き入れることができないように、こうした相互に対立する当面の利益を離れ、それに注意を払わずに彼らを集団として自分の組合に引きつけることはできない。そうしなければ、社会主義のために彼らはどうして準備することができようか。それ故、正義、誠実さ、将来への展望、そして現実は、これら二つの組合がたがいに独立し、いかなる政党も組合を支配しないことを求めている。そのときにこそ組合に力が生まれる。少なくとも、農民組合はそのときに強力で活動的となり、のちに労働組合の協力によって共産主義を樹立するだろう。

もう一点。マルクス主義者は、農民を中産階級あるいはブルジョア階級と見なし、反動的と言ってきた。実際には、状況によってブルジョア階級もまた革命的ないしは急進的でありうる。この点は農民にも当てはまる。レーニンは、選集の英語版第一二巻の最後で、「ロシアには『急進的ブルジョア』が存在する。その急進的ブルジョアジーとはロシア農民である」と書いている。しかし、労働者については、すべての者が革命的であると見なしている。このような状況の下で、二つの階級はたがいに対立している。それならば、これら二つの階級からなる政党はいかにして成立することができようか。これら二つの階級からなる組織がどうしてできるだろうか。現在の社会状態の下では、二つの階級は明らかにたがいに対立する方向に進んでいる。このため、それぞれ独立した組織を作って、徐々に彼らを路線に乗せていかなければならない。

共産党についていま述べたことは、そのまま、社会党、前衛ブロックなどの政党についても当てはまる。何故なら、彼らの主張は共産党と同じだからである。もしもその中のいずれかの政党が、自分たちの党の中には落ちぶれた紳士たち（バーブー）の階級も入っている、あるいは中産階級も含まれていると主張するならば、事態はさらに複雑になる。それ故、真に独立した農民組合を作るという彼らの主張もまた、共産党と同じように誤っている。さらに、共産党とローイ派（M・N・ローイを中心として集まったグループ）には、インドの隅々にまで広がって燃え上がるナショナリズムを侮辱し、無視してまでも自分を守りたいとする特徴がある。彼らは自分の描くインターナショナリズムの枠の中にナショナリズムをはめ込むという重大な過ちを犯している。この点は上述した他の政党にはない。彼らはこのような過ちを犯していないし、ナショナリズムを無視してもいない。彼らはナショナリズムに相応の地位を与えている。にもかかわらず、農民組合の独立性、強力さ、本質という視点から見て、すべての政党の立場は同じではない。同じなのは、政党にとって農民組合の力が祈りの対象としての牛であるのにたいし、農民は耕作する牛（つまり自分たちのために活動する組織—訳注）が欲しいということである。

もう一つ重要な点をつけ加えなければならない。結局のところ、革命を行うのは農民と労働者である。このためには、彼らの階級組織が絶対に必要である。というのは、この組織が革命のために彼らを結集し、準備するからである。この組織がなければ、農民と労働者を集団的に準備することはできない。この点はすべての革命家が認めている。それなのに、どうして政党が必要なのか。二つの組合の運営委員会がたがいに協力して革命の展開・指導を適切に行うことができる。両者の協力を組み立てることだけが必要であり、これは党の介入なしに自分でできることである。かつて、政治思想が十分に発展していないために、階級組織が道を外れ、誤った指導を受けることがないように、政党が必要だと考えられたときがあった。しかし、これと同時に、すべての党を結びつけ、これに適切な指導を授け、正しい路線に沿って行動できるようにするインターナショナルな党が必要だと考えられた。交通・通信手段が十分に発達していないために、路線を逸脱する危険があった。たがいに直接に接触することがほとんど不可能であった。しかし、今日いずれの心配もない。政治はきわめて発展し、交通手段は非常に容易となり、電話・電信・ラジオは情報の世界に革命をもたらした。印刷術の進歩は言うまでもない。このため、混乱の余地なく、党の指導を必要としないほど、政治についての内外の分析も可能となった。現存する設備を用いて、農民と労働者の組織は自分の任務をきちんと決めることができる。

それ故、インターナショナルの最大の擁護者であり、指導者であるスターリンは、何年も前に、このような組織あるいは党はいまや必要でないと声明を出した。第三インターナショナルを真似たもう一つのインターナショナルが役に立っていないとき、その必要があるだろうか。社会党、前衛ブロック、革命社会党はインターナショナルとは何の関係もない。このような状態の下で、さらに一歩進めて、こうしたすべての政党をどうして解散しないのか。その必要があるだろうか。そして、共産党の指導者である第三インターナショナルが存在しなくなったとき、この党は何故空しく存続しているのだろうか。もしも細かなことをあげつらい、左翼を分裂させ、指導者たちの願望を満たし、すべての階級組織の中に不和と乱闘を持ち込むのが彼らの目的であるのなら、別問題である。いまや、政党の間の主導権争いが公然と、また隠然と行われている。

革命政治、マルクス主義の真の知識、そして、それにしたがっての実践をこれらの政党が請け負っているという主張はこじつけに過ぎないし、二〇世紀になっても世界を愚弄するあるまじき態度である。もしもそうだとするならば、どの党が、どのようにして、どこから請け負ったのかという問題が生じる。何故なら、結局のところ、政党はこの請負の権利をめぐってたがいに争っているのだ。それならば、ある党が請け負ったという決定はどのように行われたのだろうか。

農民組合と労働組合はたがいに団結し、両者の協力のために合同委員会が必要とあれば、委員の選出も両者の意見によって進めることができる。それぞれの組合が委員会を下から上まで選挙によって決めるのと同じように、両者の、あるいは、同種の他の組合をも合わせた多くの組合で構成された委員会を選挙によって設置することができる。それを党と言いたければ言ってもよいが、外部からの押しつけは災禍をもたらすだけである。これだけはご免蒙りたい。

3　独立した農民組合の必要

会議派の九〇%のメンバーと戦士が農民であり、選挙を通じて会議派のすべての委員会を容易に支配できるのに、もしもそうしていないとすれば、欠陥は農民の側にあると言われている。農民組合という独立した組織はまったく無用であると。しかし、経験は別のことを教えており、歴史もそう語っている。会議派が中間層の組織であるというのは、彼らが会議派を掌握・支配し、彼らの意見で動かし、彼らが会議派を指導しているからである。世界の独立のために闘っているのが中間層の組織であることはよく知られている。もっとも新しい例はロシアであり、そこでも、ツァーの支配に反対し、民主主義的統治のために闘うソヴィエトという名の組織は資本家・中間層の手中にあった。もっとも、そのメンバーは農民・労働者・兵士であり、三者とも被搾取者であった。このため、一九一七年の二月革命の結果、ツァー支配が終わり、ロシアに民主主義という名の富める者の支配が成立すると、レーニンはこれに反対して闘い、十月革命を遂行しなければならなかった。その結果、ロシアに農民・労働者の統治が確立された。レーニンのような偉大な人物、革命家がおりながらも、農民・労働者がソヴィエトを支配・指導できなかった――ソヴィエトのメンバーには富んだ人たちはいなかったが――とき、会議派の中に富んだ支援者が多数いる状況の下で、我々のような者に会議派を支配する力がどうしてあるだろうか。ソヴィエト立法議会では、だましたり、偽ってメンバーとなって委員会を支配することはできない。そのメンバーは成人の農民・労働者・兵士だけである。その結果、にせのメンバーが生まれる余地はないが、会議派の内部ではそれは日常茶飯事である。しかし、レーニンが失敗しているのに、インドで成功を期待できるだろうか。選挙において多くの誘惑・偽善・圧力で事を運び、富んだ人たちが勝利を収めるのは当たり前である。これは否定しがたい事実であり、新しいことでもない。このような状態の下で、農民が会議派を指導し、支配するなどとは馬鹿馬鹿しいたわごとである。農民組合という独立した組織が必要なのはこうした理由からである。

カラーチーとファイズプルの会議派大会で独立した農民組織という原則を認めたのに、何故これに反対するのか。もしも農民組合を会議派委員会の下に置くとか、その一部のようにすることがないとすれば、何故会議派による承認という言いまわしをするのか。いろいろな下部委員会について承認という問題は起こらない。しかし、ファイズプル農業綱領の最後の一三項には、会議派は「農民組合を承認する」と言っている。

いま農民組合の必要があるかとも言われている。未だイギリス権力は撤退していないし、独立も来ていない。この考えは時の流れに合っていないではないか。外国政府が退いたときに、誰の支配か、農民か、労働者か、あるいは他の者かという問題が生ずる。それ以前に、何故あわただしく無様な行動に出るのか。ムスリム連盟のようではないか。まず分割せよ、イギリスの支配のある間に我々に分け前を与えよと言うように。たがいに争っていては独立は得られない。それなのに、分捕り合戦をどうしてしているのか。階級闘争・階級戦争は独立の障害にならないか。その目的のための農民組合のこの叫び、騒ぎは何たることか。

しかし、もしもこれらの問題について深く考えるならば、農民組合の本質、意義、必要性が明らかになる。実際、独立には二つの側面がある。外国支配の終焉と自分たちの支配、自分たちの統治、すなわち、「スワラージュヤ」の樹立である。二つのうち前者は否定的、後者は建設的な性格を持つ。「スワラージュヤ」では建設的な側面に何よりも眼が注がれる。この側面が主要で第一のものである。建設なしには何もありえない。しかし、建設の前には破壊が必要である。ごみや路上の障害物を取り除くことが必要である。足場を掘り返してこそ頑丈な宮殿は建てられる。足場に付いた土は宮殿建設の障害となる。このため、掘って土を除かなければならない。外国支配もまた自分たちの統治の建設の障害物である。それ故、外国支配を除去することが必要であり、その仕事はスワラージュヤ建設のために必ず含まれる。したがって、外国支配の除去は二次的であり、主要なものではない。

しかし、会議派の指導者は、建設的な側面に力を入れるべきであるのに、破壊的側面を強調する。これは彼らの重大な誤りである。最終的に、外国支配が終わったときに、何らかの統治が行われるのか、それとも無政府状態か。誰も「てんでんばらばら」(5)を望まないだろう。むしろ、外国支配を終わらせる過程において何らかの統治を作り上げなければならない。何らかの政府が樹立されなければならない。そのときにこそ、容易に外国権力の打倒を成功させることができる。政治用語ではこの政府を対抗政府と呼んでいる。のちにこの政府を強化する、これが基本的なことである。

そこで疑問が起こる。この政府は誰の政府か。いかにして生まれるか。どのような政府になるか。これは重大な問題である。この政府はインド人のものと言っても何にもならない。インド人は四億人いるではないか。そのうちの誰のものになるのか。これら四億人も地主、農民、資本家、労働者などたがいに敵対する階級に分かれるとなれば、その中の誰のものになるのか。地主か、資本家か。もしそうなれば、農民や労働者はこの独立した政府のために、独立のために何故闘ったのか。この政府と外国政府との間には名ばかりの相違しかない。事実はほぼ同じようなものであろう。農民と労働者がかせいだものの収奪が独立政府の下においても続くだろう。相違はただ、収奪した品物がランカシァ、マンチェスターあるいは英国に行く代わりにボンベイ、アフマダーバード、カーンプル、チャターリー、ダルバンガーに行くだけである。労働する農民、労働者は何を得るだろうか。こうした疑問は当然であり、全世界で発せられている。全力で命を賭ける独立闘争に農民と労働者を引き入れるためには、彼らのこうした疑問にたいして満足な回答を得ることが、今日必要となっている。農民組合はこれらの疑問にたいする具体的な回答である。

ムスリム連盟のことは別問題である。彼らは闘わない、あるいは、可能な限り妨害する、あるいは、最後には何もせずに半分の分け前を得たい。それ故、彼らはいまからインドの分割を望んでいる。しかし、農民は闘う、断固として闘う。命を賭けて闘うために、いまから、闘いの結果彼らがどうなるかを知っておきたいのである。このように、農民組合とムスリム連盟の間には大きな相違があることは明らかである。両者には別々の道がある。一つの道は闘うことであり、他の道は妨害することである。

もしも独立後には会議派の支配となるという答えであれば、会議派内では資本家が支配しているので、言葉を換えれば資本家の支配になるということである。もしも農民と労働者の支配になるという答えであれば、一体それはどこまで実現しているのかという疑問が生まれる。フランス、ドイツ、アメリカ、イギリス、ロシア、イタリアなどすべての国で、独立戦争の指導者は、統治権は農民と労働者の手中に入ると言っていた。アメリカでは、イギリスの支配を終わらせた段階で、インドで現在言われているようなことを言っていた。しかし、アメリカでは資本家の支配が始まり、農民と労働者はひどく苦しんだ。いたるところ同じであった。ロシアでも同様なことが起こり、後に農民と労働者はふたたび闘って統治権を自分の手に奪い取らなくてはならなかった。他の国では失敗した。何故か。我々は原因を探さなくてはならない。ロシアを例として引くことができよう。他の国では、独立戦争のとき国民的指導者の約束を信じて独自の準備をしなかった。独立した組織を作らなかった。その結果、最後にだまされ、唖然とするばかりであった。これとは逆に、ロシアではレーニンが労働者の独立した組織を作り、農民の組織も作った。彼はアメリカなどからこのことを学んでいた。アメリカではこうした組織がなかったためにだまされた。このため、ロシアではレーニンがこの空白状態を取り除いたのである。農民の組織化が成功しない間は、農民組織であった左翼の社会革命党を合流させ、十月革命の後には自分の政府を作り、一〇の政党をこれに参加させるほどであった。レーニンの成功の鍵はここにある。

社会革命党の合流の事実からも、ボルシェヴィキおよび共産党が農民の党でなかった、あり得なかったことがわかる。レーニンが農民の結集に成功しない間は、今日の共産党はとるに足らない存在ではなかったか。権力掌握の後には農民を組織化できたとしても、それ以前にできなかったことは否定し難い事実である。

インドにおいても我々は同じことをしなければならないし、同じことをしている。農民の独立した組織についてレーニンが行ったのと同じ準備である。もしもレーニンがソヴィエトの指導者たちの約束、決議、声明を信じて、ツァー支配の廃止の後には農民・労働者の支配、農民・労働者の人民国家が樹立されるだろうと考えて座っていたならば――インドの何人かのいわゆる農民指導者が言いふらしているように――、彼はだまされて後悔の念に駆られただろう。政治において、組織の、とくに独立闘争を闘っている国民的組織の約束、決議、声明、それにその組織の何人かの進歩的指導者の崇高な思想と感情の表明を信じて座っていることは、もっとも愚かなことである。ひとたび独立すると、すべての約束、声明、決意の表明をそれを行った者自身が忘れてしまうか、忘れなくてもそれにしたがって行動できないようになる。状況と資本家の陰謀が彼らを動けなくしてしまうのだ。アメリカなどの国々の独立戦争は我々にこの教訓を教えている。独立後、我々はふたたび資本家や彼らの仲間と命がけの闘いをしなければならないし、血の河を泳いで渡らなければならない。そうしてこそ農民の支配が生まれ、彼らの手に統治権が入ってこよう。マハートマ・ガンディーやパンディット・ジャワハルラール・ネルーの発言、会議派の決議だけではそれは手に入らない。独立に際してこうした発言や決議を実施させるためにも、我々は自分の力を持たなければならない。それには準備が必要である。独立した農民組合はその準備であり、その力はいまから蓄えておかなければならない。何故なら、必要なときに突如力は発揮できないからである。前以てリングで闘う練習をしていないレスラーは、突如他のレスラーを負かすことはできない。独立した農民組合は農民の格闘、練習、準備の場である。

会議派の力もこのようにして生まれる。農民組合の形で農民の権利のために団結して闘うことを通じて、我々は農民の完全な信頼を獲得し、彼らを農民組合に集団として引きつけることができる。すでに述べたように、我々会議派メンバーは、会議派にはできない、あるいはできにくい階級闘争を農民組合を通して行うことによって、農民の心を獲得することができる。何故なら、物質的な利益の達成は彼らを我々の方に引きつけざるをえない。これは人の本性である。また、外国政府との直接的・間接的闘争に際しても、我々はインドの政治的問題で容易に農民組合を通じて農民を集団的に会議派の仲間、信奉者、支持者とすることができる。このため、組織されて強力な農民組合は強力な会議派の基礎であり、会議派のために絶対に必要なのである。

農民組合に断固反対し、会議派の名を連呼する者は、一つの基本的な事実を忘れるべきではない。これについては我々は前にも触れたが、ここでそれを敷衍しておく必要がある。我々が農民組合を見るのは非協力運動期以後である。農民運動の組織化はこの運動の後に見られるのである。何故か。この疑問は考える価値がある。それ以前には、インドでは、そして農民の間では敵にたいしての闘争で勝利するという自信はなく、彼らは組織的大衆運動の重要性を知らなかった。一八五七年の反乱の不成功の後、人々の間に恐るべき挫折感と絶望が生まれ、日に日に深まっていった。インドの最大の組織は会議派であったが、それはただ「物乞い」の呪文を唱えていた。要求の背後に何の力もなかった。外国の支配はジェート月の真昼の太陽のごとく熱しきっていた。赤いターバンと白い皮膚を見ると、人々は驚きのあまり声も出なかった。闇は四方に広がっていた。ローラット法(6)とパンジャーブの戒厳令の後、支配者の不遜はさらにひどくなった。ムスリム世界はトルコの解体を阻止できなかった。支配者は我々の正当な要求にも憎悪と侮蔑の笑いを向けるだけであった。そのときまでに、我々は、新聞や集会を通しては都市の知識人は何もできないことを学んでいた。そこからは何も生まれないと思われた。アムリトサルのジャリヤーンワーラー広場における虐殺(7)の後、ハンター調査委員会による上塗りは、傷口に塩をかけるだけであった(8)。

まさにそのとき、マハートマ・ガンディーの指導の下に会議派は、一九二〇年一二月にナーグプルにおいて開かれた大会で村落に顔を向けて、平和的直接闘争の路線を採択した。指導者たちは、我々武器を持たないインド人が望むならば、一年以内にイギリス支配者を追い出して自分たちの政府を作ることができると宣言した。しかし、この主張は奇妙であり、あたかも阿片常用者が夢見ているかのようである。しかし、いくたびとなく聞かされると、全国の人々がこれを聞き入れ、実際、政府の座を揺るがした。イギリス政府は震え上がった。帝国の代表リーディング卿は、一九二一年一二月にカルカッタで「私は困惑している」と語った。打ちひしがれて、何世紀にもわたって気持がうつろであったインドの人たちが、突如背筋を伸ばし、自分の足で立つようになったのである。内部に隠れていた無限の力が一度に外に向かって解き放たれた。武器を持たない人たちが監獄・罰金・絞首刑を怖れなくなったのは、会議派の偉大な勝利を表わした。インドの眠れる魂が目覚めた。普通の人間をも怖れていたレスラーが最強の相手を破って、自分の無限の力を自覚し始めた。

その必然的な結果は夢にも思っていないことであった。インド農民がイギリスの獅子をひとたび襲うと、彼らは、当然のごとく、藩王・地主・高利貸はイギリスが作り、イギリスの保護下で育った連中であり、イギリスを前にしては猫・鼠にも劣ると考えた。それなのに、彼らに我々から収奪する勇気がどうしてあるのか。「今まではやられたが、これからはやられない(9)」の言葉通り、農民は、これまで眠っていて自分の隠された力を知らなかったために、彼らは我々から収奪し、苦しめられたのだと悟った。しかし、いまや決してこのようなことは赦すまい。我々武器を持たぬ者が彼らを襲っても、彼らは大した存在ではないと考えた。ともあれ、非協力運動の偉大な勝利は農民大衆の間にこのような反応を生み出し、それは徐々に強まっていった。その成果の具体的な姿が農民組合なのである。そして、たとえ我が指導者が農民組合を怖れても無駄である。農民がイギリス人支配者と闘うために立ち上がったとき、インドの指導者はまずこのことを考えるべきであった。身持ちの悪い女はお腹に子を宿したときに後悔するが、それは愚かなことである。ふしだらな行為のときにその結果を考えなければならない。

実際、既得権益を持つ資産家は、自分の利益に打撃の怖れがない限り大衆運動にうろたえず、むしろ利益の獲得のために大衆運動、革命闘争すらも奨励して自分の目的を達成しようとする。フランス、ロシアなどの革命がこの際だった例である。大衆の直接闘争がなければ、資本家は工業を急速に拡大して商品を分配するための十分な権利を得ることはできない。このために大衆闘争を奨励する。そのときには、彼らは利益を期待できるのである。このことは、一九二一年とその後の会議派の闘争においても見られる。指導者たちは喜んで大衆に呼びかけ、彼らを立ち上がらせた。彼らは何の危険も感じなかった。しかし、いまや大衆が自分の力を自覚し、指導者にたいしても闘おうとすると、あれこれと逃げ道を探し、ごまかし始める。自分の身の危険を感じ取るのである。このため、指導者たちは農民組合を非難する。自分が作った大衆運動を怖れ始める。しかし、手の施しようがない。後の祭りである。後悔してもどうなるものか。叫んで見ても仕様がない。それどころか、彼らが反対すればするほど、農民組合が強くなるのも揺るがぬ事実である。次のように苦言しなければならない。会議派は、大衆をつなぎ止めるために現実に依拠せず、規律の剣の助けを借りることが良いと考え始めていると。会議派自身の長所、会議派の歴史的必要性をもってしても、我々を会議派の方に引きつけることができないとすれば、そして、これを基礎として生まれた我々の会議派への忠誠心が丸二五年続いた両者のもみ合いの末でも十分でないとすれば、会議派が規律の剣をあからさまに振りかざしてもこの溝を埋めることはできない。そのときには、会議派の指導者たちはよく反省し、大衆が会議派に苛立ち、離れていく危険が指導者の献身と会議派のプログラムに関わるどのように重大な欠陥から生まれたのかを知ってほしいと言いたい。真の力は、どのような組織においても内部の長所と歴史的必要性にある。それによって組織は強大となる。この強さは会議派に存在する。それにもかかわらず、事ある毎に何故心配する必要があるのか。会議派はほうせんかのようにか弱い存在ではない。鋼鉄でできている。農民組合の歴史的必要性についてはすでに触れてきた。

会議派の非協力運動と闘争の成果が農民組合であったとすれば、何故農民組合の成立が一九二七～二八年、あるいは、二九年となったのか、何故遅れたのかという疑問が生まれる。考えが成熟し、確固としたものとなるには時間がかかる。このために遅れが生じた。反応はあったが、それを実行に移す前に考えが固まり、たがいに意見を交換することが必要であり、考えを煮詰めることが不可欠である。突然というわけにはいかない。この他、農民組合を運営するためには何千人もの農民の若者や教育を受けた人たちが必要であるが、その人たちも非協力運動で前面に出てきた人たちである。しかし、十分な心の準備がなかったこともたしかである。彼らが農民組合の活動を展開するには相互の意見の交換が必要であった。政治状況の無気力、当時の「改変派」と「非改変派」の間の争い[10]、サティヤーグラハ調査委員会の活動などのためにかなりの混乱が続き、農民組合のための活動が遅れた。しかし、二～三年もたついたとしても大したことではない。むしろそれによって強い意志が生まれた。少なくともビハールでは、会議派のすべての指導者が当初は農民組合に関心を持ち、彼らから強い励ましを得たことは、農民組合が会議派と不可分の因果関係にあり、農民組合が会議派の闘いの当然の結果であったことを十分に証拠付けている。それ故、現在、会議派に反対することは岩に頭をぶつけるようなものである。いまやこの問題でかなりの時間を費やしてしまった。昨年、プルショッタムダース・タンダンの議長の下に、ヒンドゥ・キサーン・サバー（インド農民組合）が、独立闘争に関わる政治問題では、一般的に農民組合のすべてのメンバーは会議派から励ましと指導を受けると明言しているのに、これ以上わめき立てる必要があろうか。

きわめて重要な問題が一つ残っている。有力な指導者すらも次のように言っている。会議派政府が成立しているのに、農民組合はバカーシュト闘争を始めて政府を苦しめていると。この闘争は政府が成立していないときにはなかったものである。このことからも農民組合の悪しきたくらみが証明される。それ故、農民組合の存在を認めることは会議派の行く手に障害物を置くようなものである。

しかし、これは事実に反する。ビハールでは、このバカーシュト闘争は、こうした政府の存在も知られず、州議会選挙も行われていなかったときに大部分起こっているし、起こっていた。最初のバカーシュト闘争は、一九三六年、ムンゲール県のバルヒヤー・タールで起こった。選挙の後、会議派政権が成立せず、他の者が何ヵ月か政権の座に就いていたとき、この闘争は非常に激しかった。当時、騎馬警察が農民の男女、奉仕家たちを襲った。これは否定し難い厳然たる事実である。同じように、一九四一年と一九四二年の初めに、ドゥムラーンオのビヤーインの闘争が農民組合の指導の下で展開され、森林サティヤーグラハが行われたが、これも会議派政権の存在していないときであった。それなのに、どうして白々しい嘘をつくのか。

会議派政権のあるときにバカーシュト闘争が多いのはたしかであり、また正しいことである。農民が大臣を選んでその座に就けたので、自分の政府と考えて、農民の士気が高まるのは自然であり、その結果がバカーシュト闘争である。農民は、自分が作った政府はこの問題では我々を助けると考えているのだ。官僚政権には農民は期待しなかったし、それ故、当時はバカーシュト闘争は困難で少なかった。一方、大衆の支持を得た政権が作られたとき、当然、大衆は多くの自由を得た。彼らは自分の手足を少し伸ばすことができ、また伸ばそうと努める。大衆を抑えつけている岩が少し退いたように見える。大衆を身動きできなくしている手かせ・足かせも少し緩み、はずれそうだ。それなのに、手足を伸ばすのが何故いけないのか。バカーシュト闘争は手足を伸ばす具体的なしぐさであり、何故それを見て怒るのか。どうして非難するのか。バカーシュト闘争は、会議派を苦しめている証拠ではなく、逆に、会議派と会議派政権にたいする無限の信頼の証拠である。

終わりに、言っておきたいことがある。会議派の真の力は、規律の剣ではなく、会議派の委員会でもなく、その四アンナー・メンバーですらもなく、会議派を選挙においても闘争においても勝利させるインド人民大衆の信頼である。会議派の指導者は、「これも駄目、あれも駄目」、農民組合は作るな、労働組合は作るな、もし作るならば会議派の傘下で作れなど、つまらぬ議論を止めて、無数の人民の困難を理解し、それを除くために全力を尽くせと言いたい。そのときにこそ会議派が不滅となる。さもなければ、この城は崩壊する。これは不動の真実である。

スワーミー・サハジャーナンド・サラスワティー

パトナー県ビター

一九四七年一月二七日

バサント・パンチャミーの祭り（マーガ月五日目春の祭り）の日に

訳注

（1）Lala Lajpat Rai（1865–1928）　一九世紀の「社会改革」運動の結社アーリヤ・サマージの指導者から、二〇世紀初頭にはティラクなどとともに会議派の「過激派」の指導者へ、海外での亡命生活中の一九一〇年代に国際的な視点を身につける。帰国後の一九二一年、人民奉仕者協会を設立。ラーイはガンディーと意見を異にし、その後「ヒンドゥー・ナショナリズム」にも傾いたが、一九二〇年代に彼が育てたパンジャーブ民族大学とドゥワルカダース図書館には自由闊達な雰囲気があり、二四歳の若さで絞首刑となった革命家バガト・シンもそこから刺激を受けた。一九二八年一〇月末、警棒に打たれ、その肉体的・精神的衝撃を受けて死去。ラーイについては、桑島昭「インド近代史への視角―ラーラー・ラージパット・ラーイの活動に寄せて」『大阪外国語大学学報』三七、四六、四九号、一九七五、一九八〇年。

（2）Pandit Madan Mohan Malaviya（1861–1946）　一八八六年の会議派カルカッタ大会に出席して演説。一九〇九年、一九一八年の会議派大会議長。ヒンドゥーの政治結社ヒンドゥー・サバーの創設（一九〇六年）、英字日刊紙『リーダー』（一九〇九年）の発刊、ヴァラーナス・ヒンドゥー大学の創立（一九一五年）に貢献。一九二一年には、ヒンディー語月刊紙『キサーン』（農民）を出す。ヴァラーナス大学の創設にはダルバンガーのマハーラージャーも協力する。

（3）ソーンプルの市：ビハール州サーラン県。カールティク月の満月の日の頃に開かれる象、らくだなどを含む動物の市として広く知られてきた。

（4）Sardar Vallabhbhai Patel（1875–1950）　一九二八年にバールドーリーの農民闘争を指導して会議派の全国的な指導者としての地位を確立。一九三〇年代の後半から会議派を大衆的な規模の独立運動の指導組織から議会を通して政権を取る組織へと変容させるうえで大きな役割を果たす。その過程で農民組合には厳しい態度で臨む。その他、パテールは、藩王国の統合、亜大陸の「分割」、植民地支配のための官僚組織から会議派支配のための行政への移行、会議派指導下の労働組合運動の育成など独立直前・直後の様々な問題に指導力を行使。独立直後のインドの副首相・内相。

（5）Braj Kishore Prasad（1877–1946）　一九一二年にビハール州が成立した頃からの会議派指導者。ダルバンガーで弁護士を開業。藍栽培農民の苦難に関心を持つようになり、議会その他の場で訴え続ける。一九一六年の会議派ラクナウ大会で改めて藍栽培農民とプランターとの緊張した関係について注意を喚起する決議を提案し、農民ラージ・クマール・シュクラがガンディーをビハール州チャンパーランに導き、ガンディーが農民のサティヤーグラハを指導する契機を準備した。一九二二年の会議派ガヤー大会歓迎委員長。一人娘のプラヴァーワティーはジャヤプラカーシュ・ナーラーヤンと結婚。

（6）Purshotam Das Tandon（1882–1961）　第二次世界大戦の前後にＵＰ州の議会の議長を務めた後、一九五〇年の会議派総裁選挙でパテールに推されて立候補し、ネルーの推すアーチャーリヤ・クリパラーニを破って勝利し、独立後のネルーの指導力を危機に追い込んだ。しかし、ネルーの「非協力」の前に翌年に辞職を余儀なくされた。サハジャーナンドも記しているように、第一次世界大戦後のＵＰ州における農民問題に関心を寄せ、第二次世界大戦後は、インド共産党の影響力が決定的となった全インド農民組合に批判的な勢力を結集する農民組合の組織化を図った。彼はまた、ヒンディー・サーヒティヤ・サンメーラン（ヒンディー文学会議）やラーシュトラ・バーシャー・プラチャール・サミティー（国語普及協会）などの活動にかかわり、インドの国語・公用語問題の帰趨に影響を及ぼした。

（7）バカーシュト闘争：一九三〇年代後半にビハール州で展開された土地取り戻しの農民運動で、第二次世界大戦後にも再開された。バカーシュトの定義としては、故オーロヴィンド・ダース氏のものが要を得ている。―「耕作して所有する土地。期限内に小作料を支払わなかったため、あるいは、支払わなかったと称して小作人を追い立てたのち彼らから「取り戻した」土地。使用人、強制あるいは拘束労働あるいは刈り分け小作人によって耕作される地主の裁量下の土地。」すなわち、地主が「取り戻した」土地をふたたび農民の手に「取り戻そう」として運動は展開された。*The Journal of Peasant Studies, Special Issue on Agrarian Movements in India: Studies on 20th Century Bihar* edited by Arvind N. Das, Vol. 9, No. 3, April 1982, p. vii.

（8）"Tuk-tuk didam, dam na kasidam."

（9）刑法一四四条：凶器を持って非合法の集会に参加することを罰する規定。

(10) Rajendra Prasad（1884–1963） 一九一一年にカルカッタで弁護士を開業。一九一六年に活動の場をパトナーに移す。チャンパーランに行く途中のガンディーがパトナーで主人が留守中のプラサード邸でサーバントから受けた扱いはガンディーの自伝にも載っている。しかし、プラサードはチャンパーランのサティヤーグラハでガンディーを支える。一九三四年の会議派ボンベイ大会議長。一九三七年の州議会選挙に向けて作られた会議派の議会小委員会のメンバーになる。一九四六年一二月に成立した制憲議会議長。一九五〇年、独立インドの初代大統領。

(11) "Chaube gae chabbe banne, dube banke laute."

(12) "Kamane wala khaega, is ke chalte jo kuch ho."

(13) "Swayan hi tirthani punanti santa."

(14) "Kou nrip hoi hamain ka hani. Cheri chanri na houb rani!"

(15) Anugraha Narayan Sinha（1887–1957） シュリー・クリシュナ・シンハと並ぶ独立前後のビハール州会議派の代表的指導者。一九一七年のチャンパーランのサティヤーグラハでガンディーを助ける。ガヤー県を中心に活動。一九二八～二九年、ビハール州会議派委員会委員長。一九三五年、中央議会の議員に選ばれる。一九四〇年の「個人的サティヤーグラハ」と四二年の「インドを立ち去れ」闘争で獄中生活。一九三七～三九年、一九四六～五七年にビハール州財務相。

(16) Shri Krishna Singh（1887–1961）「ビハール・ケーサリー」（ビハールのライオン）と呼ばれる。独立運動の高揚期の一九二二年、三〇年、三二年、四〇年、四二年に逮捕され、獄中生活。一九二九年、ビハール州農民組合書記。ムンゲール県を中心に会議派の活動をし、一九三五年には中央議会の議員に。一九三六年、ムンゲール県会議派委員会委員長。一九三七～三九年、一九四六～六一年にビハール州首相。

(17) ビーガー：土地の測量単位、公式にはほぼ八分の五エーカー。

(18) Pandit Jadunandan Sharma（1896–1975） 一九三〇年代のビハール州農民運動でサハジャーナンドを支えた代表的な指導者で、とくにレーオラー村の農民運動を指導したことでよく知られている。詳細は、Sho Kuwajima, *Sakshatkar— Bihar ke Kisan Neta Pandit Jadunandan Sharma se Batchit*（ヒンディー語、ビハールの農民運動指導者ジャドゥナンダン・

シャルマー氏に聞く), Patna, 1996. なお、インタビューの日本語訳は、桑島昭「一九三〇年代のインド農民運動—ビハール州農民運動とジャドゥナンダン・シャルマー」『両大戦間期アジアにおける政治と社会』大阪外国語大学　一九八七年、および、同「レーオラー村の農民と農民指導者—インド・ビハール州農民運動とジャドゥナンダン・シャルマー」『世界史上における人と物の移動・定着をめぐる総合的研究』大阪外国語大学　一九九二年に掲載。農民運動における女性の役割が現場の眼で描かれている。

(19) "Kuan khodo aur pani piyo."

(20) "Basi bache na kutta kaye."

(21) "Jivo jivasya jivanam."

(22) H. D. Malaviya（1917- ）イラーハーバードに生まれる。一三歳で会議派の運動に参加。一九三〇年代末から四〇年代にかけて全インド農民組合の活動に加わる。その後、UP州ザミーンダーリー制廃止委員会書記（一九四七—四八）、会議派全国委員会経済・政治研究部書記兼機関誌編集長（一九四八—五七）、ケーララ政府行政改革委員会委員（一九五七—五八）を歴任。中央上院議員（一九七二—七八）。氏によるインドの土地改革にかんする研究は基礎的文献として日本でも読まれる。

(23) "Aarat karhin vichar na kau."

(24) Indulal Yajnik（1892-1972）グジャラートの農民運動の指導者。一九一八年にガンディーが指導したケーラーの農民サティヤーグラハに参加。一九二〇年代前半にはガンディーの思想の批判者に。一九三〇～三五年の時期にはヨーロッパ滞在、とくにインドとアイルランドとの友好に関心を寄せる。一九三六年四月の全インド農民組合の第一回大会（ラクナウ）に参加、創立期の農民組合を支え、一九四二年五月の第六回大会（ビター）では議長を務める。一九四三年八月に「共産党の農民組合支配」に反対して農民組合を離脱したが、その後復帰して五三年四月の第一一回大会（カンヌール）、五四年九月の第一二回大会（モガ）の議長を務める。一九五〇年代後半にはグジャラート州創設の運動の指導者になる。

(25) "Burhiya ke marne se utna dar nahin, jitna yam ka rasta khul jane ka rahta hai!"

（26） K. B. Sahay（1898–1974） 南ビハールのハザーリーバーグを拠点に会議派の活動を行う。一九三七年、会議派州政府の議会担当書記の一人に。一九四六年の州議会選挙後、ビハール州政府の閣僚に。一九六三年から六七年までビハール州の首相。独立後のビハールにおけるサハーイのザミーンダーリー制廃止への動きは会議派の内外の抵抗に遭う。サハーイ政権の崩壊はビハールにおける会議派の「一党優位体制」の終焉を意味した。

（27） Jayaprakash Narayan（1902–1979） 一九三四年に成立した会議派社会党の代表的指導者。一九四二年、脱獄して、第二次世界大戦時に会議派が呼びかけた「インドを立ち去れ」闘争の組織化を図ろうとした。五〇年代初めに、ガンディーなき後の「ガンディー主義」の指導者ヴィノーバーの「土地寄進運動」の思想（非暴力の訴えを通じて地主が農民に土地を与えるよう促す）に共鳴し、ガンディーの道に「回帰」。しかし、一九七四年以降、インディラー・ガンディーの強権政治に反対する大衆運動を指導し、ふたたび政治活動の中心に。一九七七年、人民党（ジャンター・パーティー）政権の成立を導き、会議派は独立後初めて中央で政権を失う。この過程でナーラーヤンは運動に消極的であったヴィノーバーを離れる。

（28） “Aap gae aru gharhin aanhi”, “Dushmani ki donon ankhen phorne ke lie apni ek phor lena!”

（29） “Vir bhogya vasundhara.”

（30） ヒンディー・ヒンドゥスターニー論争：一九二五年にカーンプルで開かれた大会で、会議派は、今後全国レベルの組織の議事を通常は英語ではなくヒンドゥスターニーで進めると決議。一九三〇年代には、インドの将来の公用語は、デーヴァナーガリー文字を使い、行政上その他必要な語彙を主としてサンスクリット語から採り入れていくヒンディー語にすべきか、北インドで広く使われている言葉をデーヴァナーガリー、あるいは、ペルシア・アラビア文字で表わすヒンドゥスターニー語を採用すべきかという論争があった。背景には、ヒンドゥー・ムスリム関係の緊張の増大とともに、ヒンディー語はヒンドゥーの言葉、ウルドゥー語はムスリムの言葉として政治的に「コミュナル化」され、たがいに隔たっていく現実があった。

（31） 第一～三学年＝下級、四～五学年＝上級、六～七年＝中等課程。

（32） “Kala akhshar bhains barabar.”

（33） “Diwas ka arasan sameep tha, gagan tha kuch lohit ho chala. Tarushikha par thi tab rajti, kamalini kul ballabh ki prabha."

（34）"Purvajon ki charit chinta ki tarangon men baho."

（35）"Nahin minnatkashe tabe shunidan dastan meri. Khamoshi guftgu hai, vezabani hai zaban meri."

（36）"Is drishti vindu ko sammukh rakhke yadi ham paryavekshan karte hain to marmantak vedna hoti hai."

（37）"Paharon ki chotiyan goshe sahab se sargoshiyan kar rahi hain."

（38）"Likhen Isa, parhen Musa."

（39）"Mukh par aan, man men aan."

（40）Govind Ballabh Pant（1887–1961）インド北部の丘陵地域クマーウーンで行われていた役人のための無償労働を廃止する運動を指導して社会活動に入る。一九二四年にスワラージ党からUP州議会に入る。一九三五年には中央の立法議会へ。その後、一九三七～三九年、一九四六～五四年にUP州（連合州）、独立後のUP州（ウッタル・プラデーシュ）の会議派政府首相。ネルーに招かれ、一九五五年から亡くなった六一年まで中央の会議派政府の内務相。会議派内の議会派を代表する指導者。

（41）Acharya Vinoba Bhave（1895–1982）ガンディーのアーシュラムを拠点に活動し、ガンディーの信頼の厚かった「ガンディー主義者」。一九三〇年のガンディーの「塩の行進」に参加。一九四〇年の反戦を掲げた「個人的サティヤーグラハ」ではガンディーによってその最初の「サティヤーグラヒー」として選ばれる。一九五一年から暴力あるいは法に頼らず、地主の心に訴えることを通じて土地なき農民に土地を分配する「ブーダーン（土地寄進）運動」を展開、五〇年代半ばから「グラームダーン（村落寄進）運動」へ移行。ビハール州はグラームダーン運動の中心地となるが、やがて衰退。グラームダーン運動は政府の法的支援を得たため、政府の援助を引き出すための手段ともなった。一九七四年以降の会議派の腐敗とインディラー・ガンディーの強権政治に反対する運動にヴィノーバーは加わらず、多くの若い「ガンディー主義者」が彼のもとから去る。グラームダーン運動以来の公権力との結びつきの影がここにも出ている。

（42）Ganesh Shankar Vidyarthi（1890–1931）高校教師から、一九一一年にマハーヴィール・プラサード・ドゥイヴェーディーの『サラスワティー』紙の編集に加わる。一九一三年にカーンプルからヒンディー語紙『プラタープ』を発刊し、亡くなるときまで編集長の地位に。一九二〇年、UP州における地主の圧制と警官の発砲に抗議し、政府・地主批判の論陣を張る。一九二六年から二九年までUP州議会の議員、三〇年にはUP州会議派委員会委員長。バガト・シンなど革命家の活動も支援。一九三一年三月二五日、カーンプルで起こったヒンドゥー・ムスリム間の暴動を静める活動の中で暴徒に殺される。

（43）**Acharya Kripalani**（1888–1982）　ガンディーの指導したチャンパーランのサティヤーグラハでガンディーを助ける。一九二〇年からグジャラート・ヴィディヤピート（グジャラート民族大学）の校長。一九三四年から会議派の書記長を長年にわたり務め、一九四六年には会議派の議長に。一九五〇年の会議派総裁選挙ではネルーに推されたが、敗れる。一九五一年には会議派を離れ、労農人民党を結成する。一九六三年八月、前年の中印国境紛争激化後の国内の政治的・経済的不満を背景にあらゆる意味で「国民を裏切った」としてネルー政府にたいする不信任案を議会に提出。一九七七年には、独立後のインド中央における初めての非会議派政権であるジャンター・パーティー政府の成立をナーラーヤンとともに助ける。

（44）**Mohammad Ali Jinnah**（1876–1948）　パキスタン運動の指導者、独立後パキスタンの初代総督。インドから見れば「ムスリム分離主義」の代表的指導者であるが、パキスタンにおいては、独立後、国家は個人の信仰とは関わりがなくなるとする彼の思想は「上からのイスラーム化」にたいする反体制運動の拠り所となった。

（45）Left Consolidation Committee：一九三九年における左翼統一の試み。桑島昭「会議派社会党―『民族戦線と階級戦線の結び目』」『国際関係論研究』三号　一九六八年を参照。サハジャーナンドのこの動きへの参加と失望は、その後の彼の政党不信を導き出した。彼は、第二次大戦中の獄中生活における政党による新しい政治犯にたいする入党勧誘活動を、巡礼地において各宗派の案内者が巡礼者をつかまえて、自分の宗派に入れる活動に比較した（自伝、付第七話）。

（46）"Rahe bans na baje bansri."

（47）"Jo rogi ko bhaye, soi vaidya bataye."

付　インドの農民運動

（1）キラーファト運動：第一次世界大戦後、トルコ帝国の解体とカリフ制の廃止の危機に抗議して展開された大衆運動。この時期、ラーホールのバードシャーヒー・モスクのごとく、ヒンドゥーの政治指導者がモスクからムスリムの大衆に訴えるという場面もめずらしくはなかった。

（2）Baba Ram Chandra（1875–1950）　契約労働者としてフィージーに渡り、労働者の不満を組織化。第一次大戦後インドに戻り、UP州の地主層タールケダールの抑圧にたいする農民の不満を汲み上げて運動を展開。トゥルシーダースの『ラーム・チャリット・マーナス』を引いて農民の心を捉える。カピル・クマールの最近の研究からその内容を知ることができる（Kapil Kumar, *Kisan Vidroh, Kangress aur Angreji Raj*（*Avadh 1886–1922*), Nai Dilli, 1991）。この時期の農民運動に関わったネルーの自伝にも登場するが、ラーム・チャンドラについては批判的。ガンディーと、ガンディーをチャンパーランに導いたラージ・クマール・シュクラとの間の距離を想起させる。

（3）Acharya Narendra Dev（1889–1956）　一九二一年、民族教育運動の中から生まれたカーシー・ヴィディヤピート（ヴァラーナス民族大学）の活動に加わり、二六年に校長に。一九三四年、会議派社会党の創立に参加し、その理論的指導者となる。一九三六～三八年には会議派運営委員会のメンバーにもなる。一九四七～五一年、ラクナウ大学副学長、五一～五三年にはヴァラーナス・ヒンドゥー大学副学長。

（4）Sohan Singh Bhakna（1870–1968）　一九〇九年、移民労働者としてアメリカへ渡る。そこで味わった人種差別の体験から、インド独立のためにアメリカで結成されたガダル党の結成に加わり総裁の地位に。独立を目指し、インドに帰ると逮捕され（一九一四）、一九三〇年に釈放される。以後、パンジャーブの会議派と農民組合の運動、その後、インド共産党の活動に参加。一九四〇年の全インド農民組合パラーサー大会で、議長を予定されていたラーフル・サーンクリットヤーヤンが直前に逮捕されたため、代わって議長を務める。一九四三年四月、同農民組合の第七回大会は、彼の出た村パンジャーブのバクナーで開かれた。

（5）"Apni apni dafli, apni apni geet."

（6）ローラット法：ローラット判事を委員長とする委員会の報告書に基づいてテロリストの活動を閉じ込めるという名の下に出された独立運動を弾圧するための二つの法律。ローラット法反対運動は、第一次大戦後ガンディー指導下の不服従運動の口火となる。また、逆にローラット報告書は、テロリスト（革命家）にとっての必読文献となる。

（7）アムリトサル虐殺：一九一九年四月一三日、アムリトサルのジャーリヤーンワーラー広場の集会に集まった人々に向けて、ダイヤー将軍率いる兵士たちは、事前の警告もなく、出口に向かって走る人たちにも容赦なく弾丸が尽きるまで発砲し、死者は政府の報告書によっても三七九名とされている。この虐殺とそれに続く戒厳令下で味わった屈辱は、インド民衆のイギリス植民地支配にたいする抵抗の意志を強固にした。

（8）ハンター委員会：アムリトサル虐殺事件を調査するための政府側の委員会。一九二〇年五月に発表される。ダイヤーの理性を超えた行動と誤った義務感を指摘したが、教訓を与え広範な効果を狙うために発砲したと証言するダイヤーの危機意識を全面的には否定しなかった。

（9）“Ablaun nasani to ab na nasaihaun.”

（10）「改変派」と「非改変派」：一九二二年二月、ガンディーの指示で非協力運動が中止された後、議会路線を採るか、ガンディーの敷いた路線を歩むかをめぐって闘われた論争。「改変派」はスワラージ党を結成し、やがてガンディーもこの路線を追認。

インドにおける一農民指導者の思想の軌跡

スワーミー・サハジャーナンド・サラスワティー（一八八九〜一九五〇）

桑島　昭

まえがき

一九三〇年代のインドは、世界恐慌の農民層への衝撃の厳しさにもかかわらず、政治指導者の間では歴史についての楽観的な見通しが語られた時期でもあった。あるいは、衝撃の厳しさの故に農民解放の課題の重さが印象づけられ、民族運動と組織的農民運動の場への農民の登場に大きな期待が寄せられたのであった。

一九三四年に創立された会議派社会党は、会議派内のマルクス主義集団を自称し、農民運動の育ての親をも自認していた。その理論的指導者たちは、彼らの運動がインドの「土壌」の中から成長したことを主張していたが、その主張とは裏腹にその思想は「土壌」との乖離を表わし始め、歴史についての楽観論はやがて厳しい試練に遭遇しなければならなかった。(1)

その意味では、一九三六年四月の全インド農民組合第一回大会の議長を務めたスワーミー・サハジャーナンド・サラスワティーの思想の深化と屈折の過程は、より深く「土壌」に関わっていたと言えるであろう。彼は、他国の農民運動についての十分な知識を求めても得られない状況の下では、あくまで自分の経験を手がかりに運動を進めざるを得なかったと告白している。

インドの「憲政史」の専門家、イギリス人学者クープラントは、サハジャーナンドを「悪名高い煽動者」として片付けた。(2) 帝国主義の論理から見れば、イギリスの敷いた「憲政」の道を歩まない限り、「無気力」なインド民衆の運動は「煽動」されたものとしてしか映らないのも無理はない。また、一五〇〇ページ以上の紙面を「真理と非暴力」

に捧げたシタラマイヤーの『インド国民会議派の歴史』が彼に言及していないことも当然かもしれない。本稿はサハジャーナンドの完結した伝記を意図するものではなく、彼の思想の軌跡がインドの農民解放の課題に問いかけたものが何であるかを探ろうとするものである。

1 サンニャーシーから農民運動へ

1 生い立ち

スワーミー・サハジャーナンド・サラスワティーは幼い頃の名をナワランガ・ラーイと言い、一八八九年に当時のUP州ガージープル県の村デーワーに生まれた[3]。彼の属するカースト、ジュジャオティヤー・ブラーフマンはカーンヤクブジャ・ブラーフマンの一支流であり、ブンデールカンド地方からこの地域に移り住んだ。このカーストの人たちは耕作を行い、ときに武器を取ったりしたが、ここに移ってからは同じようなブラーフマンであるブーミハールと血縁関係を結ぶようになった。早くして母を失った彼は母方の叔母に育てられた。家族のもとにはわずかのザミーンダーリーの土地と小作地があったが、主として耕作に頼る生活をしていたらしい。一八九九年、彼は約二マイル離れた高等小学校に入り、六年制の課程を三ヵ年で修了し、ガージープルのヒンディー中学校、その後、同地のドイツ・ミッション高等英学校に進んでいる。一二歳のときウパナヤナ・サンスカール（入門式）を済ませ、高等英学校の頃はシヴァ寺院に寄宿していた。

家族の期待に逆らってサンニャーシーとなるため彼がヴァラーナシーに向かったのは一九〇七年二月のことであり、

その後の彼の名がサハジャーナンドである。森の動物が耕作もせず、食物の用意に思いわずらうこともないのに、我々人間はそのために何故苦しまなければならないのかと自問し、神の恵みを得るため日夜努める気持からサンニャーシーになったという。二〇世紀初頭のインドを席巻したベンガル州分割反対運動を契機とする民族解放の息吹も彼の心を揺さぶることなく、彼の青年期は政治の世界との通風路を開かないままに始まっている。しかし、社会との徹底した断絶への欲求はかえって「伝統」への安易なもたれかかりの世界を拒否することになり、逆にその後の彼の社会活動を導き出すモメントとなる。彼が指摘するように、社会活動や民族への奉仕に関わることなく隠遁を装っているが、実際のところ、自分のためには世間では得がたい良い食事、良い衣類と立派な寺を求めるサンニャーシーは少なくない。また、彼がサンニャーシーの旅において発見したように、金をためて子供に仕送りし、あるいは全村民を自分の弟子であると同時に債務者に変えてしまったサンニャーシーすらいる始末である。これとは対照的に、サハジャーナンドの場合には「神の恵み」への接近がひたすら求められ、すでに覚えた英語の単語は一つ残らず忘れ去ろうとし、旅にあって長時間飲食を断つ自己規制力を若い肉体の中に培っている。それを可能にしたのは、一つには、祭司カーストたるブラーフマンとしては特殊なブーミハール・ブラーフマンと関わるカーストに属し、「正統」との一定のずれが純粋性の追求をむしろ強烈にしていること、また、周囲が彼の世間的成功によって生活上の困難からの脱却を願い、その願望を強めれば強めるほど、彼はこれに反発して社会との断絶を一層希求するという環境的要因が背後に存在したからであろう。したがって、彼はブラーフマンの「伝統的」世界に見られる退廃にとうてい心を休めることはできなかった。サンニャーシーの旅を通じて「森や丘の泥をかぶっても」、神は未だ遠く感ぜられ、ヴァラーナシーに戻っての約七ヵ年の修業が始まる。彼はアパールナート寺院にあってサンスクリット文法のほか、ニャーヤ、サーンキャ、ミーマーンサー、ヴェーダーンタ、ヨーガなどの諸学派を学び、また、人にこれらを教えた。しかし、サハジャーナンドの孤独癖と俗界の縮図を鮮明に映し出している感のあるサンニャーシーたちの集団生活にたいする嫌悪のため、彼はのちにこの寺院を離れている。

彼がサンニャーシーのならいにしたがってダンダー・ダーラン（携杖の式）を行って得た名前がスワーミー・サハジャーナンド・サラスワティーである。

2 ブーミハール・ブラーフマンの運動

彼の社会生活への「奉仕」（セーワー）は意外なところに端を発する。第一次世界大戦が始まった一九一四年の一二月、彼は誘われるままにビハール州に近いバリヤーで開かれたブーミハール・ブラーフマン・マハーサバーの大会に出席した。(4) サハジャーナンドは、大会における講演の一つにおいて、サンスクリット語古典に関するドイツ人学者マックス・ミュラーの業績に触れてインドのブラーフマンの無為を批判した。ブーミハール・ブラーフマンといえば、現在（一九六〇年代）ビハール州のブラーフマン人口の約四〇％を構成すると推定され、経済的にはすべてのカーストの中でもっとも強力な土地所有カーストとされている。(5) このため、大会への参加者にはザミーンダール、ラージャー、マハーラージャーなど第一次世界大戦に際してイギリスに忠誠を誓った地主たちが多数含まれ、サハジャーナンドがドイツ人学者に言及したことはまったく予期しない彼らの反感を買うことになった。彼としては、第一次大戦に未だ然したる関心も抱いてはいなかったのである。彼はまた、このときの別の講演において古典に基づきながらブラーフマンにとって祭司の職は不可欠のものではないと論じて、ブーミハールにブラーフマンとしての自尊心を呼び覚まそうとした。この二つの講演には古典に拠って現実のブラーフマンの自覚を促す姿勢が一貫している。そして、この大会参加を契機として、彼は古典を通じて自分だけの解脱を達する道から、心の打ちひしがれた者の自信回復への努力、「民衆への奉仕こそ神への奉仕」の道に入っていく。

このようなサハジャーナンドの社会奉仕観の形成を古典ギーターの理解が助けたこともたしかである。(6) 彼がギーターを生活の不可欠な一部としたのは、独立運動に身を投じ牢獄に入っていた一九二二年三月、小さなギーターを差し入れされたときである。注釈書を座右においてそれを頼りに読んだり、あるいは、何らかの原則を立ててその原則の投影をギーターの中に読み込むことをやめ、獄中でギーターと直接に向き合うことによって意味をつかんだといわれる。古典との直接の接触によって中間にまといつく粉飾を排除し、それが現実の批判的把握につながるという彼の思想の一つの特質をここに見ることができる。

サハジャーナンドの社会奉仕は、当初ブーミハール・ブラーフマンの運動に注がれた。彼は、一方で文献の渉猟を通じて自己の主張を裏付けようとしたが、同時にダルバンガー、バーガルプル、ムンゲールなどビハール各地を訪れ、ブーミハールと他のブラーフマンとの無数の婚姻事例を集め、また、彼としてはブラーフマンにとって祭司の職は不可欠ではないと考えながらも、調査の旅を通じてブーミハールが重要な場所で司祭の仕事を行っている例を挙げて、ブーミハールが他のブラーフマンに比べて何ら遜色ないことを訴えた。ここには、古典への依拠と並んで、自分の足で現実を確かめる経験主義的な態度が見られるが、やがてこの態度は社会における宗教の名においての打算を批判する姿勢へと連なっていく。ヒンドゥー・ムスリム関係が緊張していた一九二〇年代半ば、サハジャーナンドは、牛や馬の売買の場として知られるバクサル郡のブラフマプルで、市に牛を持ち込ませない運動を始めたが、これにもっとも激しい抵抗を示したのは、「牛の保護」という大義名分とは裏腹に、市の取り止めによって収入や供え物が減ることを怖れる寺の僧侶やザミーンダールであった。このとき、牛を殺す仕事に携わっている人たちの手配師がブラーフマンや他のヒンドゥーであることも知った。

この間、古典への依拠と経験主義を媒介にして、サハジャーナンドの政治との断絶も次第に解きほぐされていく。彼がバクサルの近くコートワーナーラーヤン村に住み始めてから、パトナーの友人や信者たちが英語を忘れるのはよくないと言って彼のもとに英字新聞を送り始めた。第一次世界大戦後のインドの民族的自覚は彼の限られた視野を否応なく拡大していった。ヒンディー語紙『プラタープ』を通じて独立運動の指導者ローカマニャ・テイラクの死（一九二〇年八月一日）も知った。そして、ガンディーの思想については未だ手探りの状態にありながらも、サハジャーナンドはガンディーの指導する運動に抗しがたい時代の流れを読み取った。彼が大きな刺戟を受けたのは、一九二〇年一二月の三日か四日にパトナーで開かれた集会で聞いた演説であった。しかし、キラーファト運動が進行する状況の下で、サハジャーナンドは、イスラームについて深い理解を持ちながらもインドとその当面する問題に繰り返し言及して、イスラームに触れることのなかったマウラーナー・カーラーム・アーザードの演説に感銘したが、情熱的にイスラームの危機を語るマウラーナー・ムハンマド・アリーの訴えには危なさを感じた。

この演説会をきっかけに、一二月五日、サハジャーナンドはガンディーと初めての対面をした[7]。彼のガンディーへの質問の一つは、サンニャーシーであることの条件についてであった。この点について、ガンディーは憎しみの欠如を語ったが、サハジャーナンドは、自分の経験から、サンニャーシーの間に見られる悪弊に憎しみを覚えるとして同意しなかった。ザミーンダールへの対応をめぐって、一九三〇年代に二人の間に生じた溝の深さがすでにこの段階で垣間見られる。また、サハジャーナンドが、ムスリムの大衆には不安を抱かないが、キラーファト問題解決の暁におけるムスリムの学僧（マウラーナー）や指導者たちの活動に懸念すると述べたのにたいし、ガンディーは、彼らの善意を信ずると言うにとどまった。彼としては、サンニャーシーとしての体験から、ムスリムの宗教的指導者にも疑問を投げかけたのであろう。その後のサハジャーナンドの農民活動も「宗教」の名で行われることはなかったが、そのような姿勢はすでにこのときには身についていたといえるだろう。ともあれ、彼の政治への入り方は、周囲の興奮とはやや異質の、サンニャーシーとして確かめながらのものであった。この後、ナーグプルで開かれた会議派大会（一九二〇年一二月二六日～三一日）に出席して帰り、ビハール州議会選挙で会議派に反対するハトゥワーのマハーラージャーに投票しないように村々で訴え、また、ガンディーのすすめる手紡器チャルカーの運動にも参加して、「真のサンニャーシーとなるための」（サハジャーナンド自身の言葉、自伝一八五ページ―訳注）政治活動が始まったのである。

一方、ブーミハール運動もまた、民族運動への参加とともに彼の周囲の農村を見つめる眼を鋭くした。[8] 一九二七年、ビターに住むブーミハール・ブラーフマン、シーターラーム・ダースがアーシュラムを開いてブーミハールの子弟たちにヴェーダなどを教えたい意向をもらした。かねてブラーフマンの師がブーミハールに教えることを拒否しているのに不満を抱いていたサハジャーナンドは、アーシュラムの管理者の一人として加わった。しかし、管理者の中にはザミーンダールやその支持者が多く、サハジャーナンドが農民運動との結びつきを強める過程で彼らはアーシュラムを去っていった。これより先、一九二六年に開かれたブーミハール・ブラーフマンの大会では、スワーミー・サハジャーナンドが議長となり、このカーストの運動における画期を印象づけるものとなった。[9] 第一に、これまでのカースト組織が政府との間に良好な関係を保って、既得権益者層の「地位向上」ないし権益の維持を図ろうとしたのにたいし、政府の「反逆者」が議長となったことである。さらに、サハジャーナンドは、大ザミーンダールたちの存在を顧慮することなく、議長以外は同じ高さの敷物の上に貧富に関係なくすべてのブーミハールを座らせた。この措置に屈辱を感じたザミーンダールその他の特権階級は、これまでの一アンナーの入会条件を年一二ルピーの会員制にしようと抵抗した。このように、ブーミハールの運動は、彼の社会活動を導き出す要因となりながらも、宗教とカーストの名で行われている地主層の運動の思惑と同一カースト内を横切る階級的亀裂を彼に認識させている。言い換えれば、サハジャーナンドが「カースト主義」に徹することで、その運動の内側が暴露されたのである。こうして見ると、サンニャーシーから農民運動指導者への道も決して唐突とは言えない。「烈火のような」彼の性格の底には経験を基礎とした冷静な判断と現実にたいする豊かな感受性とが隠されており、農民との不断の接触が彼の行動の幅を拡大していったのである。

2　サハジャーナンドとビハール州農民運動

1　運動を通じてのザミーンダール論

サハジャーナンドが現実から「隠遁」したとき、隠遁へのひたすらの生活が伝統にあぐらをかくサンニャーシーへの厳しい批判を生み出したように、「現実」の世界に戻り、ブーミハールの自尊心の回復の運動に乗り出したとき、彼はブーミハールの運動をくぐり抜けて農民運動へと到達した。サンニャーシーとしての思想の同質性を保ちつつも、彼の思想が強い求心性をつねに伴いながら外から内への定着を志すために、内側に巣食っている矛盾を見逃すことができなかった。

ザミーンダールの苛酷な取り立てについてのサハジャーナンドの理解は、アーシュラムの垣根の中でよりもむしろザミーンダールによって「遊覧旅行」と皮肉られた酷暑とモンスーンの雨を厭わぬ一九三〇年代のビハール各地へのめまぐるしい活動の旅によって深められた。この活動の過程において彼の宗教・カースト観は訂正を迫られ、地主・

農民の基本的対立の認識へと近づいていく。

ここにその若干の例を挙げよう。

一九三三年のある日、ダルバンガー県マドバニーの農民集会の後、一人のマイティリー・ブラーフマンに属する農民がサハジャーナンドに訴えた。ダルバンガーのマハーラージャーの所領では雨期の洪水に遭っても水の流れをせき止めることができない。水が引けば魚が繁殖できないと言ってマハーラージャーが怒る。魚を取ればマハーラージャーには「水利料」が手に入るのである。また、土地にたいする農民の権利を認めても、彼らの無知につけこみ、その土地に植えられた木についてはザミーンダールが折半あるいはそれ以上の権利を得るために、農民は歯をみがくための枝を切ることも葉を落とすことも自由ではない。インド・ダルマ(人倫・宗教)協会の会長であるダルバンガーのマハーラージャーも同じカーストに属するマイティリー・ブラーフマンの農民の保護者ではあり得ないことを農民の訴えは痛切に彼に教えたのである。[10]

また、一九三五年五月のこと、プールニヤー県のベンガル州に近く、ムスリムの農民の多いパーンジパーラーの集会は、ヒンドゥー・サンニャーシーであるサハジャーナンドの杞憂をよそに成功した。集会の後、ムスリムの農民たちは、これまでたくさんの話を聞いたが、マウルヴィー(ムスリムの学僧)たちはあなたのようにパンの問題を取り上げなかった、一緒に自分たちの村に行こうと誘うほどであった。サハジャーナンドは、「ムスリムの農民が我々のようなヒンドゥーの僧侶を自分のアードミー(仲間)と考え、親愛の情をこめて自分の家や村に案内したいと思っている。それは、我々の生涯にとっても、そして、おそらく彼らの生涯にとっても最初の機会だった」と回顧している。「農民は結局農民である」というサハジャーナンドの認識は、農民が農民として自分の問題の解決を求めているという主体的な志向をとらえて初めて成立するものであった。[11]

その農民を取り巻く条件は、単に小作料の問題に限られなかった。コーシー河の流れが荒れ狂うバーガルプル県北部では、農民はザミーンダールの狩猟に供するため農地から小鳥の群れを追い払うこともできず、何年となく農地が水に浸かっても小作料を取り立てられるだけでなく、その水の中を泳ぐ魚を取り、水生の植物を引き抜けば改めて「水利料」を払わされていた。(12) また、プールニヤー県ダルムプル・パルガナーでは、いまは河川が干上がってもそこを通ると「ガート」(岸)という名の税を徴収し、「タレース」(英語の「トレースパース」を縮めたもので不法侵入の意味であるが、農民には言葉の原義は想像すべくもない)の名で農民は自分の土地以外に家畜をつなぐためにはザミーンダールやその使用人アムラーに贈り物をしなければならず、プナーヒーの日(サンスクリット語の「プニャーフ」が訛ったもので「神聖の日」の意。ザミーンダールが一年の小作料の取り立てをその日から始めるので文字通り「神聖の日」)の祭りの費用(実際にはその数倍)も農民は負担しなければならなかった。(13)

息苦しい締めつけにも出口はあった。ムンゲール県バクティヤールプルでは、ザミーンダールが塩・干物の魚・燈油・なめし皮の売買を独占していた。一九三〇年、インド政府の塩専売に反対しガンディーの指導の下に全国的規模で展開された塩のサティヤーグラハはこの地におけるザミーンダールの塩独占をも粉砕してしまったが、農民運動はさらに残る三つの独占も打破したのである。(14)

しかし、農民が解決の方向を示唆する農民活動家に接する道は平坦ではない。インドの仏教学者で、農民運動を指導したラーフル・サーンクリットヤーヤンの描くガンガーパリヤー村の誠実で信仰心の厚い、クムハール・カースト(陶工)に属する会議派活動家ヤムナー・バガトの行動がそれを示している。(15) 彼の家は大家族制度の下でポットを作り、何世代にもわたって何ビーガーかの土地をザミーンダールから借りて耕作していた。ビハールで白日の下で行われていたように、土地査定のときザミーンダールは、「自分の名前と小作地を書かせてどうするのか。いままで通りで良いではないか。これまでのように耕作していれば良い」と言って、甘言を交えて納得させた。その後もザミーンダールは小作料の受領書を出さず、彼の土地を奪い、家族は飢えに瀕してしまう。ヤムナー・バガトは会議派の指導者であるラージェーンドラ・プラサードの家にも近く、会議派の用事とあれば、自分の仕事をさしおいても駆けつける。しかし、不運にも、彼のザミーンダールはプラサードと同じカーストのカーヤスターに属し、同族内の問題の解決をプラサードに期待できそうにない。やむなく、彼は県段階、そして州段階の会議派に訴えたが、この「農民の組織」を自認する会議派も彼の請願を聞き入れるつもりはない。ある日、赤いクルターを身につけた一〇人の農民活動家が彼の村を尋ねてきた。ザミーンダールは当惑したが、問題の解決の端緒がここに開かれる。旧来のカースト上の共同体的解決方式はむしろ問題解決の邪魔になり、大衆の名において活動する会議派も耳を貸さない地点から、農民組合との出会いが始まる。その意味で、農民活動家には、カースト内処理や「すべての階層を包含する民族組織」の農民像を克服する新たな視点の設定が求められていたのである。

サハジャーナンドは、ビハール州の農民に困窮を強制している要因として、(一)ザミーンダーリー制、(二)負債、(三)無規律で混乱した市場、(四)砂糖工場主の無法と貪欲、(五)訴訟、(六)社会慣習上の悪弊、(七)無教育を挙げている。彼によれば、ビハールの五三一〇万エーカーの土地が三五〇〇万の人口中のわずか五〇万人のザミーンダールによって所有され、しかも、このうちの数千人の不在地主が約五千万エーカーの土地を握っており、「ただ座って農民を抑圧する手段を工夫する以外何もしていない」地主が、耕作者からの合法的支払いのうち一五〇〇万ルピー強を政府に渡すだけで、残りを自分の手中に収めている。この他、ザミーンダールは利子、サラーミー(特別の機会に支払う賦課)など様々の非合法の賦課で膨大な収入を得ている。[16] 一九三六年一一月、プーリーで開かれたウトゥカル農民会議において、サハジャーナンドは、「もしも今日誰かがまずザミーンダーリー制を廃止するか、それとも、イギリス帝国主義を廃止するかを尋ねるならば、私はまずザミーンダーリー制の廃止を望むと言いたい」と発言している。[17] この発言は全インド農民組合成立の年におけるサハジャーナンドと会議派との間の緊張した関係を象徴するものであった。

彼のザミーンダール論が豊かな体験と天を突く怒りにあふれているのにたいし、のちに触れるように、彼の農民観は極限に近い素朴さにあふれている。農民諸階層を詳細に分析し、農民を歴史の複雑な諸矛盾の中でとらえることは彼のよくなしうるところではなかった。彼が会議派社会党の指導者によって「農民主義者」として批判されたことは理由のないことではない。しかし、「真のサンニャーシー」になるために政治の世界に入ったという彼が人間の本来あるべき姿をもっとも素朴な形で想像し、それを歪める制度に怒りをあらわにしたとしても当然のことと言えるかもしれない。

「権利が奪われようとしているか、すでに奪われた者が、準備してその権利を取り戻すこと、これが私が知る自由の闘いと真の社会奉仕の奥義である。[18]」

権利の回復とは人間本来の姿の回復であり、彼はこれを素朴な農民像に二重写しにしていたのである。

2　農民運動と農民――一九三〇年代前半

一九二七年末（正式発足は翌年三月四日）にサハジャーナンドが西パトナー農民組合を創立したとき、彼は農民組合運動の将来について確かな見通しを持っていたわけではなかった。

西パトナーにはバラトプル、ダルハラーなどの古いザミーンダールの土地があり、一九二一年、ガンディー指導下の独立運動の最中、パトナーから来た有名な会議派指導者もザミーンダールの息のかかった者によって牛糞を投げかけられる有様であった(19)。ダルハラーでも無償労働が行われていた。ダンダー（棒）が黙って家の入り口に立てかけられると万事さしおいても農民は明朝ザミーンダールの所に出頭しなければならない。ある家で棒が立てかけられた後で一人の老人が死んだ。翌日、慣習にしたがって家人全部が遺体をガンジス河の岸に運ぶためにザミーンダールの屋敷に出向くことができなかったとき、彼の逆鱗に触れてあらゆる懲罰を受けなければならなかった(20)。ザミーンダールのこのような暴力を知りつつも、この段階でのサハジャーナンドは地主と農民の内輪もめで独立闘争が弱まることを怖れて両者の和解を目指す立場にあり、ガンディーを彼の進む道の先導者と見なしていた。

一九二九年一一月、ソーンプルの有名な動物市の機会にビハール州農民組合が設立されたが、その構想を練ったのはサハジャーナンド、ヤムナー・カールジー、ラームダヤール・シンの三人である。主な会議派メンバーが農民組合員として名を連ねていたが趣意書に署名し組合費を払う積極さはなく、事実、組織としての州会議派委員会は農民組合への参加に反対であったし、会議派の領袖ブラジャキショール・プラサードはあからさまの敵意すら示していた(21)。未だ農民組合の正体もわからない当時とすれば多分にバスに乗り遅れまいとする気持が多くの会議派メンバーを駆って農民組合に参加させたに過ぎない。しかし、当時グジャラートのバールドーリーで反地税運動を指導してサルダール（指導者）と呼ばれるようになったヴァッラブバーイー・パテールが会議派ラーホール大会を前にしてビハールを訪れてザミーンダーリー制廃止を高らかに謳っていたが、前以て各地に農民組合を作って彼の旅行の便宜を図ったのはこれら農民指導者であった(22)。農民組合が会議派のイデオロギーによって強く規制されていたことはたしかである。

サハジャーナンドは一九三〇年の「塩のサティヤーグラハ」に参加して投獄された。そのとき、彼は獄中のガンディー信奉者たちの無規律に辟易し、会議派からも、そして政治と関わるが故に農民組合からも一時退いてしまう。しかし、会議派指導者のほとんどが獄中にある間隙をついて、政府側はダルバンガーのマハーラージャーなどザミーンダール層と図り、ラージャー・スールヤプラーを書記としてビハール地主連盟の支柱であるサッチーダナンダ・シンハ（ビハール州の成立に貢献。一九四七年一二月に成立したインド制憲議会の初代議長）などの肝いりで「農民組合」が一九三三年に設立されようとしていた。この計画はジャドゥナンダン・シャルマーなどがサハジャーナンドを農民運動の場に呼び戻すことによって粉砕された。これを契機として、サハジャーナンドを議長とするビハール州農民組合は再生する。[23] 政治と農民組合活動からの「隠遁」を断ち切り、以前に優る現実にたいする積極的な姿勢が回復し、彼のもっとも意欲的な一九三〇年代の農民活動が始まる。

一九三三年七月一五日から約一〇日間、モンスーンの最中、農民組合は、ジャドゥナンダン・シャルマーの生地であり、アマーワーンのラージャーのザミーンダーリーであるマジャーワーンを含むガヤー農村の調査活動を行い、サハジャーナンドはラージャー・アマーワーンとの面接を通じて、もはやザミーンダールとの話し合いによる和解に希望を託せないという結論に達した。[24]

一九三四年以降、ビハール州農民組合は次第に活動の裾野を広げていく。サハジャーナンドの疾風怒涛の農村活動はこのような末端での受け入れ態勢の広がりを通してこそ可能となった。この農民との接触の旅を経済的に支えていたのは農民の援助である。彼の主張によれば、農民組合には常設の資金があってはならない。中間層の機関は資金なしには活動しえないが、民衆の組織の真の資金は彼らの全幅の信頼と愛であり、旅費はそのときどきの農民の援助によって賄われるべきであると言う。[25] サハジャーナンドはかつてサンニャーシーとして同僚の贅沢にあきれ、第一次世界大戦直後には「ティラク自治基金」のため炎熱に耐えて農村を歩いて集めた金を杜撰に使う会議派メンバーの安易さに驚いた。また、第二次大戦期に獄中にあったとき、ある会議派社会党の指導者が、会議派は闘う用意がないので労働者・農民の政治組織、全左翼政党を結集した統一政党を作ろうともちかけた際、サハジャーナンドがまず問題としたのは、短兵急の計画もさることながら、大規模なプログラムと大量のメンバーのための資金の調達を貧しい農民がなし得ない以上外部に資金を依存せざるをえない組織の孕む危険性であった。(26)彼の資金論には、経験に裏付けられた寄生的な「活動家」の跋扈にたいする警戒や、大衆組織がその資金的な基礎を通じて大衆組織でなくなることへの懸念があった。

サハジャーナンドの組織論における慎重さは、プログラムとしてのザミーンダーリー制廃止要求における慎重さに連なっている。彼は、一九三四〜三五年の段階におけるいくつかの会議でザミーンダーリー制廃止決議を提出した者のほとんどが農民組合に加入したばかりの者で、当時まで農民組合に敵対的であったか、その後に農民組合を離脱したメンバーであったと指摘している。(27)サハジャーナンドとしてはすでに無償廃止論に立ちながらも、運動と決議のずれに乗ずるような人々に隙を与えることを避け、決議を運動の成果の延長上に置こうとしたのである。

一九三五年四月、ヴァッラブバーイー・パテールを議長にアラーハーバードで開かれた農民会議はザミーンダーリー制廃止を決議した。(28)この会議は公式にはUP州農民活動家の会議であったが、実際には多くの州から会議派メンバーと農民活動家が参加していた。しかし、一九二九年にビハール農村でザミーンダール恐れるに足らずと説いたパテールは、三〇年代後半には農民運動規制の立役者として現われてくる。

一方、同年一一月、ハージープルで開かれた第四回ビハール州農民会議でもザミーンダーリー制廃止が決議された。この直接の契機となったのはその直前に開かれたダルムプル・パルガナーの農民会議がザミーンダーリー制廃止の決議をし、ビハール州の農民指導者たちを刺戟したからであった。この会議の議長になったのは一九三七年に成立したビハール州政府の首相シュリー・クリシュナ・シンハである。[29] しかし、州政府成立後、この会議派指導者の眼に農民は「暴徒」として映り出した。

ザミーンダーリー制廃止決議が一九三五年という時点で採択されたことの歴史的意義は認めつつも、決議はあくまで具体的な現実との関わりの中で理解されなければならない。

この頃の反ザミーンダール闘争の成果について、ガヤー県農民組合の一九三六年報告書は次のように述べている。[30]

「農民組合が結成されてから、ザミーンダールが野菜・ミルク・ダヒーを金を払わずに農民から奪う件数はかなり減少した。農民は恐れなくなった。いくつかの場所ではザミーンダールは道路・橋・井戸・貯水池などを修理した。圧迫や脅迫は規制された。一般的に言えば、ドゥムラーンオやスールヤプラーを除く他のザミーンダーリー地域では、アブワーブ（村の小作人・職人・商人などから取る小作料以外の取り立て）の取り立ては半分になった。非合法の支払いは抑えられた。もっとも、いくつかの場所では脅迫によって非合法の謝礼が暗黙のうちに取られている。」

3　農民運動と農民――一九三〇年代後半

一九三五年統治法に基づく州議会選挙（一九三七）に際して、サハジャーナンドは立候補の勧めを断り、民衆の間での活動を選んだが、立候補者の選択基準として三つの条件を掲げた。

（1）会議派と国のために入獄、罰金刑などを味わっていること
（2）貧しい者またはその支援者
（3）農民組合員

彼は、（3）の条件を満たせなければ、（1）（2）の条件を満たすこと、しかし、（2）の条件も満たせなければ少なくとも（1）の条件を充足させることを求めた[31]。彼の議論の立て方には、コミンテルンのテーゼをてことして統一戦線論を繰り広げる会議派社会党の理論家の派手さはないが、彼の経験に根ざした統一戦線論ということができる。だが、彼の基準が州会議派によって活かされるすべはなかった。しかし、さしあたり民族組織としての会議派の地位を承認することによって、ザミーンダールが会議派候補者であっても会議派への投票を農民に依頼することは、選挙後に向けての一定の約束を前提としてしか可能ではない。そして、この苦い選択は彼の農民活動家としての立場を引き下がれないものとした。会議派の候補者は選挙の興奮を忘れることはできても、農民はサハジャーナンドの約束を忘れることができないからである。そこからサハジャーナンドの会議派の体質にたいする苛烈な批判が生まれる。

「州の会議派指導者の大部分は、農民の深刻な経済問題に関して自分の気持を表明したがらない。……彼らは農民を自分たちの民族運動の背後に置きたがっているが、農民の当面する真の問題には直面したくはない。彼らにとっては、自分たちの求めに応じていつでも監獄に入る用意があり、農民の階級的利益の立場でつぶやいたり、考えることなく、手織綿布を着て、選挙に際しては会議派のために投票するような農民が、戦闘的な農民より望ましいのである[32]。」

農民を民族運動の「背後」にではなく、主体に据えようとしたサハジャーナンドの州議会選挙についての論評は次のようであった[33]。

「中央議会と州上院については、それぞれの会議派の候補者は反動および金持ちに対決して成功を収めることはできなかった。というのは、選挙人がザミーンダール、高利貸および社会の上層から構成されていたし、農民と貧しい者は自分の気持を表明する機会がなかったからである。州下院においては、一、二の例外を除いて、すべての会議派の指名者が莫大な資金を持つ対立候補をこっぴどく敗北させた。」

もちろん、州議会選挙の選挙権は全農民に与えられていたのではなく、比較的豊かな農民に限定されていた。サハジャーナンドが、選挙権が全面的には農民に与えられていないという事実にではなく、むしろ農民がいまや選挙権を得ている事実に重心をかけて論ずるとき、(34)それは選挙権を行使しうる農民、そして、農民運動に積極的に参加した農民の階級的構成に関わっていると言える。同時に、会議派の勝利を支えたものは、単に選挙権をすでに持っている者に限られず、ひろく農民の変革への欲求であった。その意味でも、サハジャーナンドの苦い選択は選挙において完了することはできず、「すべての閣僚を農民と人民の意志の方向に顔を向けさせる」ために、大衆を組織し、地代・地税の滞納額の縮小、地代・地税の実質的削減、すべての負債の削減または棒引きという農民の要求を会議派政府に実現させようとした。(35)

しかし、会議派への期待も空しく、法的な解決ルートを失った農民は、サティヤーグラハ、直接行動によって自己の権利を自らの手で守ろうと試みた。一九二九年恐慌による農産物価格の暴落にもかかわらず、ザミーンダールは、飽くなき小作料の取り立てに加えて小作料の滞納を理由に長年耕作して小作権を得ている土地、いわゆるバカーシュト地から農民を追い立て、改めて随意小作人との契約に切り替えていった。これにたいして、農民組合は農民に権利意識を目覚めさせ、農民は、ザミーンダールが合法的に土地を取り上げたのでない限り承服できないとして土地を占拠し続け、ザミーンダールが刈り取りあるいは耕作のために派遣する雇人たちを拒絶した。このバカーシュト・サティヤーグラハは一九三六年にビハール農民の武器となり、三七〜三八年にかけてその件数が増大した。この段階においては、ビハール州農民組合は個々のメンバーが指導に参加する形をとっていた。しかし、ザミーンダールが会議派との妥協によって勇気づき、また、彼らが会議派政府の用意したバカーシュトランド取り戻し法を潰す目的で全州にわたって追い立てを進めるにいたって、農民の期待はついに組織としての農民組合に寄せられた(36)。

一九三八年末、ガヤー県レーオラーの農民は農民指導者に陣頭の指揮を切実に求めていた。ジャドゥナンダン・シャルマーの要請で出かけたサハジャーナンドはそこに五万人の老若男女の集まりを見た。この後、パトナー県農民会議の席上、彼は、「農民組合は進んで農民の直接闘争、サティヤーグラハを指導する以外に道はない。さもなければ、農民は我々に失望し、我々を講釈が好きなだけだと思うだろう。講釈と決議は読み書きできる人のためだ。この人たちはそれに飽きることがない。だが、民衆はいつも仕事をしていて、話すことは少ない。このため、いまや彼らに仕事を与えるのが我々の任務だ。我々は会議派政府を困らせるためにではなく、自分の真価を保ち、自分の任務を果すために前進するのだ」と訴えた(37)。切実な土地問題の猶予のない瞬間において農民が農民指導者を動かしつつあった。こうして、レーオラー・サティヤーグラハは開始された。ラーフル・サーンクリットヤーヤンがサティヤーグラハを指導したサーラン県アムワーリー（ラーフルは棍棒で肩を打たれ、詩人は「ラーフルの血の叫び」を謳った(38)）、カールヤナンダ・シャルマー（一九四七年五月、全インド農民組合第一〇回大会（シカンダル・ラーオ）の議長）の指導したムンゲール県バルヒヤー・タールの他多くの村でもバカーシュト・サティヤーグラハが平和的直接闘争の形で進められた。

サハジャーナンドに課せられた任務は、個々のサティヤーグラハの指導とともに各地の運動を調整し、運動を新たな段階へと前進させることにあった。農民の勇気、冷静さ、階級意識の目覚めを感じ取ったという彼は、このサティヤーグラハを通じていくつかの教訓を学んでいる[39]。

その一つは、サティヤーグラハは、当初、勇気と献身的精神の増強、力の分散の回避という視点から裁判を活用することをしなかったが、あっさりと優れた活動家を獄中に送ってしまうことを避けるためにも裁判闘争も武器に加えることを学んだ。

これとは逆に、サティヤーグラハは闘争の過程では「休戦」を拒まなかったが、闘争を始めてから休戦の交渉をしたときにその隙をつくザミーンダールや官憲の巧妙さも知った。この経験は農民サティヤーグラハの勝利の代表的な例であるレーオラーですら味わうことになった。ここから、サハジャーナンドは、「一般的に、闘争を始めてから休戦のわなにはまってはならない。たとえ敗れても、その場合には敗北によって利益を得る。何故なら、自分の弱さを知るからである」という結論に達した。

もう一つの教訓は、農民の可能性への信頼と活動家の創意の必要であった。サハジャーナンドは次のように述べている。

「もしも積極性と信念とを持って活動するならば、金・食料・人がなくて活動が止まることはない。この三つは農民が用意してくれる。しかも容易に。我々の大きな過ちは、我々が民衆の闘いを外部の金と人によって勝利しようと思うことであり、そのような勝利はたとえ得られても私は敗北だと考える。何故なら、それによって自信は生まれないし、その自信の獲得こそが闘争の真の目的だからである。いま外部の力によって得られた権利はいつか奪われる。もしも我々指導者の側に信念と積極性があるならば、農民はすべてをなし得るし、たとえ自分が飢えようとも我々を援助することができるのを見た。この信念がなければ、我々は必ず敗北することも経験した。」

農民の可能性を活動家の創意が引き出すところで運動が出発し、農民が自力を基礎とした運動の過程で自信を蓄えていくという彼の発想は、やはり農民運動そのものが生み出したものと言えるだろう。サハジャーナンドの素朴な農民像は、農民を静止状態でとらえるという意味で素朴であったのではない。

ところで、一九三〇年代後半のビハール州農民組合運動は、バカーシュト・サティヤーグラハのほか、砂糖きび栽培農民の要求にも対応した。ガンディーが一九一七年に藍栽培農民のサティヤーグラハを指導したチャンパーランでは、第一次世界大戦後、「ニルヘー・ガエー。ミルヘー・アーエー」（藍栽培業者は去り、砂糖工場主が来た）と歌われていた。一九三二年一月、インド政府は砂糖にたいする輸入関税を課した。この措置はインドの砂糖工業の発展がイギリス独占体の利益を損なわないという前提を踏まえてのものであったが、これを機に東インドと北インドで砂糖工業が成長し始めた。サハジャーナンドのアーシュラムの所在地ビターにも一九三二年に砂糖工場が設立された。彼は、外国人が来て工場を開くよりもインド人のダルミヤー（のちの財閥）が来る方がはるかに良いと考えて、工場の敷地を見つけるのを援助したりした。経営者は会議派の長老格であるラージェーンドラ・プラサードを取締役の一人に据えて、工場は労働者の理想の住家となると宣伝した。ところが、工場設立後まもなく、サハジャーナンドは農民のグル（粗糖）製造を禁止しようとする工場側の企図に反対し、次いで、農民が売る砂糖きびの価格の問題でも争わなければならなかった。その後もハルタール（ストライキ）が行われるなどしたが、一九三八〜三九年の労働者のストライキは一旦失敗に終わりながらも、そして活動家たちの懸念をよそに、サハジャーナンドは農民への信頼を武器として工場のピケットを成功させた。彼が工場主への漠然とした期待から離れる過程は、ザミーンダール・農民協調

論からの離脱の過程に符合している。砂糖きび栽培農民の運動への参加を通して得た彼の結論は以下のように明快である。(40)

「大衆活動をする者は、大衆に、自分の目標に、そして、自分自身に無限の信頼がなければならない。そのときにこそ成功を収める。私は農民にたいし揺るがぬ信頼を抱いている。その結果、失望することがない。彼らはつねに協力してくれた。」

彼の農民観はあまりに楽天的に過ぎるかもしれない。しかし、彼が運動の成功の条件として活動家の農民にたいする信頼と並んで、農民が活動家の規律を自分の眼で確かめて支援するという過程を含んでいることに留意する必要がある。

ラーフルが一九三八年に訪ねたチャンパーラン県ハリナガルの砂糖工場でストライキをした労働者もまた、会議派の目指す独立の意味をかみしめる機会を得た。このストライキの要求は賃金の二五％増額、労働組合の承認、待遇改善などであった。工場主は会議派メンバーであり、チャンパーラン県会議派委員会は工場内で会合を開いてストライキを抑えようとし、労働者がこれに従わなかったとき、騎馬警察と工場の警備員が殴る蹴るの暴行を加え、冷水を浴びせた。(41)こうした状況が会議派の支配する「州自治」の下で起こるとき、労働者の描くインド独立のイメージが変わるのは避けられないことであった。

サハジャーナンドは、会議派州政府成立の段階で独立の意味について次のように述べている。(42)

「農民組合と農民自身にとっては、ザミーンダールと農民の独立は二つの相反するものであるが、会議派にとっては何ら相違はない。したがって、農民組合と会議派の相違はアプローチとものの見方から来るものであり、それ故に根本的なものである。

……ザミーンダールと金持ちにとってはそれ（経済的・政治的圧迫からの完全な解放を求める大衆の闘争―訳注）がなくても良い。だが、農民と労働者はそれなしには生きられない。この自由の獲得には自分のパンの問題が含まれている。」

4　一九三〇年代末の政治情勢とサハジャーナンド

一九三七年の会議派州政府の成立はサハジャーナンドにとって思想の屈折点となった。農民への信頼を基礎とする独特の農民像を築き上げ、虐げられた農民を歴史の主体として捉え直し、農民の無限の可能性に行動の原点を置こうとする彼の思想は、農民組織を自認しながらも農民からの全権委任を求める会議派の農民観との対決の中で、しかも、三〇年代の農民運動に自ら身を置く中で深められたものである。サハジャーナンドは、大衆運動の指導体としての役割から遠ざかっていく会議派への警鐘を鳴らしつつ、権力志向的な会議派の対極に素朴な農民像を据えようとしたのである。

しかし、彼のこのような農民像は、現実のビハールの農民運動がそれ自体持っている矛盾を克服し、真の意味での農民解放をもたらしうるような視点を用意していたのであろうか。バカーシュト闘争の同志であり、一九四二年にインド共産党に加わったカールヤナンダ・シャルマーは、独立直後のビハールについて農業労働者の比率がここ数年のうちに三〇%から四五%に増大した事実に注目して次のような階級分析を試みている(43)。

まず、ビハール農民の三五％は一〇エーカー以下の土地しか持たず、自ら働く貧農である。自分の土地が生計を立てるのに十分でないとき、バターイー（刈分小作）あるいは現金小作料を払って富農またはザミーンダールから土地を借りる。彼らはときどき「クーリー」として働き、富農あるいはザミーンダールの牛車を引く。農民の二〇％は一〇〜二五エーカーの土地を持ち、中農を構成する。この範疇に属する大部分の農民は自分で働くが、必要な場合には何人かの農業労働者を雇っている。

第三のカテゴリーは富農とザミーンダールである。彼らは二五エーカーから数千エーカーに及ぶ土地を持ち、七〇％の農業労働者はここで働いて無償労働その他の搾取に耐えている。

最後に、農業労働者は土地を持たず、その名に値する財産もなく、「封建的」で低い賃金と高利の負債にあえぐだけでなく、その多くは「不可触民」として社会的圧迫をも受けている。かつてのような、主人による食料・衣類などの「恵み」もいまはない。彼らの生活を「改革」、「改善」しようとする様々な試みも、腐敗した利己主義者やコミュナリスト（特定のコミュニティーの利益を排他的に追求しようとする者─訳注）の渇望を癒すだけであったり、問題のすり替えであったりする。カールヤナンダ・シャルマーは、農業労働者の地位の改善によって、彼らの手をときに借りる中農も利益を得るが、富農は農業労働者に賃金を払うことを避けるためにバターイー、マンフンダーその他の刈分小作制度を通じて貧農に土地を貸して彼らを搾取しているので、貧農と農業労働者は共闘することによって自己の生活条件を変え得るとしている。

カールヤナンダ・シャルマーによれば、ビハールの組織的農民運動が土地を求め、法外な賦課に反対して一九三九年に始まったとき、農業労働者は農民を支持した。しかし、後に土地の分配と農業労働者の賃金の増大が問題の前面に登場すると、農民は農業労働者の要求に反対し始めた。農民組合もまたかなり富農と中農の影響下にあったので農業労働者の要求を支持せず、その結果、後者はときに農民と共闘することはあっても農民組合に無関心になっていった。そして、一九四八年現在、彼らは農民組合と農民組合活動家をほとんど信頼せず、共産党に期待を寄せてはいるが、共産党も明確な行動のプログラムを持たず、農民組合が未だ富農と中農の影響下にあることを認めたのである。

サハジャーナンドの農民論が何よりも運動論と不可分であった以上、彼の描く素朴な農民像に基づく農民運動は、会議派の農民観に対決し、苛烈なザミーンダール批判を展開しながらも、そして、農民運動には下層農民の参加があり、とくに、かつてない規模の女性の行動によって支えられながらも、一九三〇年代の農村社会の持っていた矛盾を同時に背負い続けたように思われる。

農民層の複雑な構成にたいする対応とともに、サハジャーナンドが一九三〇年代末に民族運動指導者間の論争・対立にどのような態度を示したかも探らなければならない。一九三九年三月の会議派トリプリー大会に際し、ガンディーの「威信」において、あるいはその名を利用してスバーシュ・チャンドラ・ボースを再選された会議派議長の椅子から引きずり下ろした会議派「右派」指導者の権謀術数、決定的瞬間において会議派社会党指導者の採った「中立」の立場、左翼政党間の相互不信という「政治的汚濁」[44]は、サハジャーナンドを驚きと失意のどん底に陥れ、彼に政治を回避させ、孤立した農民の世界に閉じこもらせようとした。その結果、彼のこのような考え方は「純粋経済主義」として非難された。一九三九年というビハール州農民運動の試練の年において中央の政治の舞台で展開された一連のドラマが彼の思想に食い入った傷跡は深刻であった。それは、彼を徹底した「ガンディー主義」批判の故にボースに近づけただけではない。一九四〇年一月に、インド共産党の指導者P・C・ジョーシーなどと共にサハジャーナンドと会っているラーフルは次のような観察をしている。[45]

「スワーミージーは長らくヴェーダーンタ、隠遁および個人主義の影響下にあった。しかし、彼が民衆の悲惨な生活に接触したとき、天から地に降りて全力を尽くして虐げられた農民のために活動する。同様に、彼の気分が外から退いて内面に向かうとき、彼はすべてを忘れて、個人主義者として現われてくる。光と影のように、彼の生活はこの二つの形でいつも現われる。にもかかわらず、彼の怖れを知らぬこと、不屈さ、誠実さに関して誰が疑うことができようか。」

サハジャーナンドの農民論も、サンニャーシーの世界観を克服できず、むしろそれが彼自身の思想的危機に際しての安らぎを提供したのであろうか。彼は農民活動に入った動機を次のように説明している(46)。

「そもそも一介の托鉢僧に過ぎぬ私が何ゆえこのような仕事をはじめたのであるか。哀れにもぼろにつつまれた死人が火葬場に運ばれて行く有様を眺め、生前幾百万の人々のため食物を生産して来たこの男が死体を覆う衣服すらもたぬ事実に私はふかく心をうたれたのである。私はこの不正を目撃して断腸の思いを味わった。神、人を養うというが、そんなことはどうでもよい。とにかく農民が営々辛苦して作った収穫物は幾千万の人々の口に入るのだ。私にとって農民は神の資格を持ち、私は農民のために尽くして神につかえることを誓った。つまり、富の生産者が飢えているのに、地主の犬がびろうどの上に寝るような社会秩序を根絶しようと欲したのである。」(原文の「キーサン」を「農民」と訳しかえ、仮名使いと漢字を最小限改めた以外は原訳のまま)

サハジャーナンドが社会の虚偽の層を一枚ずつはがしていくとき、最後に到達したのがもはやめくりようもなく、社会を支えながらも自らは肉体の限界まですり減らされた農民だった。彼がサンニャーシーの世界で求めようとした神は、彼が最初脱出を図った現実の、しかも彼の周辺に生きる農民のなかに発見された。かくして、神に仕えるサンニャーシーと農民に仕える活動家は同一線上で考えられ、その中間にまとわりつく虚飾が排撃された。彼の描く農民像は素朴で、善意で、可能性にあふれた農民の像であったが、それはいわば彼がつねに戻っていく原点であった。

しかし、彼が一九三〇年代末の政治の醜悪さに飽き、自ら作り出した農民像の世界にこもろうとするとき、現実をろ過してしまった一元的な農民像の世界は彼の心に安らぎを与えても、現実の農民の課題は依然として残されたままとなる。そしてまた、動いている農民にたいする積極的な共感こそが一九三〇年代の彼の思想の生命であったとすれば、三〇年代末の彼には深い挫折感が伴ったのである。三〇年代の疾風怒涛に代わって屈折した思想の展開がその後の彼の内面に映し出されるのもこのためである。

ここに、サンニャーシーからガンディー主義者、そして農民運動家へという道をたどったサハジャーナンドの「光と影」を見るのであるが、同時に、三〇年代後半において豊かな国際感覚と「土壌」に根ざしたマルクス主義を誇った会議派社会党との関わりが彼の思想に及ぼした影響にも触れなければならない。ビハール州農民組合運動の指導に参加していた会議派社会党の執行部は、州農民組合が「会議派にたいする統一戦線の一貫した政策を維持しながら、同時に独立した農民運動をいかに展開させるかの理想的な例を提供した」と賞賛していた。一九三〇年代、インド共産党は、会議派社会党との「社会主義者の統一」政策の下、ラーフルの指摘するように、ビハール州出身で社会党の書記長であるジャヤプラカーシュ・ナーラーヤンへの配慮のためであろうか、ビハールにおける共産党支部の結成を遅らせていた。ラーフルは、社会党指導者マサーニーのソ連に批判的な発言に疑問を抱いていたが、それはマサーニーの個人的意見であって党の政策ではないというナーラーヤンの説得もあって、一九三八年に会議派社会党に入っていた。個人としてはインド共産党員となっていたラーフルがムンゲールでインド共産党ビハール州支部の結成に加わるのは一九三九年一〇月一九日のことである。(47)この遅れはサハジャーナンドをより深く会議派社会党と関わらせることになった。しかし、会議派との分離の緊張を内包する農民運動が反会議派にならないように努めるのに精一杯の会議派社会党は、彼らのいう「マルクス主義」の原則を現実の中で問う余裕もなく、また、現実の運動経験を普遍化することもできず、サハジャーナンドの指導する農民運動の経験から出てくる結論を原則からの逸脱としてしか捉えることができなかったのである。こうして、サハジャーナンドの反会議派の傾きを持つ農民運動論の視点は、本来クッションたるべき会議派社会党を跳び越えて、政治にたいする全面的不信へと連なった。彼は、ビハール州以外の数州の農村を旅行した経験から、「農民はいたる所で用意ができている」にもかかわらず、活動家の側に農民にたいする信頼がないか、会議派やその他の政党活動に巻き込まれて時間のない状況、そして、とくに農民組合活動において社会党員よりも共産党員がはるかに関心と積極性を示している事実を指摘していた。(48)

一九三九年の政治的経験に加えて、第二次世界大戦は一層深い思想的衝撃をサハジャーナンドに与えることになるが、それに触れる前に、彼の農民運動論をひとまず整理しておきたい。

3 農民運動の思想

1 農民と農民奉仕家

ナンブーディリパードは、ガンディーにとって政治は「民衆のもっているすべてのものに共感をもった、無私の、人民への奉仕者という問題であった」と論じている。(49) サハジャーナンドにとっても、農民への「奉仕」(セーワー)の概念はそのようなものとして捉えられていた。にもかかわらず、サハジャーナンドは何故ガンディーと「ガンディー主義」に訣別しなければならなかったのか。彼にとって、「ガンディー主義」とは、ガンディー、およびガンディーに従い、あるいは、ガンディーを利用する活動家の思想と運動の総体を指している。彼は、ガンディーの発言からガンディーの思想あるいはガンディー主義者の本質を抽出する作業を試みるよりも、運動過程そのものにおいてガンディーおよびガンディー主義者に相対している。彼がガンディーと恒久的に訣別したのが、一九三四年一月、北ビハールを襲った大地震の影響に苦しんでいる農民にたいする救援運動の方法についてガンディーと面接したときであることは象徴的である。

約二万人の生命を奪ったと言われている大地震について、ガンディーは、すべての者を平等にこの世に送った神が不可触制を生み出した社会に課した罰であると説き、この制度の廃絶を農民に訴えた。それとともに、ガンディーは、真に援助を受けるべき被害を蒙った者のみが援助を受けるべきであり、援助は労働によって償うこととして、労働なしに金を受け取ることは盗みであると古典ギーターを引用して農民に語りかけた。(50) 人間の完全な平等と労働の尊重を強調したことは、ヒンドゥーの間の社会通念を揺さぶるものがあったろう。ガンディーはこの二つの考えを携えて「村から村へ裸足で歩き、慰めたり、教えたり、説いたりした。(51)」

実際に、ガンディーのこの旅は農民の考えをどのように動かしたのであろうか。当時、ビハール農村では、ザミーンダールが「貧しい者どもは食物を得ると我々のために働きはしない。地震は彼らを働かせる絶好の機会だ」とうそぶいていた。(52) このような機に乗ずることでは、ビハールの大ザミーンダール、ダルバンガーのマハーラージャーも例外ではない。サハジャーナンドは、農民集会を開き、アジテーションを行わない限り、農民の状態は改善されないと考えた。しかし、活動家のすべてが救援の仕事に携わっている状況の下では、救援運動を行っている者の中から活動家を引き出す以外にはなく、その旨を中央救援委員会のラージェーンドラ・プラサードに相談した。自分の一存で決めかねたプラサードの示唆でサハジャーナンドはガンディーに面接した。

サハジャーナンドの記す面接の記録は次のようなものである。(53)

ガンディー「条例があるので集会は開けない。」

サハジャーナンド「集会を開いて政府が止めるかどうか見てみましょう。」

ガンディー「黙って開くのではなくて、通知を出して。」

サハジャーナンド「結構です。通知を必ず出します。しかも、たくさん。」

ガンディー「本当にある不満を出すように。」

サハジャーナンド「どうして嘘を。誰も眼をつむることのできないほどの真実ではないですか。」

ガンディー「しかし、すべての不満を調査して発言するように。」

サハジャーナンド「活動家が調査して発言します。」

ガンディー「活動家は過ちを犯すかもしれない。」

サハジャーナンド「無数の不満があります。もしも真実かどうかを心配して自分で調査するというのなら、それは不可能です。そんなことでは農民を利することはできません。だから、活動家たちを信頼しなくてはなりません。」

ガンディー「こうした不満は、もしもダルバンガーのマハーラージャーが知れば（私が彼の名を挙げたので――原注）、彼が必ず解決してくれると思う。ギリンドラ・モーハン・ミシュラさんが彼のマネージャーだ。この人は会議派メンバーだ。」
サハジャーナンド「様子を見ましょう。」
ガンディー「漠然とではなく、どの農民にどのような困難があるか、個々の人の名前を挙げなければならない。」
サハジャーナンド「決してそのようなことはできません。というのは、二、三の農民の名前がわかると、彼らは農民の困難を解決するどころか、逆に、いかなる農民も不満を述べないように、この人たちを懲らしめるからです。私はザミーンダールの手練手管をよく心得ています。」

農民の不満の完全な調査、その不満の完全な公開、ザミーンダールの説得への確信が、ガンディーによって農民活動家の採るべき態度として要請されている。それはガンディーにとって譲ることのできない条件であったろう。にもかかわらず、そして、サハジャーナンドの側の一方的な証言であることを差し引いても、不可触制廃止についての切々たる訴えに比べて、ガンディーがある種のよそよそしさでサハジャーナンドに相対していることを否定できない。ガンディーは、農民活動家の訴える現実に直接には関わることなく、より深く農民を取り巻く現実の地底を理解していたと解釈すべきであろうか。会議派メンバーをもザミーンダールの搾取機構の切り離しがたい一部としている状況とザミーンダールの暴力から農民を守る限りにおいて必要な運動の論理についてのガンディーの「無知」に、大地震に次ぐ「精神的地震(54)」のショックを受けたサハジャーナンドは、このときガンディーから恒久的に離れることになった。

一九三四年、ガンディーは政治から「引退」した。この年、サハジャーナンドはガンディーを離れ、ザミーンダールとの協調の路線への期待を断っている。ガンディーの「引退」は文字通りに受け取るべきでないとしても、その意志を表明したことにはガンディーにおける農民観と農民運動の側における農民観とのずれも暗示されている。第一次世界大戦後、インドの民衆が何故民族運動の舞台に主体として登場し、ガンディーが民衆の心を何故とらえたのか、ガンディーを一九三四年まで方向指針者として仰いだというサハジャーナンドは、第一次大戦後の民族運動の新しい段階については十分に意識しながらも、ガンディーの思想の内面に関わらせてはあまり論じていない。また、サハジャーナンドのガンディー論はナンブーディリパードの次のような歴史認識のごとく明快でもない。(55)

「ガンディーは農村の貧しい人々を民族運動に引きいれる上で、決定的な役割を演じたのではあるが、彼ら農民が第一次世界大戦後の時期に示した驚くべき覚醒を、ガンディー個人に帰するのは正しくないであろうということである。というのはこの覚醒はインドならびに全世界を通じて起こりつつあった歴史的発展の結果であったからである。」

一九二二年一月、サハジャーナンドが会議派アフマダーバード大会に出席して帰ってから投獄されて目撃したものは、獄中規則も守らず、労働もせず、ただわめき散らすだけでガンディーの教えに背く一群の自称「ガンディー主義者」たちの身勝手さであり、看守の方がガンディー主義者に近いかと思わせるほどの無規律であった。後に、サハジャーナンドはこのときの経験をつぎのように整理している。(56)

「実際、我々が何万人も理想主義者となってその宣伝をしても、人には物事をはかる自分のものさしがある。行動するそれぞれの方法がある。もしも我々の言うことが彼らのものさしにあてはまるならば、結構なことである。その場合には、人は言われたことを守るだろう。しかし、あてはまらなければ、そうした発言を実践するふりをして、反対のことをするだろう。このように、人それぞれの道とは異なる道を歩ませようとするときには危険がある。しばらくは、あるいは、目の前では人々はあなたの示した道を歩むように見えても、後になると当然のごとく自分たちの長く親しんだ道に戻ってしまうのである。これは不動の真実である。」

ここでも、ガンディーとガンディーの指導に従った者の間の溝の深さが指摘されている。

この時期、民衆の参加はインドの民族運動の様相を変えたし、サハジャーナンドが獄中に見た頽廃をも含む運動の全過程の中から新しい奉仕家（セーワク）のあり方の模索が行われたことも事実である。インドの歴史は戻ることのない一歩を踏み出したのであり、ガンディーの指導の意義はまさしくその一歩への関わりにおいて論ぜられている。サハジャーナンドを支えたジャドゥナンダン・シャルマー、カールヤナンダ・シャルマーのような有力な農民指導者が自らの活動の拠点としてアーシュラムを建設したのは何故か。この視角からすれば、ガンディー、奉仕家、民衆をつなぐ思想的な接点についての考察はここではなされていない。しかし、サハジャーナンドは、ガンディーに従うふりをして反対のことをする「ガンディー主義者」を含む一群の人々の登場に注目している。つねに現実の運動の観点からガンディーに従い、またガンディーを批判してきた彼は、ガンディーの思想の内在的批判という点では問題を残しているが、鋭い活動家論を展開していたと言えるであろう。ガンディーの思想の特徴を宗教と政治の結合と規定したサハジャーナンドの考えは、いくつかの前提を必要としているとしても、彼の次のような批判には傾聴すべきものがある。(57)

「宗教の名において行われている悪弊を取り除くために、なんと多くの宗教改革者が現われては去ったことか。しかし、悪弊は依然としてそのままである。否、否、むしろ増大している。改革者たちは、改革の代わりに難題をさらに複雑にするもう一つの新しい社会集団を生み出した。ガンディージーの名において生まれた集団は、他の者の言うことを聞こうともしない。宗教の特質は分別なき慣行を生み出し、これを擁護することにある。そこには論理の余地はない。」

サハジャーナンドの厳しい批判を浴びたのは、『根拠地』を各所にもうけ、そこからでていき、そこにたちもどる運動方針[58]」とは縁遠く、根拠地を安全な隠れ家に変え、開かれた世界との接触の中でガンディーの思想の意味を問うことを怠り、まれにガンディー主義者としての示威を行うことによって「奉仕家」を装う人たちである。ガンディーとガンディー主義者とは異なるとしても、ガンディーと数億の民衆を結ぶ奉仕家（セーワク）の存在が必須であり、ガンディー自身その養成の必要を強調していたとすれば、サハジャーナンドの批判は、ガンディー主義者論にとどまらず、ガンディーの指導した運動にも関わっていたと言えるであろう。

サハジャーナンドによれば、ガンディーの過ちは大衆運動の政治の中に宗教と道徳を持ち込んだことであり、少数の限られた人々にしか可能でないことを多数の人々に押しつけようとしたことにあった[59]。この結果、ナショナリズムは言葉だけのものとなり、カースト制がこれほど巣食っている現実のなかでは政治における道義と変革は夢物語となる。それ故、「真実、非暴力、品位の名の下に偽善、欺瞞、暴力、嘘がまかり通る」のである。このような結論に到達するとき、サハジャーナンドは試練を課してメンバーを厳選するテロリスト（革命家）の方法にむしろ「奉仕家」養成のあるべき道を見いだす。何故なら、さしあたりは大衆運動ではなくても、やがて着実な基礎の上に立つ大衆運動を期待できると考えたからである。このように見ると、第一次世界大戦後の民族運動の大衆化について、『農民組合の思い出』に見られるように、サハジャーナンドが、UP州の反地主闘争やケーララのキラーファト運動のように具体的な農民の要求を掲げていた大衆運動についてはその歴史的意義を評価するものの、民族運動の全体像については慎重な評価をしているのも理解できよう。彼は、イギリス支配、ましてザミーンダール支配を恐れるなかれという雰囲気が作り出されたことまでは認めているが、第一次世界大戦直後、民族運動の場に登場した大衆が自らの眼と行動で自身をも含む現実の矛盾を理解し、判断していくという新しい段階が到達したとは考えていなかった。それほど、彼が獄中で味わった失望は大きかったのである。実際、サハジャーナンドは、農民運動の高揚期にあっても、「雨期の蛙のような」質を伴わない「指導者」の大量の増加に疑問を抱いていた[60]。

この点では、彼の活動家論はガンディーが自伝で述べている考えと意外に類似している。一九一九年の大衆的サティヤーグラハの「ヒマラヤの誤算」を学んだガンディーは次のように反省しているからである[61]。

「大衆的規模の市民的不服従を再出発させたいならば、その前にサティヤーグラハの厳格な諸条件を徹底的に理解した、試練に耐えた、心の純粋な志願者の一団を作っておくことが必要であろう。彼らはこれらのことを民衆に説明してやることができたろうし、また不断の警戒によって、彼らを正しい軌道からはずれないようにすることができたろう。」

第一次世界大戦直後のサティヤーグラハを経験した両者は、ともに試練に耐えた奉仕家＝活動家の養成に民衆運動のあるべき方向を探っているが、その「奉仕」の意味する内容もまた共通していたのであろうか。サハジャーナンドの農民奉仕家観を見るためには先に触れた彼の農民観に戻らなければならない。彼が「奉仕家」に求めたものは、貧しくとも可能性を模索する農民にたいする負の意識と言えるだろう。彼の考えを示す一節をここに引用しよう。(62)

「鉄道、自動車あるいは他の乗り物で鳴り物入りで到着し、花輪を掛けてもらい、指導者となって敬意を表され、熱烈な演説を振りまく者を農民奉仕家とは言わない。それでは、商売か奉仕かわからない。農民を欺くことになるだろう。一〇マイル、二〇マイルを徒歩で歩き、泥や水と格闘し、命を賭け、駆けずり回り、お腹が空いても自分のプログラムを達成し、農民の熱意を高め、彼らの闘争を展開し、農民に道を示したときに農民への奉仕という言葉が登場する。これが奉仕の火の試練である。この試練を何度も通過してこそ農民奉仕家となる権利がある。遠くの村から自分の仕事をやめて、農民が雨にぬれ、日差しに焼かれながら、あるいは寒さに震えながら集会に来るのは、自分の仕事の話を聞かせてくれるだろう、闇にあって自分の歩む道が見つかるだろうという期待からである。しかし、話を聞かせてくれる、そして道を示してくれる指導者が出て来なかったらどうなるか。指導者たちは、自分では、乗り物が手に入らなかったとか、気候が悪かったなどともっともな理由をつけている。しかし、それは農民の知ったことではない。天気が悪ければ集会は開かないとか、農民、すべての農民が指導者のために乗り物の手配をしなければならないと誰が言っただろう。このようなことは、農民にたいして敢えて言えることではない。ただ、穀物、水あるいはお金がこの活動のために求められ、貧しい者は喜んで提供する。たとえ自分たちがお腹を空かせようともである。このような状態の下で、農民を失望させ、定められた時刻に集会に到着しなくても良いと言う権利が、いかなる農民指導者、農民奉仕家にあるだろうか。そのような行為は無責任であるだけでなく、農民の利益を軽く扱っている。このような状態では農民運動はたんなる商売である。」

奉仕家の試練の場は苦難を克服しての農民との接触に求められ、農民にたいする同情を自己の辛苦で伝えることができたとき、農民との対等の資格が得られる。試練をくぐった奉仕家に農民は日常の問題をそのまま持ち込むことができ、その対等の関係において相互の交流が成立し、運動が始まる。サハジャーナンドは初めて知った農民に接するとき、「何か命令ですか」という言葉が自然に出てくると言う。[63] 彼によれば、「農民には私に命令を下す完全な権利があると思う。必要なときに私の言葉を信頼して私の言うことを守るのに、他の機会に彼らが私に命令を下せないだろうか。もしも彼らにこの権利がなければ、彼らがどうして私の言うことを守るだろうか。いかなる圧迫・圧力もない。ここには相互の理解があるのだ。」

奉仕（セーワー）の概念は、農民が奉仕家を動かしていくという側面を内包していたが、そのような概念の質的な拡大はやはり農民運動そのものが生み出したものと言えるだろう。ガンディーの名を語ってその反対の行動をする者への批判は、一九三〇年代におけるビハールの農民運動の経験を通して奉仕論を核とする農民運動論へと高められたのである。

2 農民運動と「非暴力」

この段階における奉仕の概念がそのまま農村における不可触民を含むもっとも抑圧された層の全面的な解放の課題に連なっているかについては、サハジャーナンドの農民観から見るとき疑問が残るであろう。一方、ガンディーは、一九三四年に政治を離れ、不可触制廃止の問題に専念することを明らかにした。この年のビハール旅行においても見られるように、ガンディーは不可触制にたいする農民の考えを変えることを目指していた。

ところで、サハジャーナンドの農民活動は、一九三七年には県レベルの会議派の妨害を受け始め、ビハール州会議派も、アヒンサー（非暴力）への攻撃と独立闘争への障害という視点から支部組織の対応を支持し、会議派大会もまた原則的立場から農民組合を批判した。[64] 加えて、ガンディーの主宰する『ハリジャン』紙は、一九三七年に成立したビハール小作修正法をザミーンダールと農民の「自発的な和解への意志」の表れとしてとらえ、ガンディーの言う地主・農民相互の「信託」の実現への一歩と見なした。さらに、この論説は、ビハール州会議派委員会の決議を「穏当な決議」であると指摘し、農民に奉仕しようとする会議派の大志を称え、独立した農民組合の必要もないと断言した後で、「会議派には多くの活動がある。しかし、一つの、ただ一つの理想として完全独立の達成がある。あらゆる活動はこの目的に資するものでなければならない」としめくくっている。[65] この論説は、地域レベルに胚胎し、成長しつつあった会議派の矛盾に完全独立達成の名において眼を覆い、一方の極において会議派の農民奉仕の大志を称えている。ガンディーが政治を離れて不可触制廃止の問題に専念することの意義は、会議派の目指す「完全独立」と「農民への奉仕」をもっとも社会的に抑圧された層である不可触民の地底から問い直すことにあったが、『ハリジャン』紙編集長マハーデーワ・デーサーイの次のような会議派観のなかにはそうした苦悩を見いだすことは難しい。[66]

「農民組合指導者が搾取者と被搾取者と呼ぶ者は、ともに現在すべての者を搾取する国家の下にある。会議派は支配者＝搾取者の桎梏を打破する非暴力闘争においていわゆる搾取者と被搾取者を結合するという史上ユニークな運動を指導してきた。明らかに、農民組合活動家にとってこの非暴力の過程はひどくゆっくりとした過程である。彼らは急速で、暴力的な嵐を望んでいる。そうすることによって、彼らが自分の守ろうとする者、そして、すべての者を破滅させるということを忘れて。」

ガンディー主義者による農民運動の「暴力」批判が豊かな現実認識によって支えられていたのであれば、あるいは農民運動を有効に批判し、それを内側から発展させる論理となりえたかもしれない。しかし、一九三八年の初めに、ガンディーの敬虔な弟子とされているヴィノーバー・バーヴェーに会っているサハジャーナンドは、「調査して発言を」という自ら決めた原則にガンディー主義者たちが背を向けていることを確認したのである。[67] ガンディー主義者たちは、かつてサハジャーナンドに要求したように自ら調査する代わりに、「過ちを犯すかもしれない」会議派からの情報に信頼を寄せていた。ラージェーンドラ・プラサードは、当時のビハールの状況について、「ダンダー（棍棒）のお説教によって州の各地に暴力的雰囲気が広まっていることは、この地を訪ねた者ならば誰でも感じ取ることができる」と伝えていた。[68] 不可触民の解放と労働にたいする価値観の転換という農民活動家や農民を内在的に変革する性質を持つ訴えが、農民が解決を求めている現実の課題をくぐることなく、インドの完全独立の達成という大義の下に会議派の発言を容認するにとどまらず、会議派の大志を史上ユニークな事業として賛美するまでに昇華するとき、現実に代わって会議派の示す「現実」がガンディー主義者をも支配し、「暴力」論は「完全な調査」に代替する役割を果たすことになる。

ガンディー自身もまた、追い討ちをかけるように次のように迫った。[69]

「主たる問題は会議派を強化するために農民組合を望むのか、それとも弱めるためにか。農民組織を、会議派を掌握するために利用するのか、あるいは農民に奉仕するためにか。農民組合は、表面は会議派の名において活動する対抗組織か、あるいは、会議派のプログラムと政策を実行する組織か、ということである。」

ガンディーは、会議派がどのような問題をかかえていようとも、もっとも広汎な大衆と関わっているという現実、そして、州レベルで政権の座についているという重みを離れて考えるわけにはいかなかったのだろう。そして、彼が旅の中で教える最大の対象である農民が農民組合の影響下に入ることを赦すことは到底我慢ができなかったのであろう。サハジャーナンドは、ガンディーの言葉を使ってガンディー主義者の「暴力」論に次のように反駁している。[70]

「犬がパンを取ろうとすれば厳しく鞭打たれることを思い知らされた後で理解するように、ザミーンダールもまた、抑圧をやめなければダンダーに打たれることを思い知らされるべきである。あるいは、狂犬に追われた人間がダンダーの助けで逃れ、生命を救うように、他のすべての手段が不成功に終わったとき、農民は自衛の用意をすべきである。そうしてのみ圧制者は驚き、悪行を慎む。非暴力は最良である。しかし、暴力は少なくとも臆病よりも良いとマハートマ・ガンディーも言っている。」

また、一九三八年五月、ベンガル州のコミラで開かれた全インド農民組合第三回大会でも議長サハジャーナンドは、ガンディー主義者や会議派の指導者の一部が説く「階級協調論」を批判して、「暴力を最小限にすることは疑いもなく我々の義務である。しかし、我々が暴力を第一の問題とし、農民の組織の問題を背景に追いやることは明らかな誤りである」と指摘していた。[71]

ガンディー主義者と農民組合との論争は平行線をたどるほかはなかった。それは農民組合の側でのガンディーについての理解の浅さによるというよりも、農民運動が具体的に提起した課題にたいしてガンディー主義者たちがもっぱら暴力・非暴力論という形で防戦したためであるように思われる。もちろん、サハジャーナンドのガンディー批判も完成されたものではなかったが、彼のガンディー主義者批判が有効性を持ち、また、一九三八年一二月三〜四日のビハール州農民会議が、州農民組合によるバカーシュト・サティヤーグラハの組織的指導の開始を決議したときに、そのサティヤーグラハが「あらゆる状況の下で平和的にとどまる」ことを指示していたとすれば[72]、ガンディー主義者との対話の条件は農民組合の側から十分に用意されていたと言えるであろう。

さらに、一九三七年の会議派州政府成立後の農民運動が明るみに出したのは、たとえイギリス支配下の限定的なものであったにせよ、「州自治」といわれたその限定的な権力への会議派の執着が持つ意味であった。一九四八年一月の死の直前のガンディーは、会議派が権力を離れ、人民奉仕団体に発展的に解消し、農村における社会的・道徳的・経済的独立の達成に力を貸すことを期待していた[73]。この問題の核心はすでに一九三〇年代の農民運動の中からも提起されており、その問いはガンディー主義者たちにも開かれていたと言えよう。

4　第二次世界大戦とインド

1　会議派からの追放と「妥協反対会議」

一九四〇年代のサハジャーナンドは、追放された会議派に復帰し、また、その後離脱するという曲折に富んだ道を歩んでいる。植民地からの解放という課題を抱えたインドにおける反ファシズムの位置、また、パキスタン国家要求運動の評価という二つの困難な問題がサハジャーナンドの思想に複雑な影を投じたからである。しかし、彼は屈折感にあえぎ、「個人主義」のかげりを帯びながらも、会議派による独立構想の具体化過程、とりわけその農民政策の重大さに目をつむることはできなかった。かくして、第二次世界大戦期の試練をくぐった晩年のサハジャーナンドは、会議派と農民運動について経験に裏付けられた歴史の把握ならびに将来への展望を提出した。

サハジャーナンドの会議派追放の契機となったのは、一九三九年六月に会議派全国委員会が採択した二つの決議である。その一つは、会議派州政府の裁量に属する事項に関して州会議派委員会の公然たる介入を禁じたものである。他の一つは、会議派メンバーによるいかなるサティヤーグラハの提案ないし組織化も当該の州会議派委員会の事前の許可を必要とするというものであった。州政府、州会議派委員会、一般の会議派メンバーの順に政策と規律のヒエラルキーを確立しようとしたこれらの決議は、一九三七年以来の州政府の経験に基づいて、一九二〇年以降、大衆運動体としての性格を持っていた会議派の歴史に決定的な区切りをつけることを意図していた。

この決議に対抗するために結成された左翼強化委員会の最初の統一行動である一九三九年七月九日の抗議デモで規律違反を問われたスバーシュ・チャンドラ・ボースはベンガル州会議派委員会の委員長の座を下ろされ、サハジャーナンドはビハールにおいてサティヤーグラハを許可なしに続けているという理由で会議派を追われた。しかし、左翼強化委員会は、その参加団体である会議派社会党、インド共産党、急進会議派党員連盟（M・N・ローイのもとに集まったいわゆるローイスト）が、会議派の下での「統一」、あるいは、会議派との「統一」という基本的姿勢を崩さなかったために自壊した。大戦初期のサハジャーナンドの左翼政党への不信感には、州段階で初めて権力に就いた会議派の性格の変貌をこの時期の統一戦線論がどの程度執拗に究明しえたかについての疑問が重なっている。このとき、会議派の下での「統一」を守ってサハジャーナンドを異端視した会議派社会党とインド共産党自身、大戦後、会議派からの離脱を余儀なくされたのを見ても、この問題はきわめて重要な意味を持っている。しかし、一九四〇年三月、会議派大会の予定されたビハール州ラームガルで、会議派のようにはイギリス帝国主義と妥協しないという意味で、

「妥協反対会議」が、サハジャーナンドを歓迎委員長、ボースを議長として開かれたとき、会議派社会党の論客は会議派自身に「反帝国主義的」となる十分な力量があるとして会議に反対し(74)、国民会議派の急進化を要求する共産党もこれに参加していない(75)。

他方、大戦の勃発はビハール州農民運動に転機を促した。農民サティヤーグラハの指導の故に逮捕され獄中生活を送っていたラーフルは、一九三九年七月、パトナーの農民組合事務所を訪れ、ビハールのすべての県で農民が自分の土地を手放さないことを決意し、ガヤー県だけでも五〇以上の村でサティヤーグラハが始まっていることを知った(76)。パトナー、ガヤー、シャーハーバードの三県を管轄するパトナー・コミッショナーも、六月の耕作シーズンの到来とともにバカーシュト・サティヤーグラハの再開の兆しを認め、七月から八月にかけて多くの事件の発生を伝えている(77)。しかし、サティヤーグラハの件数はその後次第に減少し、一二月中旬頃の情勢報告をしたコミッショナーは、ガヤー県のどこにもサティヤーグラハはなく、さしあたり大規模なものは予想されないと楽観していた。

一時はビハール州の広汎な地域を席巻したバカーシュト闘争の急速な収束の一因には、大戦勃発後もインド独立の要求にたいして否定的なイギリスの態度に抗議して、会議派が各地に成立していた会議派州政府の辞職を指示したことが挙げられる。ビハール州政府も一〇月三一日に辞職し、知事は翌月三日にこれを承認した。ラージェーンドラ・プラサードの自伝は、「会議派州政府が辞職した後で争いは自ずと終わったようだ。この後ではサティヤーグラハについて耳にすることがなかったから」と記している(78)。バカーシュト闘争が会議派州政府にたいして要求の法制化、あるいは法の具体化を期待する性格を持っていたことはたしかである。これと関連して、会議派のサティヤーグラハにたいする否定的態度が明確になったこと、会議派の独立要求が前面に出てくるなかで農民問題が意識的、無意識的に背景に追いやられたことも要因として挙げられよう。

これらの要因に加えて、当時の農民運動の担い手の問題が深く関わっていると言えよう。一九三九年の警察の報告書は「年末にかけて農民紛争の著しい減少があったが、それは経済状態の改善と戦争による農産物価格の上昇に負うところが大きい」と記している。[79]ビハール州政府も、一九四〇年一月前半の政治報告書において、農業情勢は異常に平穏で、サハジャーナンドのガヤー農民へのアピールも効果なく、農民は地主と闘うよりも豊かな稲の刈り取りに忙しいと述べていた。[80]一九三〇年代のビハール州農民運動の主要な担い手が小作法および農産物価格上昇の一定の恩恵に浴する階層であったことをこれらの報告は明らかにしている。一九四〇年三月、アーンドラのパラーサーにおける全インド農民組合第五回大会は、全国的な地税・小作料不払闘争による反戦・反帝国主義の課題の遂行を提起したが、ビハールのみならずインドの農民指導者にとって、戦争が農民各層に及ぼす複雑な影響を正確に掌握し、これを運動のレベルで活かすことは決して容易なことではなかったといえよう。

ところで、さきの警察の報告書を引用したビハール地主協会の役員が、農業紛争の減少の理由を会議派による法的な規制への決意にも求めていることは象徴的である。もちろん、大戦初期に農民運動の後退の要因にイギリスの弾圧があったことを見逃すことはできない。パラーサー大会の議長を予定されていたラーフルの逮捕、反戦演説を理由とした一九四〇年四月一九日のサハジャーナンドの逮捕、そしてこの逮捕を「新しいインドへの挑戦」[81]として歓迎したスバーシュ・チャンドラ・ボースの七月二日の逮捕は、インド東部における大衆運動弾圧の総仕上げの意味を持っていた。

ボースとサハジャーナンドに共通し、両者を結びつけたものはガンディー、およびパテールに代表される会議派右派指導層にたいする批判である。彼らはともに、一九三〇年代の運動過程においてガンディーと抜き差しならぬ対決の場面をくぐっていただけに、ガンディーをシンボルとする会議派の「統一」には必ずしも拘泥しなかった。たしかに、ボースの「民族主義」も、サハジャーナンドの「農民主義」も強烈な個性に支えられていたが、両者の行動が州政府総辞職前の会議派の体質を浮き彫りにする役割を果たしたことは否定できない。

2 反ファシズム戦争論への移行

サハジャーナンドの政党への不信感は獄中に入ってさらに倍加した。新たに監獄に入って来る政治犯にたいする物理的な圧力を含む入党の勧誘、自己の絶対化と反対者の意見の抹殺は、恐怖に近い感情を彼の心の中に植えつけている。あるとき、彼は、当時獄外にいた全インド農民組合書記長ラスールへの私信において政党についての「歪んだ」考えを伝え、社会党、前衛ブロックに次いでインド共産党もまた彼を失望させるのではないかという懸念を表わしていた。しかし、ラスールが共産党員は農民組合の活動に損害を与えないと保証したとき、サハジャーナンドはこの返信にいたく喜んだという(82)。

大戦期の半ばにサハジャーナンドが共産党と歩調を共にしえたのは、反ファシズム戦争論、および、この立場からの会議派の反英大衆闘争への批判という共通の認識が両者の間に存在したからである。また、現実に、全インド農民組合の方向を定める上で共産党の影響力が支配的になってきていた。ビハール州農民組合を例にとれば、サハジャーナンドの入獄後、その主導権をめぐって会議派社会党、前衛ブロック、インド共産党の争いが激化したが、このうち、会議派社会党は一九四一年三月以降別の州農民組合を発足させ、部族サンタールの農民に働きかけた前衛ブロックの影響力も限られたものであった。

一九四一年六月二二日の独ソ戦開始という新しい段階における大戦の性格についてサハジャーナンドが自伝の中で述べている説明はぎごちなく、「公式的」である。大戦の初期にマルクス、エンゲルス、レーニンとロシア革命に学んで、「戦争に反対する戦争」を実践して獄中に入ったという彼は、ヒットラーのソ連攻撃後まもなく、六月末にはこの理解を放棄するにいたったという。サハジャーナンドによれば、「戦争に反対する戦争」は一般的な資本主義の状況下では正しいが、現在はその暴力的、ファシズム的、金融資本主義的な段階にいたっており、帝国主義の死滅の時期に当たっている。ファシズムは世界の脅威であり、もっぱらイギリス帝国主義からの解放を待っていれば、我々はヒットラーから自分たちの生命も守れなくなる。それ故、この脅威には意見の相違を乗り越えて対決すべきである。この考えは、友人に勧められて読んだジョン・ストレッチーの書物によってますます確信を深め、「我々は軍事産業でイギリス政府を援助することができる」という対英協力の可能性の模索にまで及んでいく。(83)

ちなみに、サハジャーナンドが重視している全インド農民組合の中央農民委員会決議（一九四二年二月、ナーグプル）にしても、ロシアが闘っているのは人民戦争としながらもインドについては明確な留保条件を付していた。

「この戦争は、民族政府の指導の下でインド人民の自発的で心からの協力を得られるときにのみ、効果的にインド人民の戦争に変えることができる。しかしながら、委員会は、現在の状況の下では戦争を成功裡に遂行するために人民と資源の効果的な動員を行うことができないと考える。」

一九三〇年代に世界恐慌後の帝国主義のインド農村支配を経験的には受けとめながらも、サハジャーナンドは、農民運動の経験を世界的な規模の帝国主義の具体的な構造の把握に凝縮させるよりも、イギリス帝国主義批判の基本的枠組については、これまでその内容を問いつつも会議派に委ねていたといえよう。しかし、会議派からの追放と戦争という状況は、サハジャーナンドに否応なく自らの理解で帝国主義批判の枠組を作ることを迫った。ここにおいて、彼は、視点の弱さを急遽マルクス主義についての彼なりの解釈と「地主も資本家もいない」ソ連の存在によって補い、独ソ戦の開始後に、「誰にも相談することなく」反ファシズム戦争論に到達したという。サハジャーナンドは、ここにおいて、独ソ戦を契機に戦争の性格が帝国主義戦争から反ファシズム人民戦争に変わったとするインド共産党の「国際主義」とは異なる、自主的な決断を印象づけようとしている。しかし、少なくとも大戦論に関する限り、「公式的」なマルクス主義の理解が一九三〇年代の農民運動の奔放な発想を押しつぶしていることは否めず、一九四二年の「八月革命」と農村を巻き込む大衆運動の嵐が、サハジャーナンドの大戦論と農民運動論の隙間を荒々しく吹き抜けたのである。彼がマルクス主義から思想的な活力を引き出すためには、さらに数年の「反帝国主義」の組織、会議派との厳しい苦闘を経なければならなかった。

しかしながら、一九四二年三月八日の釈放後、サハジャーナンドが現実に触れて行った発言には耳を傾けるべきものがあった。二月一五日のシンガポール陥落に際してビハールの一部では祝福の菓子が配られていたが、サハジャーナンドは、前述のナーグプル決議についての解説の中で「日本が我々に自由を与えると公言している者」に向かって次のような反論を加えていた[84]。

「朝鮮、台湾を引き続き三〇~四〇年も踏みにじり、満州などを破壊し、自国の勤労者に十分な食物を与えず、公然たる発言も許していない者が、どうして我々に同じことを許すであろうか。」

同年七月、ガンディーが日本軍のインド侵入に際しては全力を以て抵抗すると述べたとき、滞印一〇年の日本商社スポークスマンは、この対日公開状に流れるガンディーの「真情」を、「日本にたいして『侵入するな』の大それた警告ではなくして、行動の自由さへ許されるならば日本を訪問して日本の意向を直接聴きたいといふ真摯なもの」と解釈している。[85] しかし、サハジャーナンドの疑問を解消するには、彼のかつての盟友ボースにたいする日本の「支援」を以てしても不可能であったろう。

反ファシズムの課題を優先させるサハジャーナンドとは異なり、国民会議派は、日本軍がインド国境に近づいた一九四二年の半ば、イギリスのこれまでの提案を不服としてインドの即時独立の要求を正面に据えて、大衆的不服従闘争の準備を呼びかけていた。ガンディーの指導する大衆運動の開始を支持する会議派社会党系のガヤー県農民組合は、サハジャーナンドの「反民族的・親帝国主義的活動」を非難した。[86] 五月に彼のアーシュラムの所在地ビターで開かれた全インド農民組合第六回大会も妨害に遭ったが、八月四日のバクサルの集会は「スワーミージー帰れ」の叫びと黒旗で迎えられ、演説すらできない有様であった。[87] サハジャーナンドは、一九三〇年代末の会議派州政府にたいする幻滅の記憶の故に新しい農民と労働者は会議派の呼びかけに応ぜず、自覚した学生もまた反対するだろうと予測した。[88] しかし、会議派はすでにその州政府を引き揚げることによって反帝国主義の旗の下にかつての民衆の不満を凍結しつつあり、一九三〇年代の記憶が民族解放への欲求を抑えきれない新たな現実が登場しつつあった。

3 「八月革命」と会議派への復帰

一九四二年八月八日の会議派全国委員会の「インドを立ち去れ」決議と翌朝に始まったガンディーおよび会議派指導者の逮捕にたいする抗議が導火線となった「八月革命」は、三〇年代の会議派州政府への「幻滅」を打ち消して余りあるものだった。第二次世界大戦後、会議派は、ガンディーの名において闘われたこの「革命」の新鮮な記憶を、この「革命」に反対したインド共産党の会議派外への追放、一九四六年の州議会選挙における勝利（ムスリム議席ではパキスタン要求を掲げるムスリム連盟に敗れたが、一般議席では圧勝）と州政権への復帰に結びつけている。したがって、大戦末期から戦後にかけてのサハジャーナンドの活動の曲折も、基本的には、会議派の路線、権力、影響力とどう向き合うかという問題から生まれている。

一九四二年八月九日、サハジャーナンドは、イギリスの無謀な弾圧は目的を達することはないと批判し、農民組合が会議派の運動に反対することはあり得ないとしてイギリスへの加担を拒否する一方、我々はこの運動に参加することはできないが将来の態度は事態の進展にかかっているとしていた。[89]この発言は、「革命」当初、彼がきわめて慎重に状況に対応していたことを物語っている。

ビハール州において、運動は、州政庁前で展開されて七人の学生の犠牲を伴った八月一一日の闘争を最初のピークとして、パトナー市から地方の小都市や農村部にまで波及した。しかし、運動の拡大についての報道規制は厳しく、「(一)会議派の大衆運動から生ずるいかなる事件、およびこれに関連して政府の採った行動についての報告・論評、(二)軍隊・警察の行動に異議を申し立てた報道」も、新聞顧問官の助言なしには発表が許されなくなった。[90]一二日の論説において、「デモンストレーション（一一日のパトナーにおける歴史的デモ）は、鼻の先はもう見ようとしない官僚どもを除いては、すべての者にメッセージを送っている」と表現した会議派系『サーチライト』紙の編集長、M・N・プラサードは、ジャーナリストとして、また会議派メンバーとして政府の規制を受け入れることはできないとして、二〇日以降論説を書かないことを宣言した。同紙はその日から翌年三月二四日まで停刊している。また、国内の混乱の進行中に日本軍が忍び入ることを防ぐ限りにおいて政府の態度を支持するとしながらも、インドの戦争への全面的な支援のためには「何か別の措置」が不可欠であるとした『インディアン・ネーション』紙もまた、地主層の利益を代弁すると見られながらも、自尊心のあるジャーナリストであれば政府の規制を認めることはできないとして、八月一七日以降論説を掲載しなかった。この新聞もまた、政府の規制と通信網の遮断を理由に九月六日から翌年四月八日まで停刊している。

反ファシズム人民戦争論の立場から「八月革命」に批判的であったラーフルをも感動させた運動初期のパトナーの状況、および、政府の規制に抗議したパトナーのジャーナリストの姿勢は、イギリスの弾圧が会議派の敷いた路線を越えて民族的抵抗の意識を広くかつ深く掘り起こしたことを示している。初期の段階では、インド共産党が、八月一一日の時点ですでに弾圧に抗議するストライキを中止させ、学生層から孤立したことを、重大な過ちであったと反省していたことは注目されて良い(91)。

ビハール農村における「革命」の全体像は現在でも十分に明らかにされているとは言えない(92)。ラーフルによれば、彼がバカーシュト闘争を指導したアムワーリーやジャヤジョーリーでは、農民はラーフル・バーバー(バーバーは敬称)の指示やスワーミージーの手紙を持ってくればこの「革命」に参加すると答えて、運動の側からの誘いに応じなかったといわれる(93)。ラーフルの言うように運動が「個人的利益のための略奪」の側面を内包していたことも事実であるし、ムンゲール県ベーグサラーイでは駅の食糧倉庫が攻撃の対象となっていた(94)。

しかし、この運動にたいするインド側の反応は、ザミーンダール層も含めてイギリスの期待をはるかに裏切るものがあった。わずかに、ごく少数の大ザミーンダールが運動の弾圧に力を貸している。ダルバンガーのマハーラージャーは、一九四二年九月一七日付『パトナー・デイリー・ニューズ』紙において、「狂気の暴動を終わらせ、正常の生活を取り戻す」よう訴えた(95)。とくに、テーカーリー、アマーワーンなどガヤー県の代表的なザミーンダールが、八月二六日に県の政府・警察の幹部を交えての会議において、彼らの領内における「悪辣な運動」を許さず、運動者の逮捕に協力し、運動の一環である小作料・地税の不払運動に即時対処することを誓っている(96)。この他、シャーハーバード県のドゥムラーンオのマハーラージャー、パラームー県ランカーのラージャーなどがその協力ぶりを政府によって感謝されている。このように、「八月革命」は、その進行過程において、イギリスのインド支配の危機を大地主制の危機と同一視する有力なザミーンダール層を析出していた。

一九四二年八月三一日、すでにドイツに脱出していたボースは、アーザード・ヒンドゥ（自由インド）放送を通じて、サハジャーナンドと農民運動の指導者たちが闘争の最終段階において指導的役割を果たすことを期待する旨呼びかけた。(97)「革命」の開始直後、ビターのアーシュラムを襲われたサハジャーナンドにこのメッセージが届いたか否かは現在のところわからないが、この段階ではもはやボースとサハジャーナンドとの距離は埋めがたいものとなっていた。この頃のサハジャーナンドの運動批判はかたくななまでに原則的な立場を強調していたからである。八月二五日、全インド農民組合書記長としての彼が、ビハール州農民組合議長ジャドゥナンダン・シャルマーとともに行った声明は次のように述べていた。(98)

「我々は、政府が会議派指導者を逮捕するという重大な過ちを犯したことを認める。しかし、いまや二週間が経過し、暴力、流血、鉄道線路・道路の破壊、電話線の切断、駅・郵便局の放火、その他の無法行為が国中で起こり、いくつかの場所ではいまなお起こっている。

分別のある者はこれを解放闘争と呼ぶことができようか。ガンディーや他の会議派の指導者がこれを承認したというのは事実だろうか。もしもそうならば、驚くほかはない。これら指導者が承認したという話を我々は聞いていない。しかし、承認されようが、されまいが、このような行動は展望のない深みに我々を引きずり込むだろう。いかなる国も暴力・略奪・盗み・破壊行為によって独立を得たためしはない。歴史がこれを証明している。」

二人はさらに、運動の参加者と誘導者が国を暴力集団と不法分子に引き渡すのを助けただけでなく、日本のファシストへの道を開いたとして批判している。そして、「ヒンドゥー・ムスリムの統一」のための闘争が、今日、民族政府のための真の闘いであり、それを達成したときにファシストを打倒するためにすべての統一した力を投入できるとして、すべての愛国者、農民・労働者に自殺行為を控えるように訴えた。この原則的な理解には、当時インド共産党が提起していた「民族の統一」論と共鳴するものがある。しかも、運動の広がりにつれて、全インド農民組合の立場は、反ファシズム人民戦争論に立ち、「左翼民族主義」への警戒を強めるインド共産党の指導下に「八月革命」あるいは「インドを立ち去れ闘争」の反帝国主義的性格を評価する余地を失っていった。[99] 一九四二年九月の中央農民委員会決議は、暴徒による暴力と破壊活動を批判して、運動が第五列を利するものであるとし、一九四三年四月の全インド農民組合第七回大会（バクナー）も裏切り者・第五列と道を誤った愛国者にそそのかされた人々のサボタージュを非難している。もしも、サハジャーナンドが会議派の想定した運動の範囲をも乗り越えた反帝国主義運動の芽をインド、あるいはビハール州の運動の中に見出し、その可能性を組み入れることによって彼の反ファシズム運動論の中味を豊かにしていたならば、後に、「革命」の果実を享受した会議派の攻撃の前に一方的にさらされることはなかったかもしれない。

ソ連赤軍のスターリングラードにおける闘いへの感動に包まれていたバクナー大会において、サハジャーナンドは、赤軍がスターリングラードだけではなく、全世界を救い、その勝利は共産主義の優位とソヴィエトの理想の成功を立証するものだと演説した。[100] 彼は独ソの攻防に自己の反ファシズム論の正しさの確認を求めたのであるが、ビハール州農村の弾圧下の暗い状況の中に根を下ろすことのできなかった彼の大戦論はやがて窮地に立たざるをえなかった。

一九四三年のベンガル飢饉の影がインド全土を覆うなかで、全インド農民組合指導下の農民運動の主要な方向は、地主の協力をも模索する食糧増産運動へと向けられていく。南インドのアーンドラはいわばこの運動の突出部となっていた。一九四四年三月、アーンドラのベーズワーダーで開かれた全インド農民組合第八回大会は、インド共産党の理論的自信を色濃く反映させていたが、ひとり議長サハジャーナンドの演説だけは、共産党書記長P・C・ジョーシーの耳には、「八月九日以後の弾圧のショックから未だ回復せず」、「一般の愛国者の無力感が疼いている」ものとして聞こえた。インド共産党の機関紙『人民戦争』によれば、サハジャーナンドは、「農民組合が現在最低の衰退状態にあることを認めるのは心痛の思いである。そして、恥ずべきことに、この状態がいつまで続くかわからない」と述べ、「我々は勇気を奮い起こし、いまただちに出口を見つけることはできないであろうか。おそらくできない」と内面の苦悶をさらけ出している。(101) 一九三〇年代に疾風怒涛の活動で築いてきた農民運動の場ビハール州で、一九四二年の運動がもっとも激烈に展開され、彼の非難する「破壊活動」も公然と行われただけに、サハジャーナンドは「インドを立ち去れ」闘争を批判しつつも、運動から眼をそらすことはできず、また、農民運動の建て直しも困難を極めた。それだけに、彼にとって、アーンドラの農民運動の成果、そして、食糧増産運動の掛け声も空ろにしか聞こえなかったのである。

他方、インド共産党の「民族の統一」論は、「八月革命」への批判とならんで全インド・ムスリム連盟のパキスタン国家要求への一定の支持をも表明していた。P・C・ジョーシーは、パキスタン要求の受諾が伝統的な統一インドの観念には背いても、インドはそれによってむしろ強くなるとすら述べていた。(102) 全インド農民組合が一九四二年のビター大会以後パキスタン問題について中立の態度を決めていたにせよ、農民組合内部におけるインド共産党の比重の増大が、「伝統的な統一インド」の世界に生きるサハジャーナンドに焦燥感を抱かせたのは当然と言える。農民問題は宗教を超えるという経験に照らした彼の考えも変わっていなかった。サハジャーナンドのインド共産党との関係はこの面からも摩擦を強めていった。

一九四四年一一月、中央農民委員会は、サハジャーナンドの懸念も考慮して政治決議の通過には少なくとも四分の三の多数の支持を必要とするという歯止めをかけている。[103] しかし、こうした憲章の改正もサハジャーナンドの心を休めることはできなかった。当時、会議派の側からは、「インドを立ち去れ」闘争に反対した共産党が支配しているので、農民組合は反民族的であるという攻撃が加えられ、他方、ムスリム連盟を支持する農民は、一部の農民組合支部でパキスタン要求の公然化の機会を狙っていた。[104]「ヒンドゥー・ムスリムの統一」はともかく、パキスタン運動には批判的なサハジャーナンドは、こうした苦境の中で、会議派との関係の再調整に活路を開こうとして、会議派に新たな農民の全国組織を設立しないよう警告する一方、会議派メンバーの農民組合への参加を訴えた。それは、彼にとって、会議派の「民族主義」への回帰の一歩を意味している。

一九四五年二月二八日、サハジャーナンドは、中央農民委員会決議を犯して親パキスタン宣伝を意識的に行ったという理由で、突如、書記長、ボンベイの本部事務所、ベンガル州農民組合、ベンガルのクルナーとダッカの県農民委員会の二ヵ月間の活動停止処分を単独で発表し、三月二日には全インド農民組合議長の地位を退く声明を行った。「越権行為」の挙に出た以上、彼が全インド農民組合にとどまることはもはや不可能となった。この後、四月に開かれた全インド農民組合第九回大会（ベンガル州マイメンシン県ネトラコーナー）は、サハジャーナンドを説得する決議を一応通過させたが、大会議長となったインド共産党のムザッファル・アフマドは「民主主義的団体において組織が個人に優先するというごく単純な事実を彼は忘れている」と結んだ。[105]

たしかに、サハジャーナンドの「個人主義」的行動には弁護の余地はないだろう。と同時に、大戦期の彼の思想的な屈折の問題は、反ファシズム人民戦争論を通じて彼と行動をともにしたインド共産党の当時の政策にはね返る性質のものである。「民族の統一」の理論的推進者であったアディカーリーが、一九六〇年代に、一九四二年の「インドを立ち去れ」闘争からの孤立とパキスタン運動への誤った支持を自己批判しているのを顧みるとき、サハジャーナンドの思想的転回は、彼の「個人主義」を割り引いたとしても、解明されるべき大きな問題を残しているといわなければならない(106)。

一九三〇年代に、ザミーンダーリー制の廃止をイギリス帝国主義の打倒にすら優先させるとしたサハジャーナンドにとって、第二次世界大戦への対応は至難であった。しかし、世界戦争が農民の死活の現実に関わらざるをえないのがこの時期の特徴であった。大戦期に、戦争の結果としての農産物価格の上昇は一部の農民層を潤した。これとは逆に、「反ファシズム人民戦争」期において、食糧投機と買占めによる価格の急騰によって助長された一九四三年のベンガル飢饉の最大の犠牲者は、農村における最底辺の農業労働者層であり、ベンガルは「反ファシズム戦争」の最前線にも置かれていた。そして、ビハールの「インドを立ち去れ」闘争における「破壊活動」にも、農村部における底辺層の戦争批判、植民地社会の現状への批判が表現されていた。その意味において、サハジャーナンドの反戦論・戦争論は、植民地支配下のインドの底辺部を構成し、戦争によって潤うことのなかった多数の農民の問いに答えるものとは言えなかった。そこに、真の農民的基礎を持ちえなかった彼の反帝国主義論がマルクス主義についての彼なりの解釈と会議派の「民族主義」との間を揺れ動く原因があった。そして、サハジャーナンドは、彼の「民族主義」を、「インドを立ち去れ」闘争を指導した、少なくともその導火線を準備した会議派に委任する形でこの動揺に当面の決着をつけたのである。

サハジャーナンドの会議派の活動への復帰は不信の眼で迎えられたが、一九四六年六月の会議派全国委員会へのビハール州代表のリストに彼の名が見られる。一九四七年八月、彼は会議派メンバーとして、しかし、インド・パキスタンの分離独立を導いたマウントバッテン裁定の批判者としてインド独立の日に臨んでいる。

5　第二次世界大戦後のサハジャーナンド

1　ヒンドゥ農民組合の成立

全インド農民組合を退いたサハジャーナンドは、大戦期のインド共産党を非難する会議派の立場に呼応する形で、会議派および会議派社会党系の農民活動家とともに新たな農民組合の結成に向かった(107)。一九四五年九月、会議派全国委員会が開かれる機会にボンベイで農民活動家の代表者会議がもたれ、未だ会議派に復帰していなかったサハジャーナンドもこれに参加している。しかしながら、共産党の農民組合掌握にたいする反発を除くと参加者を共通に結びつける絆が弱いうえに、先日まで共産党と行動をともにしてきたサハジャーナンドにたいする不信の空気も漂っていた(108)。全国組織こそ、一九四六年七月にタンダンを議長に、サハジャーナンドを書記長としてヒンドゥ農民組合（Hind Kisan Sabha）の名で成立したが、それらしい農民活動も展開しないままに消滅していった。

ヒンドゥ農民組合の短命の一因をサハジャーナンドに沿って理解するならば、彼には、大戦期の経験から「民族主義」では会議派に譲りながらも、農民組合活動では会議派を含めた政治勢力からの独立性を何とか維持したいとする悲痛とも言える願望が働いていたことを指摘できる。一九四七年一月に書き上げたサハジャーナンドの農民組合論は、会議派復帰後の彼の複雑な思いを覗かせている(109)。

まず、サハジャーナンドは、会議派を従属に反対する全民族の蜂起のシンボルとして認める。ここには明らかに

「八月革命」の刻印が重く捺されている。彼は、すみやかな完全独立の達成のために農民の会議派への参加を勧めながら、ヒンドゥ農民組合が、独立闘争に関わる事柄では一般的に農民組合メンバーは会議派から激励・指導を受けると声明したことを想起している。この「民族主義」における会議派委任の立場は、「八月革命」を闘った会議派社会党や熱烈な民族主義に立つ前衛ブロックにたいする積極的な評価を導き出し、「国際主義の枠の中に民族主義をはめこむという重大な過ちを犯した」インド共産党やローイストへの批判を生み出す。ただ、「国際主義」批判は、大戦期のサハジャーナンドの苦い記憶をも忘れ去ろうとしているかに見える。

しかし、サハジャーナンドの会議派への委任はここで終わっている。彼によれば、会議派は地主層を含むすべての階級の機関であって、一つの階級を他の階級に敵対させることはできず、会議派内における地主層の優位は農民が立ち上がるのを許さない。ここから、農業労働者を含む農民の階級的組織としての独立した農民組合の必要が生まれる。会議派を支配している階層は地主・資本家とその仲間であり、独立後、インド人の政府になると言っても、彼らの政府になるのであれば、本質的には何も変わらない。「具体的物質」ではないナショナリズムでは会議派の指導を認めながらも、会議派の階級的な構成についてのサハジャーナンドの眼は冷静であり、会議派が、共産党指導下の全インド農民組合に対抗する全国組織の結成を彼に託すことができなかったのも理解できる。

会議派批判の視点は、「労働者の党」にも向けられる。とくに、インド共産党にたいして、「労働者の党」の下でどうして農民組合は農民の独立した階級組織になりうるかと問い、もしも共産党が「労働者と農民の党」を自認するのならば、複数の階級の機関となって農民にたいし正しい態度を採りえないと論じている。サハジャーナンドは、社会主義・共産主義の状態の下では両者の利益は矛盾しないが、現状では、農民は農産物が高く売れることを望み、他方、労働者は工場製品が高く売れて賃金・ボーナスが上昇し、その他の便宜が獲得されることを願っており、両者の利益が相反することは明確であるとしている。一九三〇年代に砂糖工場の労働者と砂糖きび栽培農民を結びつけた農民運動の中における連帯の追求はここでは影を潜め、政党への不信感が「理論」的装いをこらすことによって、これまで運動の場での経験に検証を求めてきたサハジャーナンドの「農民主義」は一人歩きしている。

将来について、サハジャーナンドは次のような展望をする。結局、革命を行うのは労働者と農民である。したがって、それぞれが独立した組織を持ち、いかなる政党もこれに規制を加えず、両者は協力のために合同委員会を選出する。これを政党と呼ぶことは差し支えないが、外からの押しつけは御免蒙りたい。両者の協力によって革命は達成しうる。ここには彼の経験に根ざした左翼政党への不信感がにじみ出ているが、独立獲得後、ふたたび自国の経済的支配者との血みどろの闘いを通してのみ農民の権力が確立するという彼の考えは会議派の「非暴力」の信条をもはみ出してしまっている。

サハジャーナンドは、会議派による階級闘争の遂行は難しいが、会議派メンバーはこれを農民組合を通じて行うことによって農民の心をとらえ、独立闘争に際して彼らを会議派の支持者とすることができると理解していた。組織的に強力な農民組合こそ強力な会議派の基礎であると言う。しかしながら、ガンディーやネルーの言葉、会議派の決議を信ずれば、独立後に農民問題は解決されるという楽観は、彼にはなかった。サハジャーナンドは、たしかに会議派メンバーではあったが、ザミーンダーリー制廃止を含む農民の要求に関しては、農民組合に力量がなければ何も実現しないと認識していたのである。この点では一九三〇年代の彼と変わってはいなかった。

会議派州政府によってザミーンダーリー制廃止の立法が用意されつつあった独立前夜、ビハール州ではふたたびバカーシュト闘争が活発化した。会議派州政府の存在しているときに闘争によって政府を妨害しているという非難にたいして、サハジャーナンドは、農民は自分たちの作った政府がバカーシュト問題で援助してくれると信じているのであり、闘争は農民の会議派政府にたいする無限の信頼の証であるとした。大戦直後のビハール州農民運動は未だ一九三〇年代の運動の特徴を大きく変えていなかったことがわかる。ただ、一九三〇年代後半の会議派政権にたいする「幻滅」の記憶の上に、一九四六年の州議会選挙の結果再登場した政権への「無限の信頼」を重ね合わせているところに視点の座りの悪さが感ぜられよう。会議派の「民族主義」を承認したサハジャーナンドは、「八月革命」が戦後史に与えた影響から未だ自分を解き放つことはできなかったのである。

バカーシュト闘争の波は、ヒンドゥーとムスリムの統一に心を砕いていた独立前夜のガンディーの注意をも引いた。一九四七年五月二三日、ガンディーは、農民の暴力を批判し、ビハール州政府が作成しつつある新しい計画の下でザミーンダールは土地の「信託者」として働くのであり、ザミーンダールと農民と政府はそれぞれの義務を尽くすようにと訴えている。(110)また、八月八日、パトナー大学図書館の芝生で行われた祈りの後で、ガンディーは、ザミーンダールが剣の力で農民を懲らしめようとしているという説を本当とは思わないと述べ、農民がザミーンダールから土地を奪取できると考えるならば混乱に際限はなく、スワラージ（独立）もあり得ないと言って、農民を厳しく戒めた。(111)しかし、ガンディーの発言は地主たちを勇気づけた。八月一五日の『インディアン・ネーション』紙は、この発言が地主のテロルを強める引き金になったとして、農民側がガンディーに訴えたと報じている。これにたいして、ビハール地主協会も、ガンディーに農民指導者の頑迷な犯罪的活動の全リストを送ると言って対抗した。ガンディーの非暴力論と「信託の理論」が農民運動の渦中に投ぜられたとき、ガンディーあるいはガンディー主義者の発言をめぐって地主・農民間の対立が増幅することも一九三〇年代と変わらなかった。

大戦後、サハジャーナンドは、ヤージニクとともに、農民問題に関してガンディーとの了解を望んだこともあった。しかし、サハジャーナンドが農民に依拠し、農民の要求を会議派州政府に向ける形で行動したのにたいし、ガンディーは農民の心を変えることなしに獲得されるスワラージに疑問を抱き、その「暴力」にたいしては会議派州政府をも敢えて楯とした。両者はともに、インドの農民のあり方に明日のインドを賭けながらも、会議派州政府を挟んで対峙する二人の思想の方向には質的な相違があった。もっとも、サハジャーナンドは、ガンディーの遺言とされている会議派の解体と人民奉仕組織としての再生の提言に共鳴を覚えたが、それは、中央の権力機構にまで到達した会議派に希望を失っていたからである。

2 統一農民組合と会議派からの離脱

一九四七年九月一一日、会議派州政府によってザミーンダーリー取得法がビハール州議会に提出され、法定地主制の廃止は間近に迫った。サハジャーナンドが一〇月にビハール州会議派委員会の農民小委員会のメンバーに選ばれたのも、農民の間における彼の影響力を無視しがたかったからである。しかし、会議派の目指す土地改革の不徹底や改革をめぐる農民層内部の矛盾が顕在化するにつれて、サハジャーナンドの農民観はふたたび精彩を放ち始める。

同年四月五日、第六回ビハール州政治会議が州首相シュリー・クリシュナ・シンハの議長の下に開かれたとき、サハジャーナンドは中間介在者廃止決議案を提出している。[112]その中で、彼は、国家と農民の間の中間介在者の範疇にザミーンダールだけでなく、広い土地を持っているが自らは耕作しない農民およびバターイー（刈分小作）で土地を耕作させている者を含めるなど徹底した土地改革の構想を示している。早速、『インディアン・ネーション』紙は、「威張るスワーミー」と題して、サハジャーナンドの決議の深刻さに言及し、もしもこの決議が実施されるならば、自分の土地を耕さぬプールニヤーその他の県の小作人の九〇%が排除され、会議への代表の七五%以上が小作人としての土地を失うと警告した。[113]同紙は、とくに、プールニヤーでは小作人と彼らの下で働く部族民サンタールのバターイーダール（刈分小作人）との間の紛争が激化し、殺人事件まで発生しているとして、決議が農村部奥深くまで持ち込まれた場合の事態を予想し、慄然たる思いを表わしている。

サハジャーナンドの決議案は、自らは必ずしも耕作しなくても良い「自耕作」の概念の矛盾、「隠れた小作制度」の広汎な残存、一九六〇年代に前面に登場したサンタール農民を含む先住部族民の不満など、独立後の会議派政府の行った土地改革の抜け穴と手をつけずに放置した問題にいちはやく迫る内容を備えていた。当然、サハジャーナンドは、会議派州政府の態度に批判的にならざるを得ず、一九四七年一二月三一日に開かれたバクサル・ターナー農民会議の席上、政府が農民政策を転換しなければこれを「合法的な」手段で交代させるとし、[114] 翌年一月一日には、ガヤー県農民の十万人の集会で、全ザミーンダーリー制の同時・無償廃止を中心とした詳細な農民の要求を発表している。[115]

こうして、サハジャーナンドは、一九三〇年代に自ら描いた農民像との相克の中で新たな農民像を追求していった。彼によれば、一九二七年頃から一九四二年頃までの農民運動は農民大衆の上層に限られた一種の中間層の運動であったと断定される。農村においてある種のプロレタリアートが農民組合に入り始めたのは一九四二年以降であり、彼らと都市プロレタリアートとの結合、社会の最底辺に燃えさかる火こそ地震を引き起こし、搾取のない社会を作り出すとしている。[116] わずか二、三年前に、現状における農民と労働者の利益の対立を不可避と見たサハジャーナンドが、このように農民論を深化させた背景には、会議派の土地改革の具体化過程に伴う農民運動内部の矛盾の表面化があったものと思われる。また、これと並行して、一九四七年から一九四九年にかけての中国革命の進展がサハジャーナンドの農民論にいかなる影響を与えていたかを判断する材料は手元にない。

この時期のサハジャーナンドは、農業労働者と貧農の二階層を農民と考え、農民はここで終わると考えていた。しかし、現実に農民組合を構成し、支配しているのは中農と富農であり、これらの農民層が農民組合を自分の利益のために利用し、「我々」もまた、農民組合強化のために両者を利用している。ここに、一九三〇年代の農民運動を「農民主義」者として生きたサハジャーナンドのジレンマが見られる。その上、「真の農民が社会の上層にいる我々、農民組合発展の現段階において組合で活動し、組合を動かしている我々を信頼していない」という状況が重苦しい事実として彼の前に横たわっている。一九五〇年四月八日、ビハール州統一農民会議において、議長サハジャーナンドは、農民と農業労働者の統一を訴え、もしも農民が農業労働者の要求を容れなければ、自ら農業労働者のために闘うと演説していた。彼は農民運動が厳しい転換点に立っていることを運動の中で意識せざるを得なかったのである。

サハジャーナンドの新しい農民像は、「真の農民」を身動きできなくしているダルマの観念にも批判のメスを入れた。彼は、真の農民が神とダルマの名においてこの世の将来に希望を抱いていないと強調する。「今日、それ（ダルマ）は魂の飢えを安らげる代わりに、勤労人民の搾取者・収奪者の貪欲と渇望を満たし、そのための雰囲気を用意し」、人民の本源的な力を破壊した。それ故、農民組合活動家には、人民の心と頭からこの魔術を断固取り除くことが神聖な義務として求められる。サハジャーナンドが農民の世界に生きる限り、ダルマからの農民の解放は、サンスクリット文献やインド哲学を学び、ギーターが「好き」だという彼にもっともふさわしい任務であったといえよう。かつて、第一次世界大戦直後、マウラーナー・アーザードの演説に引かれたように、サハジャーナンドはサンニャーシーとして宗教に関する文献に深い知識を持ちながらも、農民との対話で「宗教」を持ち出すことなく、宗教の意味を伝えることができたからである。

しかし、「真の農民」像の追求に沿った農民の組織化の願いと現実の運動との落差も大きかった。バカーシュト闘争にたいする会議派政権の弾圧の下で、ビハール州には四つの農民組合が並存し、インド共産党機関紙『ピープルズ・エイジ』は、一九四八年一月一八日号において、全インド農民組合の側から出された他の三つの農民組合にたいする共同闘争の呼びかけを紹介している。それは、全国的な規模におけるそのような方向への要請の一環として出されているのであろう。同月下旬、共産党、前衛ブロック等一七の団体とサハジャーナンドがパトナーに集まり、すべての政党の間の共同方針の確立と州段階における左翼勢力を結集した行動組織の設置を決めている。(117) しかし、社会党は、一九三〇年代の「左翼の統一」の経験からこの動きに参加しなかった。サハジャーナンドが書記長となって、一九四八年に結成された全インド統一農民組合（All India United Kisan Sabha）は新たな「左翼の統一」の延長上に生まれたものである。この全国組織の誕生については、全インド農民組合に参加を呼びかけながらも、彼らに検討の時間的な余裕を与えなかったと言われている。(118) 一党一派の農民組合支配を防ぐための規定を憲章に挿入していることから見ても、サハジャーナンドの共産党にたいする警戒心は解けていなかったと見られる。

社会党とインド共産党を除く小さな左翼政党と無党派の個人を加えた「左翼の統一」は、その後、一九四九年一〇月にサラト・チャンドラ・ボースを議長としてインド統一社会主義機構（United Socialist Organisation of India）という名の連合体を発足させた。彼らの大衆運動における基盤は強固とは言えなかったが、そのプログラムを通じてこの組織の代表者たちの現状認識を知ることができる。(119)

まず、統一社会主義機構は、内政・外交の両面で会議派中央政府を批判し、ネルーとパテールの政府は既得権益者の政府であり、英米ブロックの使用人になり下がったとして、それに代わる農民・労働者・没落した中間層の政府の樹立を掲げている。英連邦からの離脱と英米帝国主義との結びつきの断絶を求めたこの組織が、中国における人民権力の樹立を祝福し、一〇月末の段階でいち早く会議派政府による即時承認を要求していたことは注目に値する。ちなみに、インド政府が中華人民共和国を承認したのは一二月三〇日である。

また、同機構が、「非民主的」な制憲議会の作成するインド憲法を否定し、「帝国主義的」官僚制・軍隊の廃止と再編成を提起するなど独立インドの国家基盤の形成過程に根本的な疑問を挟んでいることも、ネルー・パテール体制への批判として見落とすことができない。これに代わる、成人選挙権に基づく人民の制憲議会の招集と社会主義共和国憲法の作成というプログラムは、当時サハジャーナンドが会議派政府の弾圧に抗議して市民的自由の権利の擁護を訴え続けていた状況を考えると、十分に煮詰められていたとはいえないであろう。

ともあれ、この組織の見解がサハジャーナンドの考えをかなりの程度忠実に反映させていたことはたしかであり、一九四七年一月の段階における彼の会議派論との間には決定的な差異を読み取ることができる。一九五〇年六月二六日、サハジャーナンドは、ビハール州ムザッファルプルの地でこの世を去った。このとき、彼は、二月のサラト・ボースの死去の後を継いで統一社会主義機構の議長の地位にあり、全インド統一農民組合の書記長でもあった[120]。すでに、サハジャーナンドは、一九四八年一二月六日に会議派を離れていた。会議派が他の政党メンバーの二重登録を禁ずる憲章改正を行ったため、独立した農民組合に所属する彼もまた身辺整理を余儀なくされたことによるが、彼の会議派離脱の条件もまた熟していたと言える。

しかし、サハジャーナンドが、会議派から再度自由になったとき、これまでの苦痛に満ちた会議派との関わりの歴史にも明快な形で光を当てることができた。彼は、会議派が「大衆化」した一九二〇年以降インド独立までの会議派の歴史を、バーブー（旦那）派とジャン（民衆）派、合法主義に徹し、「慎重にも慎重に歩め」の呪文を唱えるバーブー派と、ひとたびは民衆運動を発揚し、民衆の信頼を得てこそ必要なときにその破壊的爆発を防止できると考える民衆派の間の対立と調整の過程として見ている[121]。そして、両者の争いはときに熾烈であるが、選挙に際しては、後者がバーブー派を支えたと理解している。当然、サハジャーナンドはガンディーを民衆派の指導者として捉えたが、一見「公式的」理解に見えながらも、農民運動の渦中から引き出された結論であった。

このような視点からサハジャーナンドは一九四二年の「八月革命」の悪夢からも覚めることができた。この「革命」は規制されない民衆の（民衆派ではない）力を増大させるものであったか、それともバーブー派の力を強めるものであったかと自問したサハジャーナンドは、「革命」は民衆の力を若干増大させたが、その何十万倍もバーブー派の力を強め、その結果、帝国主義はその座を彼らに明渡すことになったと分析している。「革命」における民衆の役割を認めつつも、「革命」の成果を巧妙に吸収し、一九四二年の民衆運動も結局バーブー派の「支えとなり、尻尾となった」ことを悟るのである。

国民会議派は、第一次非暴力抵抗運動期（一九一九〜二二）における「大衆組織化」の基礎の上に一九二〇年代の議会参加期―最初はスワラージ党という脇道を通ってであるが―に臨み、第二次非暴力抵抗運動期（一九三〇〜三四）における広汎な農民層の参加を背景に一九三七年の州議会選挙を闘って州段階の権力の座に就き、独立への最終段階においては、ガンディーの名において闘われた「八月革命」を、一九四六年の州議会選挙、州政権への復帰、そして制憲議会の成立へと結びつけた。会議派にとって、民族運動の高揚期に続く時期は決して単なる退潮期ではなく、闘争の成果を議会活動の土台に据える時期に当たっている。高揚期に見られた民衆の要求が議会に吸収しきれずに、いずれの方向に向かったかは、また別の問題である。

サハジャーナンドによれば、一九二〇年以来、会議派には私利追求者（ボーギー）が潜入していたが、基本的には独立のために命をも捨てる献身者（ヨーギー）の機関であった。しかし、一九四六年州議会選挙の頃より会議派に堕落の兆候が見え始め、バーブー派と民衆派の調和のうちに獲得されたインド独立以後、会議派はボーギーの集団と化した。[122] いかにもサンニャーシーらしい簡明直截な理解によって、サハジャーナンドは一九四六年の州議会選挙の歴史的な意義を確定している。

この視角から見るとき、人民奉仕団体に変わることに会議派の再生を求めたガンディーの提言をその指導者たちが受け入れなかったことも、ガンディーの「弟子たち（チェーラー）」が選挙のいざこざに巻き込まれぬようにとの師の助言を守らなかったことも不思議ではない。一九四九年三月一二〜一三日、シャーハーバード県のダカーイチ村で、サハジャーナンドを議長に、ヤージニクも出席して第一六回ビハール州農民大会が開かれた。二人とも第二次世界大戦前にはガンディーと鋭く対立したが、サハジャーナンドは、議長演説において会議派がガンディーの助言にいささかも耳を傾ける用意がないことを執拗に批判した。会議の頃、この地方の言葉ボージプリーで、「会議派の船は沈もうとしている。ガンディーの弟子たち（チェーラー）は金儲けに狂奔している」という歌が歌われていたという。[123] ガンディーの暗殺後、「インドにおけるマイノリティーを救うためには自分の身命を賭す」とまで言ったサハジャーナンドは、ガンディーを通して会議派を見ることも敢えて行っているが、[124] ガンディーの名を騙って権力に到達した組織は、インド独立とガンディーの死を転機としてガンディーの名において逆に批判されることになった。

かくして、サハジャーナンドは、「八月革命」の呪縛から自分を解放することができただけではない。眼をアジアの現代史の流れにも向けて、「八月革命」のごときものが起こらず、革命人民勢力がバーブーとその政府を制圧しつつあるアジア諸地域、とくに、バーブーの支配をまもなく離脱しようとしていた中国に、「革命」後のインドを対比している。[125]「八月革命」とその余波はサハジャーナンドを苦悶の淵に陥れただけでなく、第二次世界大戦後のインドの歴史に大きな影を落としていたのである。

むすび

サハジャーナンドの死に際して、かつての論敵は彼に賛辞の雨を降り注いだ。ブーミハール出身のビハール州首相シュリー・クリシュナ・シンハは、農民への奉仕に捧げられた禁欲と自己規制の真のサンニャーシーとして彼を称えた。(126)会議派系の新聞『サーチライト』は、「今世紀に生まれなければ第二のシャンカラーチャリヤ」と彼を形容し、ザミーンダール層の利益を代弁していると見られていた『インディアン・ネーション』紙もその「がらくた」欄で控えめながら「偉大な農民指導者」、「サンスクリットの碩学」の死について短文を載せていた。(127)

一九二〇年以降、サハジャーナンドは、第二次世界大戦期と晩年を除いては会議派メンバーであった。彼の生涯の重要部分が会議派州政府にたいして農民の要求を結集することに向けられたこと、二度にわたる会議派からの離脱がむしろ会議派の側の規律強化の結果であったことをサハジャーナンド自身否定していない。また、ラーフルやラスールの指摘するように、彼の強烈な、ときとして予期しがたい「個人主義」はしばしば同僚たちを困惑させた。(128)晩年、サハジャーナンドは、社会党やインド共産党を含めた政党との対話の機会を拒否しなかったが、この二つの左翼政党にたいする不信感が癒えたわけではない。とりわけ、第二次世界大戦期のインドがサハジャーナンドに与えた屈折感は重苦しいものがあった。インドにおける反ファシズムのあり方、パキスタン独立運動の捉え方に既成の処方箋があるわけではなかった。

第二次世界大戦後においても、ジャドゥナンダン・シャルマーなど少数の人たちを別として、サハジャーナンドを理解する者に恵まれたとはいえない。また、サハジャーナンドの農民観が厳しくなったことも様々な抵抗を招いたことであろう。しかし、この苦闘を通じて、彼は大戦期に背負った「民族主義」の重荷を振りほどくことができた。

サンニャーシーの生活からブーミハール・カーストの運動を潜り抜け、一九三〇年代には富農・中農層を主たる担い手とする農民運動に身を投じ、一元的とも見える農民像を描きながらも、晩年には、不正に倦んだルドラ神の踊りにたとえた都市と農村のプロレタリアート層の反乱・革命に希望を託したことは、サハジャーナンドが安住の地を得ることのないサンニャーシーであったことを如実に示している。(129) サンニャーシーから農民運動へというサハジャーナンドの思想の軌跡は一見特異に見えるかもしれない。しかしながら、彼は、現実のサンニャーシーの「隠遁」の中に堕落を発見して、「真のサンニャーシー」像を求め続け、農民運動の渦中にあって「真の農民」像を求め続けた「農民主義」者であったという点で一貫していた。彼の生涯は、一方で、ときにインドの古典に論証と行動の根拠を求め、ときに苦しみを伴った農村地域への旅と農民との接触のなかで自分のあり方を確認し、さらにはマルクス主義文献を読むなかで視野を拡大するという思想の開放性、そして他方における、「真のサンニャーシー」、「真の農民」像を求めてやまない求心性の両側面によって支えられていた。彼がいくたびとなく襲ってきた思想的危機から立ち直ることができたのもそのためであった。

サハジャーナンドの思想と行動がインド農民との不断の接触の中で培われていったとすれば、我々は彼の思想の軌跡にサンニャーシーの世界から農民の世界に及ぶ歴史を変革する伝統の共通の質を見いだすことも可能であろう。しかし、サハジャーナンドを動かしたものが、サンニャーシーの世界観であると同時に、何よりも現代に生きるインドの農民であったという事実を忘れることはできない。

論文注

（1）拙稿「会議派社会党―『民族戦線と階級戦線の結び目』―」『国際関係論研究』三号　一九六八年一〇月。
（2）R. Coupland, *Indian Politics 1936-1942*, London, 1944, p. 126.
（3）サハジャーナンドの伝記的部分については、とくに記さない限り、Swami Sahajanand Saraswati, *Mera Jivan Sangharsh*, Bihta, 1952（以下 *Sangharsh* と略す）に依拠している。
（4）Ibid., p. 159f.
（5）Girish Mishra, “Caste in Bihar Politics”, *Mainstream*, 7 December 1963.
（6）*Sangharsh*, p. 233f.
（7）Ibid., pp. 182-5.
（8）Ibid., pp. 285-95.
（9）Ibid., pp. 300-2.
（10）Swami Sahajanannd Saraswati, *Kisan Sabha ke Sansmaran*, Ilahabad, 1947(?)（本書『農民組合の思い出』、ここでは『思い出』と略す）第五話。
（11）同第一〇話。
（12）同第一四話。
（13）同第一一話。
（14）同第八話。
（15）Rahul Sankrityayan, *Jivan Yatra, Bhag 2*, Ilahabad, 1950, p. 526.
（16）*Congress Socialist*（以下 C. S. と略す）, 26 December 1936.

(17) Ibid., 5 December 1936.
(18) *Sangharsh*, p. 170.
(19) 『思い出』第一話。
(20) 同第一八話。
(21) 同第三話。
(22) 同第二話。
(23) *Sangharsh*, pp. 390–403.
(24) Ibid., pp. 403–12.
(25) 『思い出』第一六話。
(26) 同第二八話。
(27) *Sangharsh*, p. 420.
(28) H. D. Malaviya, *Land Reforms in India*, 2nd ed., New Delhi, 1955, p. 58.
(29) 『思い出』第一二話。
(30) C. S., 22 January 1938.
(31) *Sangharsh*, p. 480.
(32) C. S., 26 December 1936.
(33) Ibid., 20 February 1937.
(34) *Sangharsh*, p. 470.
(35) N・G・ランガー、サハジャーナンド、B・P・L・ベーディー、ヤージニクの共同声明。C. S., 3 April 1937.
(36) Ibid., 7 May 1939.
(37) *Sangharsh*, p. 519.

(38) ラーフルの指導したアムワーリー・サティヤーグラハについては、ラーフル・サーンクリットヤーヤン、桑島昭訳「アムワーリーの戦線」『アジア太平洋論叢』一〇号 二〇〇〇年を参照。
(39) *Sangharsh*, pp. 526–7.
(40) Ibid., p. 461.
(41) Rahul, op. cit. pp. 498–9.
(42) C.S., 5 June 1937.
(43) *People's Age*, 5 September 1948.
(44) *Sangharsh*, p. 540.
(45) Rahul, op. cit., p. 543.
(46) レオナルド・シフ著、国際文化協会訳『現代印度の構成』一九四二年 二七ページ。
(47) Rahul, op. cit., pp. 537–8.
(48) *Sangharsh*, op. cit., p. 540.
(49) E・M・S・ナンブーディリパード著、大形孝平訳『ガンディー主義』一九六〇年 三八ページ。
(50) K.K. Datta, *History of the Freedom Movement in Bihar*, Vol. 2, Patna, 1957, pp. 211–23.
(51) ルイス・フィッシャー著、古賀勝郎訳『ガンジー』一九六八年 三三二ページ。
(52) *Sangharsh*, p. 423.
(53) Ibid., pp. 425–6.
(54) Ibid., p. 427.
(55) ナンブーディリパード前掲書 二一七ページ。
(56) *Sangharsh*, p. 217.
(57) 『思い出』第二二話。

（58）久野収「マハトマ・ガンディー」『二〇世紀を動かした人々　I—世界の知識人』一九六四年　三七七ページ。
（59）*Sangharsh*, pp. 252-3.
（60）Ibid., p. 529.
（61）蠟山芳郎訳「ガンジー自叙伝」『世界の名著六三—ガンジー・ネルー』一九六七年　三四七－八ページ。
（62）『思い出』第一五話。
（63）同第一八話。
（64）この経過については拙稿「インド国民会議派と農民運動　一九二九－三九」『大阪外国語大学学報』一八号　一九六八年。
（65）*Harijan*, 25 December 1937.
（66）Ibid., 5 February 1938.
（67）『思い出』第二四話。
（68）*Harijan*, 22 January 1938.
（69）Ibid., 23 April 1938.
（70）Ibid., 29 January 1938.
（71）C. S., 28 May 1938.
（72）Datta, op. cit., p. 322.
（73）ナンブーディリパード前掲書　二〇四－五ページ。
（74）Acharya Narendra Dev, *Rashtriyata aur Samajvad*, Varanasi, Samvat 2030, p. 97.
（75）P. C. Joshi, *Communist Reply to Congress Working Committee's Charges*, Part 1, Bombay, 1945, p. 40.
（76）Rahul, op. cit., p. 533.
（77）*Patna Commissioner's Fortnightly Report*, 1939（S. C. R. O. No. 63), Bihar State Archives.
（78）Rajendra Prasad, *Atma Katha*, Nai Dilli, 1965, p. 659.

(79) *The Indian Nation*, 23 April 1941.
(80) Chief Secretary to Government, *Report on Political Events in Bihar*, January I, 1940, Bihar State Archives.
(81) *Cross Roads being the Works of Subhas Chandra Bose 1938–1940*, London, 1962, pp. 283–4.
(82) M. A. Rasul, *Krishak Sabhar Itihas*（以下、*Itihas* として引用）, Calcutta, 1969, pp. 139–40, および M. A. Rasul, *A History of the All India Kisan Sabha*（以下、*History* と略す）, Calcutta, 1974, pp. 75–6.
(83) *Sangharsh*, pp. 560–6.
(84) Swami Sahajanand Saraswati, *Jang aur Rashtriya Larai*, Patna, n. d., p. 5.
(85) 福井慶三著『独立運動をめぐる現代印度の諸情勢』一九四三年　二六ページ。
(86) *The Searchlight*, 7 August 1942.
(87) Ibid.
(88) *The Indian Nation*, 24 July 1942.
(89) *The Hindu*, 10 August 1942.
(90) *The Searchlight*, 17 August 1942.
(91) *People's War*, 13 September 1942.
(92) その後このテーマについては多くの研究が見られるようになった。Vinita Damodaran, *Broken Promises-Popular Protest, Indian Nationalism and the Congress Party in Bihar, 1935–1946*, Delhi, 1992, Chapter 5 もその一つ。
(93) Rahul, op. cit., p. 597.
(94) *Report of Civil Disobedience Movement by Subdivisional Officer, Begusarai*, 21 December 1942（S. C. R. O. No. 47）, Bihar State Archives.
(95) *Papers on Secretariat Firing and Daily Reports on the August Movement*（S. C. R. O. No. 70）, Bihar State Archives.
(96) *File No. 423/41, Special Section, Political Department, Government of Bihar*, Bihar State Archives.

(97) *Selected Speeches of Subhas Chandra Bose*, Delhi, 1962, p. 152.
(98) Rasul, *History*, pp. 86-7.
(99) 一九四三年五月二三日からボンベイで開かれたインド共産党第一回大会では、「左翼民族主義」の批判と自己批判が基調の一つとなった。
(100) *The Indian Annual Register*, 1943 Vol. 1, Calcutta, p. 313.
(101) *People's War*, 26 March 1944.
(102) Ibid., 20 August 1944.
(103) Rasul, *History*, p. 114.
(104) Ibid., p. 324.
(105) *People's War*, 15 April 1945.
(106) G. Adhikari, *Communist Party and India's Path to National Regeneration and Socialism*, New Delhi, 1964, pp. 83-4.
(107) 古賀正則「会議派による農民組合結成の試み—タンドン文書から」松井透編『インド土地制度史研究』一九七二年。
(108) Rasul, *History*, pp. 339-40.
(109) 『思い出』付　インドの農民運動。
(110) *The Indian Nation*, 25 May 1947.
(111) Ibid., 10 August 1947.
(112) Ibid., 6 April 1947.
(113) Ibid., 13 April 1947.
(114) *The Searchlight*, 5 January 1948.
(115) Ibid., 14 January 1948.
(116) Swami Sahajanand Saraswati, *Maharudra ka Mahatandav*（以下、*Maharudra* と略す）, Bhita, n. d., p. 11.

(117) *The Searchlight*, 26 January 1948 および Rasul, *Itihas*, pp. 141–2.

(118) Rasul, *History*, pp. 342–4.

(119) Sabhapati, Bihar Prantiya Samyukta-Kisan Sabha, *Bharatiya Samyukta Samajvadi Sabha-Lakshya tatha Karyakram*, Patna, n. d., pp. 2–8.

(120) 当時の前衛ブロックの議長代理ヤジーの弔文によれば、サハジャーナンドは、死の二ヵ月ほど前に前衛ブロックに加入したという。*The Searchlight*, 29 June 1950.

(121) *Maharudra*, pp. 6–7.

(122) Ibid., p. 15.

(123) "Bihar Prantiya Kisan Sammelan, Solahvan Adhiveshan, Dhakaich, Jila Shahabad, 12–13 March 1949, Adhyaksh Swami Sahajanand Saraswati ka Bhashan", Triveni Sharma Sudhakar, *Swami Sahajanand ka Vasiyatnama*, Gaya, 1989, pp. 63–88.
なお、当時歌われていた歌の一節については、チョーター・ダカーイチ村出身の友人で政治学者のR・C・プラダーン氏から聞く。

(124) *The Searchlight*, 10 April 1950.

(125) *Maharudra*, p. 8.

(126) *The Searchlight*, 28 June 1950.

(127) *The Indian Nation*, 29 June 1950.

(128) Rasul, *History*, pp. 74–5.

(129) *Maharudra*, p. 11.

訳者あとがき──『農民組合の思い出』の思い出とともに

1

「キサーン・サバー」は、日本語では「農民組合」と訳され、インドにおいてはもちろんそのような意味で理解されている。「サバー」を辞書で引くとまず「集まり、集会」という訳語が出てくる。サハジャーナンドの『農民組合の思い出』を読むと、一九三〇年代のインド・ビハール州の農民組合の歴史は、なによりも農民集会の積み重ねの上に成り立っていたことを知ることができる。「サバー」は決して一地点における集会だけでなく、集会の準備、集会場にいたる困難を極める旅、集会後の農民と交わす会話を含んでいた。サハジャーナンドにとって、集会にいたる道のりは「道の文化」を語る余地もないほど苛酷なものであったが、かつて「真のサンニャーシー」を求めてインド各地を歩いた経験の蓄積がここには生きている。「サバー」はサハジャーナンドの言う「外部」の農民奉仕家（キサーン・セーワク）と農民との接触の入り口であり、セーワクと農民の双方が学ぶ場であった。このような交流が、当時ガンディーの指導した独立運動と同様にサティヤーグラハ（真理を捉える運動）と呼ばれた一九三〇年代の農民闘争の原点にあった。

日本でも農民運動出身の議員の演説には訴えるべきメッセージがあったといわれている。社民党の谷本巍氏の言葉として、「昔の農民運動出身の議員（八百板正、足鹿覚、三宅正一……）の演説は、同じ中身でも何度聴いても面白かった。立会演説会場を駆け巡り、何度も聴いて感動している農民がなんと多かったことか」という話が伝えられている（岩見隆夫「近聞遠見──演説軽視と「コップ事件」」『毎日新聞』二〇〇〇年一二月二六日）。集会また集会の過密な日程は「奉仕家」のために作られた自己満足のプログラムのように見えながら、実はサハジャーナンド、あるいは、他の「奉仕家」にとって農民から学び、奉仕するための不可欠の場であった。一九三〇年代の農民集会におけるサハジャーナンドの演説は、一元的な農民像を描き、その対極ではザミーンダールとザミーンダーリー制を天を突く怒りで表現したが、彼の訴えが農民の心を捉えたのは、ザミーンダール批判というメッセージの明快さとともに、本書が示しているように、あらゆる困難に耐えて集会を成功させようとする農民にたいする誠実な姿勢と、自分の足で確かめる農村についての具体的な認識に支えられていたからである。

その点で、一九三七年の州議会選挙において、インドの独立を目指す会議派のメンバーとしての立場から、会議派メンバーであるザミーンダール出身の候補者に投票するように農民に訴えなければならなかったこと、そして選挙の結果成立した会議派州政府下の苦い経験は、その後のサハジャーナンドのザミーンダール像と会議派観をより厳しいものとした。それは、さらに「民族統一戦線」の理論の下に「会議派との統一」を断ち切ることのできない会議派社会党やインド共産党との対立をも招くものとなった。その意味で、第二次世界大戦はサハジャーナンドにとって、そして、大戦前の農民運動の担い手であったビハール州の農民にとっても難しい選択を迫られた。「反帝国主義」、「反植民地主義」を標榜するインド国民会議派のイメージがふたたび前面に登場したからである。

『農民組合の思い出』は、サハジャーナンドの自伝とは異なり、「売られた喧嘩」にたいする反論としてのほかは、自らサンニャーシーであることをほとんど語っていない。そして、「宗教」はもっぱら批判の対象として登場している。第一次世界大戦直後、サハジャーナンドは、パトナーでキラーファト集会の演説を聞いているが、イスラームについて造詣が深いにもかかわらず、ついに「宗教」に触れることなく当面するインドの課題を論じたマウラーナー・アーザードに共鳴を覚えている。ムスリム農民との交流から、「農民は、結局、農民である」という結論を引き出している彼に、サンニャーシーであることも、宗教の教えも安住の地を与えることはなかった。むしろ、苦難の渦中にあって生きる道を求める農民のなかに、自分がサンニャーシーとして捜し求めてきたものを発見することができたのである。そのような彼にとって、第二次世界大戦期のインドにおけるムスリム多数地域の独立を目指すパキスタン運動の成長、これを多民族から構成されたインドにおける民族自決の運動として支持するインド共産党の態度は理解を超えるものであった。パキスタン運動の指導者たちがムスリム多数地域の「世俗的」国家を目指していたとはいえ、また彼らが主として「中間層」の出身者だったとしても、「農民は、結局、農民である」というサハジャーナンドの立場は揺さぶられた。しかも、彼自身創設に指導的役割を果たした全インド農民組合にたいするインド共産党の影響力も否定しがたいものとなっていた。

こうして、第二次大戦期のサハジャーナンドの思想的な屈折が生まれる。しかし、パキスタンが成立した段階で、つまり、どれほど不完全な形ではあれインドが独立を達成した段階で会議派の使命は終わったと理解して、インド社会の変革、そのための担い手を求めての新たな模索が始まる。一見ガンディーの会議派論と共通の立場に立ちながら異なっているのは、独立前後のザミーンダーリー制廃止にたいする会議派の政策の不徹底さがサハジャーナンドを会議派との訣別に導く要因となっていることである。この点では、一九三〇年代以来のザミーンダーリー制およびザミーンダールにたいする怒りはいささかも衰えていなかったのである。「階級分析」だけでは推し量ることのできないこの怒りの深さは何に由来するものであろうか。

一九八九年二月一二日、パトナーのシンハ研究所においてサハジャーナンド生誕百年を記念する小さな集会が開かれた（*Navabharat Times*, Patna edition, 13 February 1989）。その席上、私は、「農民運動の指導者としてのサハジャーナンドは、サンニャーシーであるが故にか、サンニャーシーであるにもかかわらずか」という疑問を提出した。

サハジャーナンドの活動の中でもっとも躍動感にあふれているのはやはり一九三〇年代であり、そこでは、自らの生活の基盤を農民の労働に依存しながら、農民の「生きる自由」すら抹殺しようとするザミーンダールの横暴にたいする怒りが、彼の苦難の旅の試練を経て素直に表現されている。また、第二次世界大戦期の獄中生活では、巡礼地における宗派の案内人のように、新しく入獄してくる人たちにたいする左翼政党による強引な勧誘活動に辟易している。こうした経験から、サハジャーナンドは、自伝の中で、組織においてはある程度「個人の自由」を規制しなければならないが、基本的な問題では公然とは反対しないにしても個人が自分の意見を保持できる「自由」まで抹殺しようとする政党に入ることはできないと記している（*Sangharsh*, p. 558）。農民運動の同僚であり、会議派社会党からインド共産党へと加入したラーフルによって、サハジャーナンドの「個人主義」（Vyaktivad）の側面は批判され、その批判には相応の理由もあったが、その「個人主義」と切り離せない関係において、農民が自分の意志で立ち上がろうとすることへのサハジャーナンドの共感、そして、それをあらゆる面から抑えようとするザミーンダールにたいする天を突く怒りがあったのではないかと思われる。「組織的」農民運動の指導者でありながら、個人の「自由」に執着するサハジャーナンドの思想は、サンニャーシーとしての生き方と不可分であった。しかし、彼が農民指導者として存在するとき、自分をサンニャーシーであると意識するか否かの問題は登場しなかった。農民組合、そして、農民集会の場にいたのはムスリム農民とも語ることのできる「キサーン・セーワク」としてのサハジャーナンド以外のものではなかった。これが『農民組合の思い出』を貫く精神である。

ところで、サハジャーナンドの描く農民像は一元的に見えるが、この『思い出』には、ムスリムの農民だけでなく、ヒンドゥーのカースト、カハール、コーイリー、クルミーのごとくカースト社会を構成する農民、職人、労働者がそれぞれかかえている問題と矛盾にも触れている。また、ザミーンダールによって虐げられている農民が、ザミーンダールの使用人として農民を圧迫している事実も指摘されている。ただ、サハジャーナンドは、農村における抑圧者であるザミーンダールの対極に彼の描く「農民」像を意識的に出すことによって、両大戦間期インド、あるいはビハール州におけるザミーンダーリー制廃止という歴史的な課題を鮮明に印象付けようとしたのであろう。彼は農村社会の底辺に生きる人たちや、とくに女性が農民運動で果たした役割について自伝や他の回顧で多くの事例を挙げている。そしてまた、サハジャーナンドの著作『農業労働者（*Khet Mazdur*）』（サハジャーナンドの研究者ワルター・ハウザー氏の詳細な解説付きでいまでは読むことができる）の序文は、『農民組合の思い出』の中に出てくる執筆の日付よりも早い一九四一年二月二四日となっている。一九三〇年代の農民運動の批判的検証が獄中ですでに進行していたのである。本書の中には女性や部族についての一面的と思われる解釈も散見されるが、農民運動はそのような解釈や通説を現実のなかで問いただす場でもあった。その意味では、サハジャーナンドが農民を導くとともに、農民がサハジャーナンドを動かしていったのである。彼の社会変革のプログラムにおいて農村の底辺層の役割がはっきりと据えられるのは、会議派の具体的な政策日程にザミーンダーリー制廃止が上ってきた段階、つまりインド独立の前後からであろう。

「サティヤーグラハ」と名づけられた一九三〇年代のビハール州農民運動は、その名称の「本家」であるガンディー主義者から、「暴力」的との批判を受けた。サハジャーナンドがサンニャーシーとして「ダンダー」（棒）を携えていたことも反対者からは恰好の攻撃対象となった。しかし、サハジャーナンドの反論の激しさは別として、現実の運動は、土地の占拠や耕作という実力行使を除くと「非暴力」的であった。運動の指導者たちは、「暴力」による抵抗が権力の側でのさらなる「暴力」や逮捕を招き、運動の力が削がれることを警戒した。ガンディー主義者や会議派による「暴力」批判は、現場での調査に代わる機能を果たしていた可能性が濃い。ガンディーの「行動か死か」の呼びかけが導火線となった一九四二年の「八月革命」におけるビハール州農村の「暴力」、社会の底辺層に基盤を置こうとする一九八〇年代以降のビハール州中部の農民運動と地主側の私兵の間で繰り返される凄惨な殺戮と報復とを比べてもそのことは明らかであろう。ちなみに、新しい段階における農民運動がサハジャーナンドの生涯と行動について一九六〇年代後半のような「原則的」批判をせず、むしろこれに学ぶ姿勢を保っていることも注目してよい。農民運動の現実のなかで絶えず深められてきたサハジャーナンドの思想の軌跡は、彼の生涯における何度かの「隠遁」と屈折にもかかわらず、簡単に「原則」からの逸脱として葬るにはあまりにも多くの貴重な経験と思索の跡を含んでいたのである。

『農民組合の思い出』では、サハジャーナンドの農民集会への旅が叙述の中心を構成しているが、彼の考えは、地域の言葉であるボージプリー語のことわざ、『マハーバーラタ』『ラーマーヤナ』などのインド古典、ヨーロッパの農民運動史やマルクス主義文献によって確かめられており、彼の知識への欲求がサンニャーシーの世界をはるかにはみ出していたことを知ることができる。また、彼の文学論は「大衆のための文学」論であったが、農民との日常的接触の故に、サハジャーナンドは、一九三〇年代、インドで高まっていた将来のインドの「国語」のあり方についてきわめて自然で自由な発想を持つことができ、ヒンディー語はヒンドゥーの言葉、ウルドゥー語はムスリムの言葉という形で言語問題が「政治化」され、中間層の議論が大衆にまで影響が及んだときの深刻な危険を警告していた。農民運動の経験から生まれた冷静な判断は、言語の歴史的な変容については寛容で、「作られた言葉」ではなく、大衆のレベルで話される言葉に明日のインドを託そうとしていた。

このように、『農民組合の思い出』は、体系的な農民組合論ではないが、サハジャーナンドの思想と行動、あるいはインドの農民運動の歴史を知るための重要な書物であるだけでなく、現代のインドを理解し、また、「セーワー

（奉仕）と「社会変革」との関係を考えるうえでも示唆するところが多い。これまで「無視」されてきたと言われるサハジャーナンドが、インド、とくにビハール州において改めて見直されるようになっていることは意味のあることである。そして、なによりもビハール州において農民を苦しめてきた歴史的な制度、ザミーンダーリー制にたいしてサハジャーナンドが発した渾身の憤りから我々は何かを学び取りたいと思う。

2

最後に、訳者自身の『農民組合の思い出』の思い出を記しておきたい。この書物と関わるある出来事についての思い出が、その後の訳者のインド、そして、社会や「地域研究」を見つめる眼と不可分となったからである。

一九六〇年代の半ば、インドの長距離汽車旅行で一番気に入っていたのは、三等車だけの急行、ジャンター・エクスプレス（人民急行）の三段ベッドの指定席車両であった。かつて、デリーからパトナーに向かう「人民急行」が地方の駅に着いたとき、その車両に乗ろうとした乗客たちが、「一等車だ。一等車だから駄目だ」と言って他の車両に向かい、車内の乗客の気持を思わずなごませた。重苦しい一等車の鍵付きの部屋とは異なり、「人民急行」は開放的で、清潔で、ある種の「秩序」も指定席車両では保たれていた。しかし、一九六六年一月初め、パトナーからガヤーに向かう鈍行列車では、若者が「インドは社会主義に向かっているのだ」と言っているかと思うと、幼い子供が床を汚して車内に大混乱を起こすという具合で、「無秩序」だが、「人民急行」にもない地方の路線の気安さがあった。ガヤー到着後滞在したマガダ大学学生寮「ヒルビュー」の食事は質素で、夜の寒さも身にこたえたが、学生たちの心遣いはそれを補って余りあるものだった。ガヤーから見ると州都パトナーは大都会、デリーは別世界であった。

「ジャーネーワーレー・バーブー、エーク・パイサー・デー・デーン。エーク・パイサー・デー・デーン（お出かけの旦那様。一パイサーお恵み下され。一パイサーお恵み下され)」。この頃、ガヤー駅のプラットホームで五〇歳代かと思われる乞食が朗々と歌っていた「歌」の一節である。この一節に先立つ部分の意味も知りたかったが、それは当時の訳者の能力を超えていた。しかし、ガヤー駅で当時何度か聞いたこの物悲しい、よく響く声はいまも耳を離れない。この年一月一六日、ガヤーからパトナー行き一一時五六分発の列車に乗った。パトナーに戻る汽車の車両では、インドのシャーストリー首相がタシュケントで客死した後、誰が新首相になるかが話題になった。乗客の何人かは新聞を大きく広げていた。テーマへの関心に引きずられて、自分の視界がさえぎられていることにも気付かなかった。汽車が中間点のジャハーナーバードに近づいたとき、棚に載せていた自分のインド製のスーツケースが見当たらないことに気付いた。しかし、もはや遅かった。窃盗団と思われる複数の人間が荷物を持ち去ったのだ。パスポートを除き、外国人登録証、二ヵ月余の間にビハール州文書館とカルカッタのナショナル・ライブラリーにおいて手書きで集めた資料、当時の統一社会党指導者カルプーリー・タークルさんの好意で出かけた北ビハール農村旅行の思い出の記録や写真、カメラ、インド政府の奨学金を補うために旅行用に借りたお金、衣類などすべてを失った。

しかし、もっとも耐えがたかったのは、サハジャーナンドを支える代表的な農民指導者であり、本書にもしばしば登場するジャドゥナンダン・シャルマーさんから借りた『農民組合の思い出』が盗まれた品の中に含まれていたことである。数日前、シャルマーさんにガヤーのバーラト・セーワク・サマージ(インド奉仕者協会)の屋上で初めて会ったとき、マッサージを受けていたシャルマーさんは、最初は怪訝そうな表情であったが、それでも後日に農民運動の思い出を語ってくれると約束し、その前にこの本を読んでおくようにと貸してくれたのが、『農民組合の思い出』であった。シャルマーさんにとってかけがえのない本であり、なんとしても返さなくてはならないものであった。

翌日から、パトナー市内でこの本をあてもなく探し始めた。本屋の立ち並ぶ大学近くのアショーク・ラージ・パトの通りはもちろん出かけたように思う。当時古い住宅街であったカダム・クアーン周辺は、農民組合の活動あるいはその出版物との関係で何かを読んだ記憶があり、一人で歩き廻ってなんらかの手がかりを求めた。カダム・クアーンの中心部の大通りに立っている木に吊り下げられたラジオの周囲には人だかりができていた。その人たちの輪から出てきた一人が漏らした「インディラージー・ホー・ガヤー（インディラー・ガンディーさんが首相になった）」という言葉も、今回は自分には空ろに聞こえた。立ち止まって輪の中に入る気持の余裕はなかった。この間、芸術家で会議派ラームガル大会の飾り付けにも加わったことのあるウペーンドラ・マハーラティーさんは無一文に等しくなった自分に宿と食事を提供してくれただけでなく、一緒に方策を考えてくれた。パトナーにいる間通ったビハール州文書館の責任者であったターラー・サーラン・シンさんもいつもの兄貴分の気持で心配してくれた。また、若々しい青年だったヴィノード君は、夕方から夜遅くまで付き合ってくれ、ガンディー・マイダーン（パトナーの中心部にある「ガンディー広場」）に近い暗い裏街を共に歩きながら、なんらかのつてを得ようと無私の努力をしてくれた。サハジャーナンドを知っているかつての農民活動家の家を最後に訪ねた。夜も深まり、戸をノックして起こした。現れた老人は、いろいろと考えた末にビターのサハジャーナンド・アーシュラムに行くことを勧めてくれた。精一杯のもてなしとして、ヴィノード君にやかんを持たせて近くの茶屋にお茶を買いに行かせ、我々は少しのお茶ですすぎながら一つのカップを二人で使って飲んだ。この夜、どこをどのように歩いたのかいまでもわからない。ともかく、暗い道の中の長い時間だった。また、事件後、パトナー・メディカル・カレッヂの病棟に入院中のカルプーリー・タークルさんを見舞ったとき、逆にカルプーリーさんは私に同情を寄せ、ベッドから私に四〇ルピーを手渡した。「低カースト」のナーイーの出身であるカルプーリーさんは、「政治の論理」をわきまえながらも、私に素顔のビハール州農村を見せてくれ、また、気取らない誠実な生き方を示してくれた人である。

一月二一日、パトナー駅から汽車に乗り、一時間ほどでビターに着いた。正確には思い出せないが、ビターの砂糖工場の敷地にあるヴィノード君の知人のチュトゥプトゥ・バーブーかラビー・バーブーの家を訪れた。彼らは、まずヴェジタリアンのターリー（お盆、お盆に盛られた料理）を用意して腹ごしらえをさせてくれた。折角の好意にもかかわらず、気持が晴れないため、黙々と食べていたのを覚えている。食後、二人に連れられて、サハジャーナンド・アーシュラム、正確には、シュリー・シーターラーマーシュラムを訪ねた。アーシュラムにいたのはチャウドゥリーさんだった。倉庫を開けて、『農民組合の思い出』を見つけ出してくれたときのチャウドゥリーさんの穏やかな微笑みを忘れることはできない。事情を知って、サハジャーナンドのかつての同志ジャドゥナンダン・シャルマーさんには本を進呈し、私には原価でもう一部を売って下さった。この瞬間、盗難事件に関わる心の重荷はいっぺんに下りた。ビター駅に帰る途中、砂糖工場で出された緑色の砂糖水もおいしく飲むことができた。昼食をご馳走してくれているときには、ほとんど話すこともなかったチュトゥプトゥ・バーブーとラビー・バーブーも気持がほぐれ、駅まで送ってくれた。汽車を待つビター駅では二人とも快活に笑い、話がはずんだ。ビハールの冬の寒さは感じなかった。

最近、手帳で確認するまで、盗難に遭った日からビターに行く日まで二、三週間はあったと信じていた。実際は五日に過ぎなかった。それほどまでに時間を長く感じていたためであろう。その後、外国人登録証の再発行、インド政府奨学金の延長など盗難事件後の身辺を整理するために一度デリーに帰ることにした。一月三一日、パトナー発デリー行きの「人民急行」に乗った。その日の夕方、汽車がジャムナー河を渡ったとき、近くの乗客の多くが車窓から拝むようにして小銭を河に落としていた。このとき、一月一六日以来緊張していた気分が急に緩み、こみ上げるものを感じて必死に抑えた。ある出来事の終わりであり、新たな旅が始まった。

この年の四月にガヤーで行ったジャドゥナンダン・シャルマーさんとのインタビューの記録はパトナーで出版する

までに三〇年の歳月を要した。私の怠惰が主たる原因であったが、一九六六年の出来事をある種の客観性をもって見つめるのにこれだけの時間を要したことも事実である。この間、パトナーの静かな地方都市としての景観も大きく変わった。また、一九六四年一〇月、私が初めてトイレのない村チョーター・ダカーイチに泊まったときに歓迎してくれた友人プラダーン氏の兄さんも不慮の死に遭った。本書にしばしば出てくる「バーブー」といわれる人たちを支える社会的基盤も掘り崩されている。それはほぼ一九六〇年代を境とするビハール州農村の変容の反映でもある。一九八〇年代以降、ジャハーナーバード地域は農民運動の激しさの故に「インドの延安」とも言われた。このような変化が自分の気持をひとまず整理するように促したこともたしかである。

今回、『農民組合の思い出』を日本語に訳すことができ、ジャドゥナンダン・シャルマーさんを始め多くの人の好意に報いようとする自分の気持を多少とも表わすことができた。

日本語訳を進めるに当たって多くの友人の協力を得た。とくに、ビハール人労働者に尋ねる労も取ってくれた古い友人のH・G・パント氏、独特のことわざを含め細部にわたり詩人の心で解説してくれたジテーンドラ・ラートール氏、ウルドゥー語の表現が持つ雰囲気を興味深く話してくれたジャーミア・ミッリーア・イスラーミアの元図書館長S・アンサーリー氏、ヴィレンドラナートやバルカットゥラーなど波乱の生涯を送ったインド人革命家に共通の関心を持ち、農民運動にも深い理解を持つ歴史家スレンドラ・ゴーパール氏には深い感謝の意を表わしたい。

最後に、本書の出版に関していろいろとご支援いただいた嵯峨野書院と編集長の紫藤崇代さんに感謝いたします。

二〇〇一年六月二一日

桑島　昭

訳者紹介

桑島　昭（くわじま・しょう）

大阪外国語大学名誉教授，南アジア地域研究

主要著書：*Indian Mutiny in Singapore* (*1915*), Ratna Prakashan, Calcutta, 1991.

Sakshatkar— Bihar ke Kisan Neta Pandit Jadunandan Sharma se Batchit（インドの農民指導者ジャドゥナンダン・シャルマー氏に聞く），Pratyaksh Prakashan, Patna, 1996.

Muslims, Nationalism and the Partition: 1946 Provincial Elections in India, Manohar, New Delhi, 1998.

Contemporary India— In Search of Dialogue, Ratna Prakashan, Calcutta, 2000（編著）.

『アジアからのメッセージ—アジア，南アジア，そして，インド』嵯峨野書院，1999年（共著）.

農民組合の思い出—インド農民との出会い—　《検印省略》

2002年２月22日　第１版第１刷発行

著　者　スワーミー・サハジャーナンド・サラスワティー

訳　者　桑　島　　昭

発行者　中　村　忠　義

発行所　嵯　峨　野　書　院

〒615-8045　京都市西京区牛ヶ瀬南ノ口町39　電話075-391-7686　振替01020-8-40694

共同印刷工業，兼文堂

ISBN4-7823-0352-1